Dreamweaver 2021 中文版
标准实例教程

胡仁喜　　康士廷　编著

机 械 工 业 出 版 社

本书以理论与实践相结合的方式，循序渐进地讲解使用 Dreamweaver 2021 创建网站及制作网页的方法与技巧。全书分为 14 章，介绍了 Dreamweaver 2021 的特点、功能、使用方法和技巧。具体内容包括：Dreamweaver 2021 概述、HTML 基础、构建本地站点、文本与超链接、图像和媒体、表格排版技术、行为、Web 标准布局、表单的应用、模板与库、定制 Dreamweaver 2021、动态网页基础与外部程序接口、宠物网站和企业网站综合实例等。

本书实例丰富、内容翔实、操作方法简单易学，不仅适合对网页制作和网站管理感兴趣的初、中级读者学习使用，也可供从事网站设计及相关工作的专业人士参考。

图书在版编目（CIP）数据

Dreamweaver 2021 中文版标准实例教程 / 胡仁喜，康士廷编著.—北京：机械工业出版社，2021.8
ISBN 978-7-111-68226-4

Ⅰ.①D… Ⅱ.①胡…②康… Ⅲ.①网页制作工具—教材 Ⅳ.①TP393.092.2

中国版本图书馆 CIP 数据核字(2021)第 088185 号

机械工业出版社（北京市百万庄大街 22 号 邮政编码 100037）
责任编辑：曲彩云 责任校对：潘 蕊 责任印制：李 昂
北京中兴印刷有限公司印刷
2021 年 6 月第 1 版第 1 次印刷
184mm×260mm · 18 印张 · 441 千字
标准书号：ISBN 978-7-111-68226-4
定价：65.00 元

电话服务 网络服务
客服电话：010-88361066 机工官网：www.cmpbook.com
010-88379833 机工官博：weibo.com/cmp1952
010-68326294 金 书 网：www.golden-book.com
封底无防伪标均为盗版 机工教育服务网：www.cmpedu.com

前 言

随着宽带的普及，上网变得越来越方便，以前只有专业公司才能提供的 Web 服务，现在许多普通的宽带用户也能做到。您是否也有种冲动，想自己制作网站，为自己在网上安个家？也许你会觉得网页制作很难，然而如果使用 Dreamweaver 2021，即使制作一个功能强大的网站，也是一件非常容易的事情。

Dreamweaver 2021 是著名影像处理软件公司 Adobe 推出的网页设计制作工具，是目前最受欢迎的网站制作工具之一。Dreamweaver 2021 是一种专业的 HTML 编辑器，用于对 Web 站点、Web 页和 Web 应用程序进行设计、编码和开发。无论您是喜欢直接编写 HTML 代码，还是偏爱“所见即所得”的工作环境，Dreamweaver 2021 都会为您提供许多方便的工具，助您迅速高效地制作网站。

全书分为 14 章，介绍了 Dreamweaver 2021 的特点、功能、使用方法和技巧。具体内容包括：Dreamweaver 2021 概述、HTML 基础、构建本地站点、文本与超链接、图像和媒体、表格排版技术、行为、Web 标准布局、表单的应用、模板与库、定制 Dreamweaver 、动态网页基础与外部程序接口、宠物网站和企业网站综合实例等。

本书实例丰富、内容翔实、操作方法简单易学，不仅适合对网页制作和网站管理感兴趣的初、中级读者学习使用，也可供从事网站设计及相关工作的专业人士参考。

本书力求内容丰富、结构清晰、实例典型、讲解详尽、富于启发性；在风格上力求文字精炼、脉络清晰。另外，书中包括了大量的“注意”与“技巧”，它们能够提醒读者可能出现的问题、容易犯下的错误以及如何避免，还提供操作上的一些捷径，使读者在学习时能够事半功倍、技高一筹。

为了配合各学校师生利用此书进行教学的需要，随书配送的电子资料包中包含所有实例的素材源文件，并制作了全程实例动画 AVI 文件，总时长 200 多分钟。读者可以登录百度网盘（地址：https://pan.baidu.com/s/1rpNytaDfK6yE9BKEQBhwpg）下载，密码：hswp（读者如果没有百度网盘账号，需要先注册后才能下载）。

读者可以登录三维书屋图书学习交流群 QQ：512809405，作者随时在线提供本书学习指导以及软件下载、软件安装指导以及授课 PPT 下载等一系列的后续服务。

书中主要内容来自于作者几年来使用 Dreamweaver 的经验总结，也有部分内容取自于国内外有关文献资料。由于时间仓促，加上编者水平有限，书中不足之处在所难免，望广大读者登录www.sjzswsw.com或联系 win760520@126.com批评指正，编者将不胜感激。

作 者

目　录

前言
第 1 章　Dreamweaver 2021 概述 1
1.1　Dreamweaver 2021 的新功能 2
1.2　工作界面 2
1.2.1　菜单栏 4
1.2.2　文档工具栏 4
1.2.3　通用工具栏 5
1.2.4　“插入”面板 6
1.2.5　文档窗口 6
1.2.6　“属性”面板 9
1.2.7　浮动面板组 9
1.3　对文件的操作 10
1.3.1　打开文件 10
1.3.2　创建文件 10
1.3.3　存储文件 12
1.4　动手练一练 13
1.5　思考题 13
第 2 章　HTML 基础 14
2.1　HTML 基础 15
2.1.1　什么是 HTML 15
2.1.2　统一资源定位符 16
2.1.3　HTML 的语法特性 17
2.2　常用 HTML 标记 18
2.2.1　文档的结构标记 19
2.2.2　注释标记 20
2.2.3　文本格式标记 20
2.2.4　排版标记 21
2.2.5　列表标记 22
2.2.6　表格标记 23
2.2.7　表单标记 24
2.2.8　其他标记 26
2.3　动手练一练 28
2.4　思考题 28
第 3 章　构建本地站点 29
3.1　概述 30
3.1.1　Internet 服务器和本地计算机 30
3.1.2　远端站点和本地站点 30
3.1.3　Internet 服务程序 31

3.1.4 上传和下载 31
3.1.5 网页的设计和出版流程 31
3.2 规划站点 32
3.2.1 规划站点结构 32
3.2.2 规划站点的浏览机制 33
3.2.3 构建整体的站点风格 34
3.3 构建本地站点 34
3.3.1 创建新站点 34
3.3.2 由已有文件生成站点 40
3.4 管理站点 40
3.4.1 打开本地站点 40
3.4.2 编辑站点 40
3.4.3 删除站点 41
3.4.4 复制站点 41
3.5 操作站点文件 42
3.5.1 创建文件或文件夹 42
3.5.2 删除文件或文件夹 43
3.5.3 编辑站点文件 43
3.5.4 刷新本地站点文件列表 43
3.6 动手练一练 44
3.7 思考题 44
第 4 章 文本与超链接 45
4.1 添加网页文本 46
4.1.1 添加普通文本 46
4.1.2 插入特殊符号 46
4.1.3 查找和替换文本 49
4.1.4 插入日期 51
4.2 设置文本格式 51
4.2.1 文本的属性 52
4.2.2 设置段落格式 55
4.3 添加超链接 56
4.3.1 链接的基本知识 56
4.3.2 创建超链接 57
4.3.3 链接到文档中的指定位置 58
4.3.4 创建电子邮件链接 59
4.3.5 创建空链接和脚本链接 59
4.3.6 设置链接属性 59
4.4 文本与链接网页实例 60
4.5 动手练一练 63
4.6 思考题 63

第 5 章　图像和媒体 64
5.1　在网页中插入图像 65
5.1.1　关于图像 65
5.1.2　插入图像 65
5.1.3　图像的属性 67
5.1.4　修改图像尺寸 68
5.1.5　创建翻转图像 68
5.1.6　设置背景图像 69
5.1.7　使用图像映射 71
5.2　添加声音 73
5.2.1　关于声音 73
5.2.2　链接到音频文件 73
5.2.3　嵌入音乐文件 74
5.3　HTML5 视频 75
5.3.1　插入 HTML5 视频 75
5.3.2　设置 HTML5 视频属性 76
5.4　HTML5 音频 77
5.4.1　插入 HTML5 音频 77
5.4.2　设置 HTML5 音频属性 77
5.5　Flash 视频 78
5.5.1　插入 Flash 视频内容 78
5.5.2　修改 Flash 视频属性 79
5.6　动手练一练 80
5.7　思考题 80
第 6 章　表格排版技术 81
6.1　表格概述 82
6.1.1　表格的功能 82
6.1.2　表格的基本组成 82
6.2　创建表格 82
6.2.1　创建表格、单元格 83
6.2.2　创建嵌套表格 85
6.3　表格操作 86
6.3.1　选定表格对象 86
6.3.2　表格、单元格属性面板 87
6.3.3　增加、删除行或列 90
6.3.4　拆分、合并单元格 91
6.3.5　在表格中添加内容 93
6.3.6　复制、粘贴单元格 94
6.3.7　导出/导入表格数据 95
6.3.8　表格排序 97

6.4 扩展表格模式 98
6.5 利用表格布局页面 100
6.6 动手练一练 102
6.7 思考题 103
第 7 章 行为 104
7.1 使用行为创建交互 105
7.1.1 认识行为 105
7.1.2 “行为”面板 105
7.1.3 认识事件 106
7.2 应用行为 107
7.2.1 安装第三方行为 107
7.2.2 绑定行为 108
7.2.3 修改行为 110
7.3 Dreamweaver 的内置行为 110
7.3.1 调用 JavaScript 110
7.3.2 改变属性 111
7.3.3 检查插件 112
7.3.4 jQuery 效果 114
7.3.5 转到 URL 115
7.3.6 打开浏览器窗口 116
7.3.7 弹出信息 117
7.3.8 预先载入图像 117
7.3.9 设置文本 118
7.3.10 显示-隐藏元素 120
7.3.11 交换图像/恢复交换图像 120
7.3.12 检查表单 121
7.4 动手练一练 122
7.5 思考题 122
第 8 章 Web 标准布局 123
8.1 Web 标准布局的概念 124
8.2 CSS 基础 124
8.2.1 CSS 概述 124
8.2.2 CSS 样式表的组成 125
8.3 CSS 设计器 127
8.3.1 创建和附加样式表 128
8.3.2 定义媒体查询 129
8.3.3 定义 CSS 选择器 131
8.3.4 设置 CSS 属性 131
8.3.5 CSS 样式的应用 136
8.4 CSS 布局块 137

8.4.1 创建 Div 标签 138
8.4.2 编辑 Div 标签 139
8.4.3 可视化 CSS 布局块 140
8.5 常用 CSS 版式布局 142
8.5.1 一列布局 142
8.5.2 两列布局 144
8.5.3 三列布局 146
8.6 显示/隐藏布局块 149
8.7 动手练一练 152
8.8 思考题 152
第 9 章 表单的应用 153
9.1 创建表单 154
9.1.1 表单概述 154
9.1.2 插入表单 154
9.1.3 设置表单属性 155
9.2 表单对象 156
9.2.1 文本字段 156
9.2.2 单选按钮组 158
9.2.3 复选框 159
9.2.4 文件域 160
9.2.5 按钮 161
9.2.6 图像按钮 162
9.2.7 选择框 164
9.2.8 隐藏域 165
9.2.9 HTML5 表单元素 166
9.3 表单的处理 168
9.4 动手练一练 171
9.5 思考题 171
第 10 章 模板与库 172
10.1 模板 173
10.1.1 “模板”面板 173
10.1.2 建立模板 173
10.1.3 设置模板的页面属性 175
10.1.4 定义可编辑区域 175
10.1.5 定义重复区域 176
10.1.6 定义可选区域 177
10.1.7 定义嵌套模板 179
10.1.8 应用模板建立网页 180
10.1.9 修改模板并更新站点 180
10.2 库 181

10.2.1 库面板 181
10.2.2 创建及使用库项目 182
10.2.3 操作库项目 183
10.3 模板与库的应用 185
10.4 动手练一练 189
10.5 思考题 190
第 11 章 定制 Dreamweaver 191
11.1 “首选项”对话框 192
11.1.1 “常规”选项 192
11.1.2 “CSS 样式”选项 193
11.1.3 “Extract”选项 194
11.1.4 “Git”选项 195
11.1.5 “Linting”选项 195
11.1.6 “PHP”选项 197
11.1.7 “W3C 验证程序”选项 197
11.1.8 “不可见元素”选项 198
11.1.9 “代码提示”选项 199
11.1.10 “代码改写”选项 200
11.1.11 “代码格式”选项 201
11.1.12 “同步设置”选项 203
11.1.13 “复制/粘贴”选项 203
11.1.14 “字体”选项 204
11.1.15 “实时预览”选项 205
11.1.16 “应用程序内更新”选项 206
11.1.17 “文件比较”选项 207
11.1.18 “文件类型/编辑器”选项 207
11.1.19 “新增功能指南”选项 208
11.1.20 “新建文档”选项 209
11.1.21 “标记色彩”选项 210
11.1.22 “界面”选项 211
11.1.23 “窗口大小”选项 212
11.1.24 “站点”选项 212
11.1.25 “辅助功能”选项 213
11.2 动手练一练 214
11.3 思考题 214
第 12 章 动态网页基础与外部程序接口 215
12.1 安装、配置 IIS 服务器 216
12.2 创建虚拟目录 223
12.3 配置测试服务器 225
12.4 使用外部程序接口 227

12.4.1 插入 Fireworks 图像和 HTML 文件 227
12.4.2 优化插入的 Fireworks 图像 229
12.5 综合实例 230
12.5.1 页面布局 231
12.5.2 格式化文本 231
12.5.3 插入并优化 Fireworks 文件 232
12.5.4 插入 Flash 对象 233
12.6 动手练一练 235
12.7 思考题 235
第 13 章 宠物网站综合实例 236
13.1 实例介绍 237
13.2 准备工作 238
13.3 制作首页 238
13.3.1 制作顶栏 239
13.3.2 制作左侧边栏 242
13.3.3 制作内容显示栏 244
13.3.4 制作右侧边栏 245
13.3.5 制作页脚 247
13.4 制作链接页面 247
13.5 添加行为 251
13.6 思考题 252
第 14 章 企业网站综合实例 253
14.1 实例介绍 254
14.2 网站策划 255
14.2.1 确定网站色彩 255
14.2.2 网站主要功能页面 255
14.3 准备工作 256
14.4 使用表格布局网页 256
14.4.1 制作网站首页 257
14.4.2 制作手机展示页面 265
14.5 思考题 275

第 1 章　Dreamweaver 2021 概述

本章导读

Dreamweaver 2021 是著名影像处理软件公司 Adobe 推出的网页设计制作工具，是目前最受欢迎的网站制作工具之一。本章介绍 Dreamweaver 2021 中文版的基础知识，Dreamweaver 2021 的新增功能，并简单介绍其操作界面以及创建与保存文件的方法等。

学习要点

- Dreamweaver2021 的新功能
- 操作界面
- 文件的打开、创建和存储

1.1 Dreamweaver 2021 的新功能

Adobe Dreamweaver 2021 提供众多功能强大的可视化设计工具、应用开发环境以及代码编辑支持，从对基于 CSS 的设计支持到手工编码功能，Dreamweaver 2021 提供了一个集成、高效的创作平台。其功能强大，各个层次的开发人员和设计人员都能够快速创建界面引人注目的、基于标准的网站和应用程序。

Dreamweaver 2021 的开发环境精简而高效。Creative Cloud 中的协作功能提供了一个从设计人员到开发人员的流畅工作流程。开发人员可以从 Dreamweaver 内部访问 Creative Cloud 库和 Adobe Stock，将 Adobe 桌面和移动应用程序中的设计元素和样式与高质量的图像和视频集成。Dreamweaver 2021 还针对实时视图编辑以及用户提出的其他增强请求提供了多项增强功能。

下面简要介绍 Dreamweaver 2021 在 Dreamweaver 2020 的基础上主要的新增功能及改进功能。

1）无缝实时视图编辑：在“实时视图编辑”中，生成代码、聚焦、编辑选项等方面的工作流程得到了进一步改进。

- 在最新版本中，包含动态内容的元素的可编辑性得到了改进。
- 在保存已编辑文档的同时，自动将其推送至测试服务器。

2）Bootstrap 4.4.1 集成：Dreamweaver 现已在最新版中集成了 Bootstrap 4.4.1 版本。默认情况下，新站点是使用 Bootstrap 4.4.1 版本创建的。此外，此版本还引入了微调框组件和 Toasts 等代码片段。

3）编辑时启用 linting：最新版本中引入了编辑时启用 linting 功能，以改善自动化的 linting 功能。借助这一全新增强功能，用户可在编辑 HTML（.htm 和.html）、CSS、DW 模板和 JavaScript 文件时，在输出面板中同步查看错误和警告。

4）增强安全性功能：

- OpenSSL：Dreamweaver 现已与最新版本 OpenSSL（已从 1.0.2o 升级到 1.0.2u）集成。
- LibCURL：Dreamweaver 现已与新版 LibCURL（已从 7.60.0 升级到 7.69.0）集成，可为用户提供安全连接。
- Xerces：Dreamweaver 现已升级，使用新的 Xerces 版本。
- Ruby：Dreamweaver 现已与新版 Ruby 集成。

1.2 工作界面

启动 Dreamweaver 2021 的步骤如下：

（1）在 Adobe Creative Cloud 客户端界面的“Apps”面板中找到 Dreamweaver，然后单击“打开”按钮；或者执行“开始”|“程序”|“Adobe Dreamweaver 2021”命令，即可启动 Dreamweaver 2021 中文版，如图 1-1 所示。

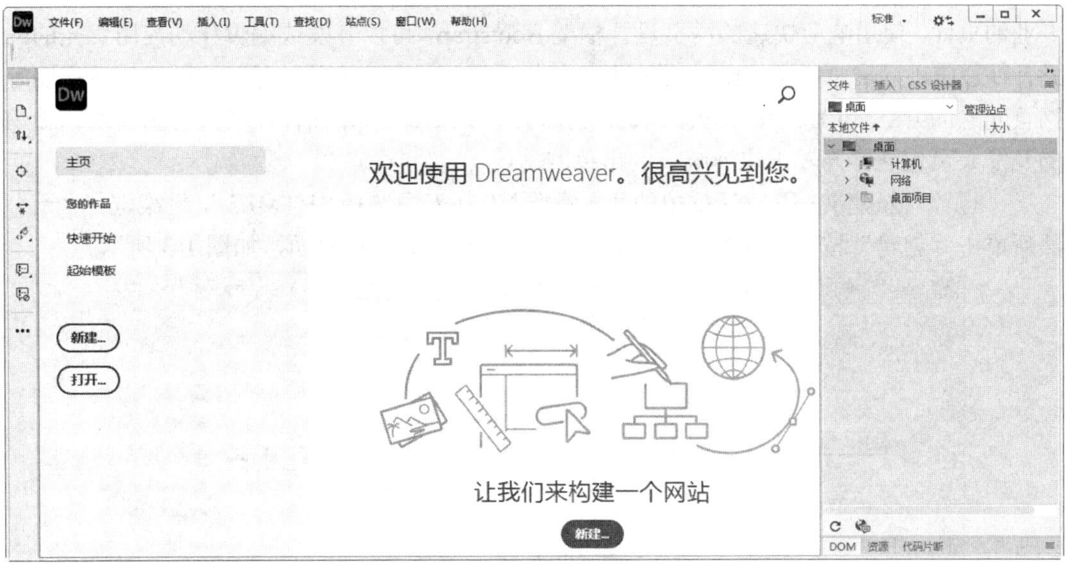

图 1-1　Dreamweaver 2021 的开始界面

提示：如果是初次启动 Dreamweaver 2021，将弹出“首次使用体验”设置面板，帮助用户快速设置颜色主题和工作区。Dreamweaver 2021 的颜色主题默认为 Dark，本书中为便于标注界面内容，将主题设置为 Light。

该界面用于打开最近使用过的文档或创建新文档，还可以从中通过产品介绍或教程了解关于 Dreamweaver 的更多信息。如果不希望每次启动时都打开这个界面，可以在“首选参数”中修改设置。有关“首选项”对话框的设置可以参见本书第 11 章的介绍。

（2）执行“文件”｜“新建”命令，打开“新建文档”对话框，如图 1-2 所示。

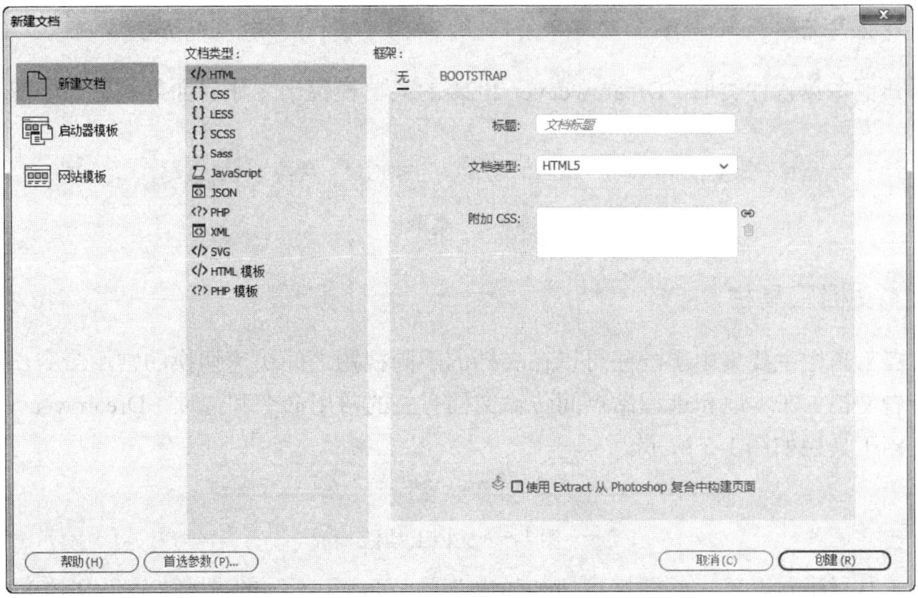

图 1-2　“新建文档”对话框

在 Dreamweaver 2021 中，使用预定义的页面布局和代码模板，可以快速地创建比较专业的页面。使用响应快速的网页设计框架 Bootstrap，可以开发或编辑移动应用优先的网站，以适应不同屏幕大小。Bootstrap 框架包括适用于按钮、表格、导航、图像旋转视图等网页元素的 CSS 和 HTML 模板，以及几个可选的 JavaScript 插件，只具备基本编码知识的开发人员也能够开发出快速响应的出色网站。

（3）在“新建文档”对话框中的“文档类型”列表中选择“HTML5”，框架选择“无”，然后单击“创建”按钮进入 Dreamweaver 2021 中文版的工作界面，如图 1-3 所示。

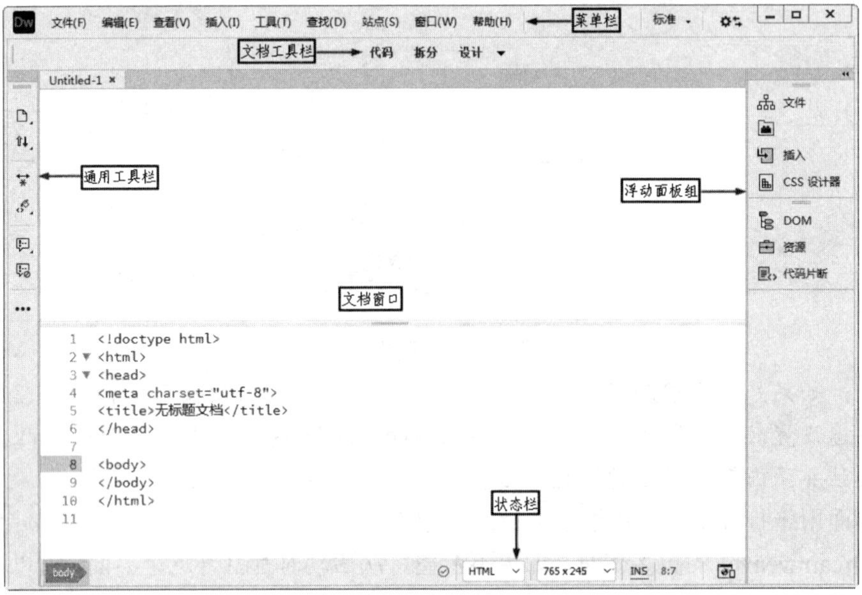

图 1-3　Dreamweaver 2021 的工作界面

1.2.1　菜单栏

与其他多数软件类似，Dreamweaver 2021 的菜单栏位于工作界面最上方，如图 1-4 所示。

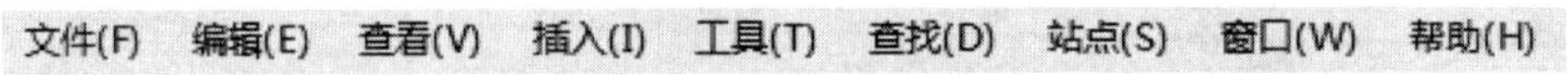

图 1-4　菜单栏

1.2.2　文档工具栏

文档工具栏主要集中了一些可以在文档的不同视图之间快速切换的常用命令，以及一些与查看文档、在本地和远程站点间传输文档有关的常用命令和选项。Dreamweaver 2021 中的文档工具栏如图 1-5 所示。

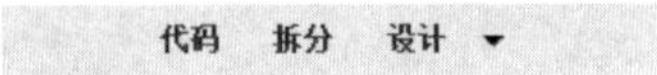

图 1-5　文档工具栏

在工具栏中包含了一些图标按钮和弹出菜单，可以用不同的方式来查看文档窗口或者预览设计效果。具体各个按钮图标的功能如下：

➢ 代码：显示代码视图。

- 拆分：在同一屏幕中显示“代码”视图和“设计”视图。
- 设计：在不打开浏览器的情况下实时预览页面的效果。单击该按钮右侧的倒三角形按钮，在弹出的下拉菜单中可选择“设计”视图。

1.2.3 通用工具栏

通用工具栏位于界面左侧，开始界面的通用工具栏如图 1-6 所示，主要集中了一些与查看文档、在本地和远程站点之间传输文档以及代码编辑有关的常用命令和选项。

注意：

不同的视图和工作区模式下，显示的通用工具栏也会有所不同。

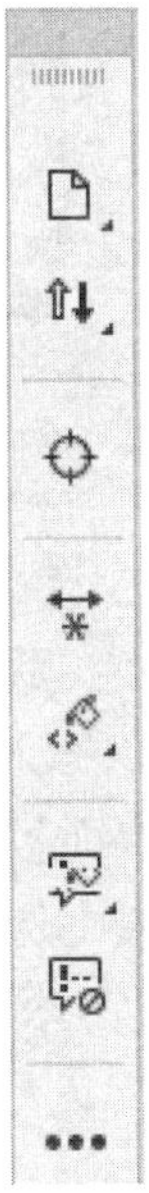

图 1-6　通用工具栏

- ：单击该按钮显示当前打开的所有文档列表。
- ：单击该按钮弹出文件管理下拉菜单，如图 1-7 所示。
- ：扩展全部代码。
- ：格式化源代码。
- ：应用注释。
- ：删除注释。
- ：自定义工具栏。单击该按钮打开“自定义工具栏”对话框，如图 1-8 所示。在工具列表中勾选需要的工具左侧的复选框，即可将工具添加到通用工具栏中。
- ：在“实时视图”模式下该按钮可见。单击该按钮，可以打开 CSS 检查模式，以可视方式调整设计，实现期望的样式设计。

CSS 检查模式允许开发人员以可视化方式详细显示 CSS 框模型属性，包括填充、边框和边距；轻松切换 CSS 属性，且无须读取代码；或使用独立的第三方实用程序。CSS 检查模式在具有某些设置时最有用，如：CSS 设计器以“当前”模式打开、启用实时视图。如果没有这些设置中的任何一种，将在文档窗口顶部显示相关的提示信息。

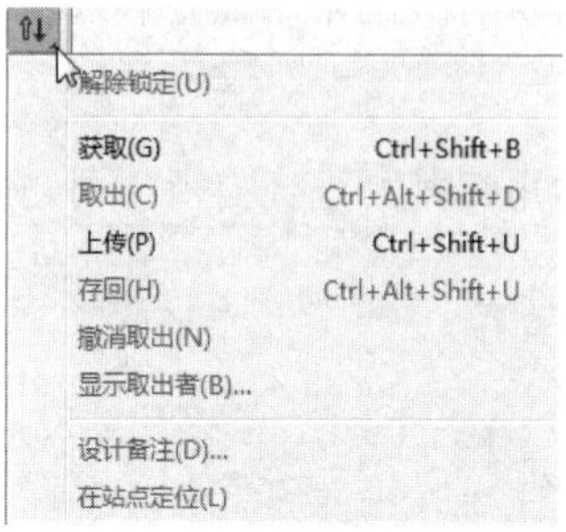

图 1-7 文件管理下拉菜单

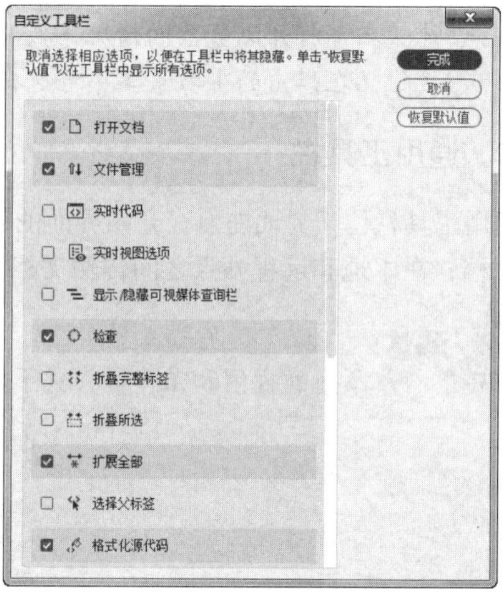

图 1-8 “自定义工具栏”对话框

1.2.4 “插入”面板

Dreamweaver 2021 的“插入”浮动面板，默认停靠在界面右侧的浮动面板组中。单击浮动面板组中的“插入”按钮，即可弹出“插入”面板，如图 1-9 所示。

“插入”面板的初始视图为“HTML”面板。单击“插入”面板中“HTML”面板右侧的倒三角形按钮，即可在弹出的下拉列表中选择需要的面板，从而在不同的面板之间切换，如图 1-10 所示。

图 1-9 “插入”面板

图 1-10 在不同面板之间进行切换

“插入”面板有 7 组选项，每组中有不同类型的对象。使用“插入”菜单中的命令也可以插入各种对象，使用菜单还是使用“插入”面板根据用户的习惯决定。

默认状态下，“插入”面板中的对象图标显示右侧标签，如果单击下拉列表中的“隐藏标签”命令，则只显示对象图标，而不显示图标右侧的标签。

1.2.5 文档窗口

文档窗口用于显示当前创建或者编辑的文档，可以根据选择的显示方式不同而显示不同的内容。用户的操作结果都会显示在文档窗口中。不管是利用 Dreamweaver 2021 提供的工具或命令编写，还是直接在“代码”视图中编写，所进行的工作都在文档窗口中完成。文档窗口中包含了所编辑或创建文档的所有 HTML 代码。

单击文档工具栏中的 设计 ▾ 按钮，切换到“设计”视图，文档窗口显示的内容与浏览器中显示的内容相同，如图 1-11 所示。使用 Dreamweaver 2021 提供的工具或命令，可以方便地进行创建、编辑文档的各种工作，即使完全不懂 HTML 代码的读者也可以制作出精美的网页。

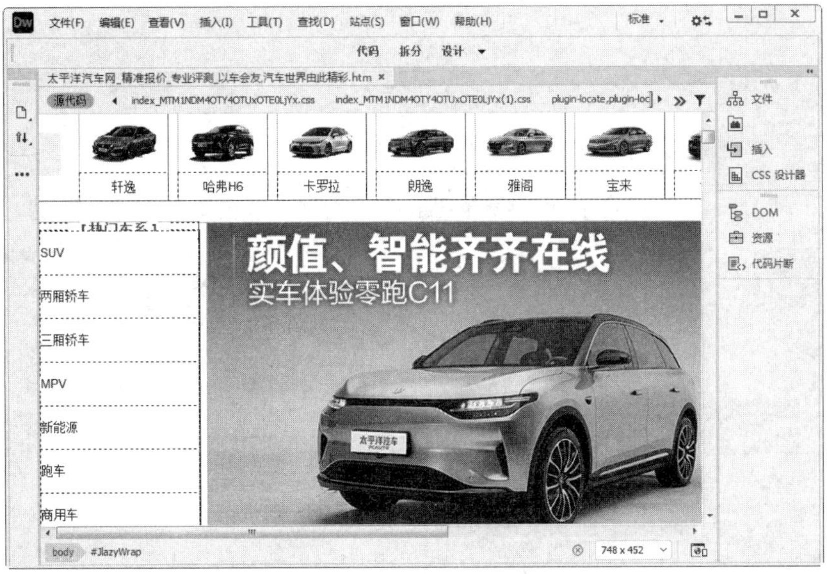

图 1-11 “设计”视图

单击工具栏中的 代码 按钮，切换到代码视图，在文档窗口中显示的是当前文档的代码，如图 1-12 所示。尽管在设计视图中可以完成绝大部分工作，但是有些工作还是必须使用代码编辑，这就必须在代码视图中进行，比如编辑插入的脚本，对脚本进行检查、调试等。

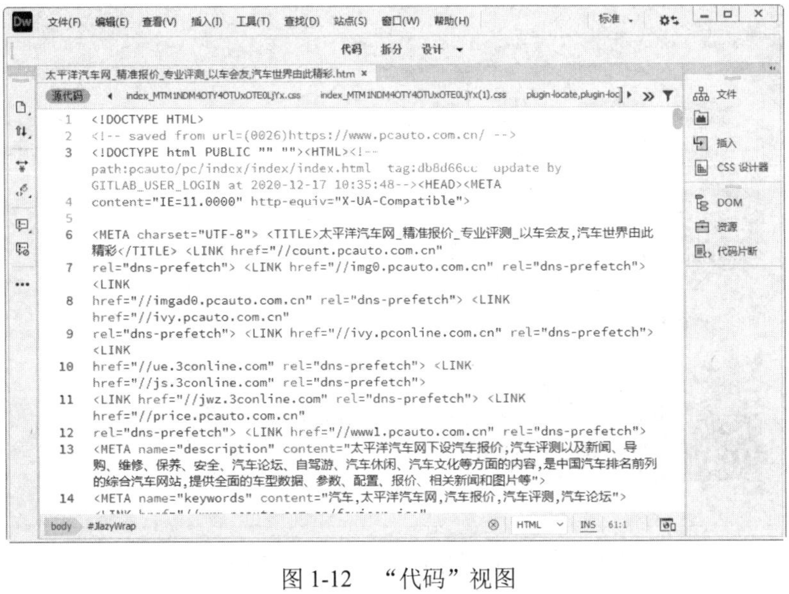

图 1-12 “代码”视图

在编写文档时，有时可能必须兼顾设计样式和显示代码，这时就需要代码与设计视图同屏显示。单击工具栏中的 拆分 按钮，就可以实现这个功能，如图 1-13 所示。

此外，在 Dreamweaver 2021 的“拆分”模式下，执行“查看”｜“拆分”｜“顶部的设计视图”菜单命令，可以将“代码”视图和“设计”视图上下调换；执行“查看”｜“拆分”｜“垂直拆分”菜单命令，可以垂直拆分视图，此时执行“查看”｜“拆分”｜“左侧的设计视图”菜单命令，可以将“代码”视图和“设计”视图左右调换，如图 1-14 所示。

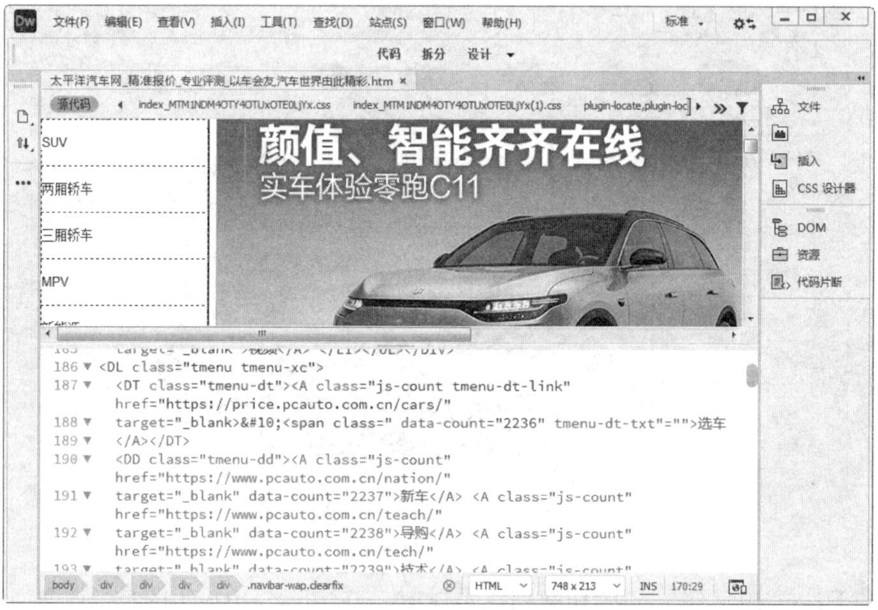

图 1-13 “拆分”视图

图 1-14 调换“设计”视图和“代码”视图

这样，同一文档的两种视图可以在同一窗口中对照显示，并且当选中“设计”视图或者“代码”视图中的某一部分时，在另外的“代码”视图或者“设计”视图中也会选中相应的网页元素。

1.2.6 “属性”面板

默认情况下，Dreamweaver 2021 没有开启“属性”面板，用户可以执行“窗口”|“属性”命令打开“属性”面板。选中网页中的某个对象后，“属性”面板可以显示被选中对象的属性，如图 1-15 所示。用户可以在属性面板中修改被选对象的各项属性值。

图 1-15 “属性”面板

“属性”面板分成上下两部分。不同的对象有不同的属性，因此选中不同对象时，“属性”面板显示的内容是不同的。单击面板右下角的按钮可以关闭“属性”面板的下面部分。

这时，按钮变成按钮，单击此按钮可以重新打开“属性”面板的下面部分。

1.2.7 浮动面板组

Dreamweaver 2021 的浮动面板组位于工作环境右侧，包含的面板如图 1-16 所示。

在菜单栏中的“窗口”下拉菜单中可以打开或者关闭这些面板。例如，执行“窗口”|“CSS 设计器”命令，可以打开如图 1-17 所示的“CSS 设计器”面板。

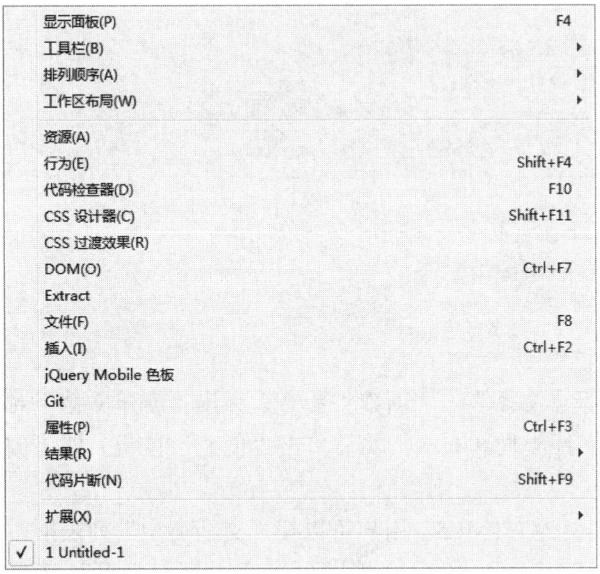

图 1-16 “窗口”菜单

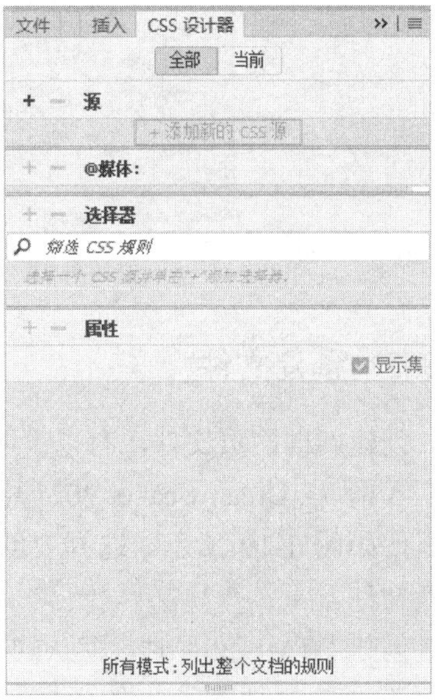

图 1-17 “CSS 设计器”面板

1.3 对文件的操作

Dreamweaver 2021 的文件操作是制作网页最基本的操作，包括网页文件的打开、保存、关闭等。

1.3.1 打开文件

若要编辑一个网页文件，必须先打开该文件。Dreamweaver 2021 可以打开多种格式的文件，例如 htm、html、shtml、xhtml、asp、json、pro、js、aspx、dwt、xml、lbi、sql、css、svg 等。

执行“文件”|“打开”命令，弹出“打开”对话框，如图 1-18 所示。

“打开”对话框与其他的 Windows 应用程序一样，可以在对话框中选中要打开的文件名，然后单击“打开”按钮即可打开该文件；也可在对话框中双击所需的文件将其打开。

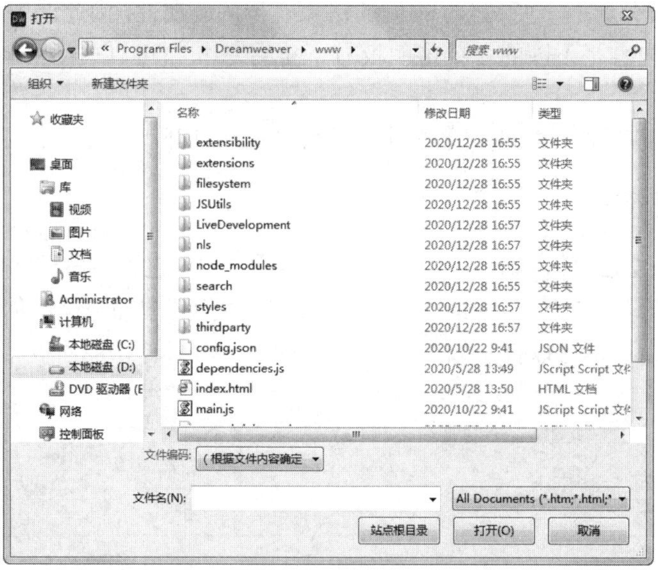

图 1-18 “打开”对话框

1.3.2 创建文件

创建新的网页文件，有以下两种方法：

（1）在 Dreamweaver 2021 中，执行“文件”|“新建”命令，弹出“新建文档”对话框，如图 1-19 所示。选择要创建的文件类型和布局，然后单击“创建”按钮，即可创建新文件。

创建 HTML 文件时，默认的文档类型为 HTML5。用户可以在“文档类型”列表框中选择需要的文档类型。如果要创建自定义 Bootstrap 文档，可以在“框架”区域选择“Bootstrap”，然后使用 Bootstrap 组件构建网站，或者使用 Extract 从 Photoshop 复合中将图像、字体、样式、文本等网页元素导入 Bootstrap 文档。

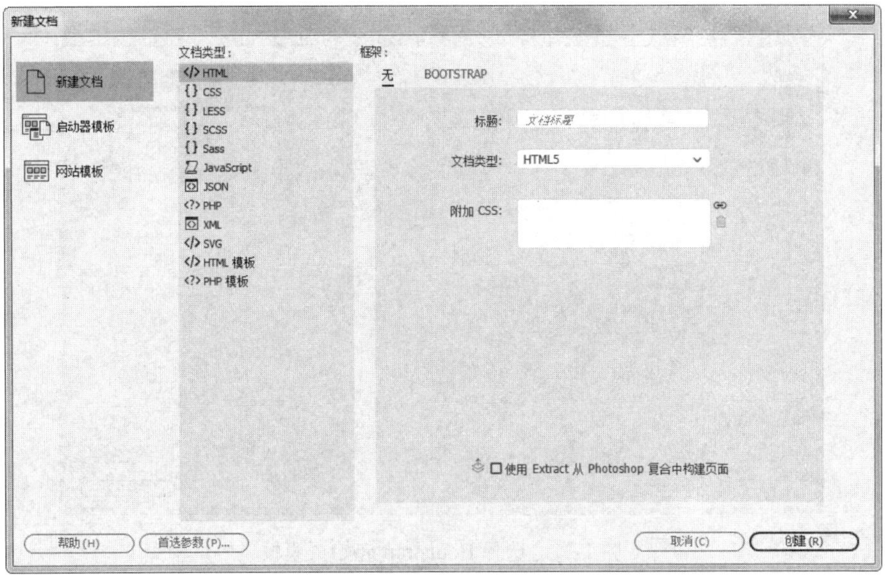

图 1-19 “新建文档”对话框

（2）如果要基于模板创建文档，则先在“新建文档”对话框中单击“网站模板”标签，选择模板所在的站点，然后再选择需要的模板文件。这时可以通过预览区域浏览所选择模板的样式，如图 1-20 所示。选择需要使用的模板后，单击“创建”按钮，即可创建一个基于该模板的新文件。

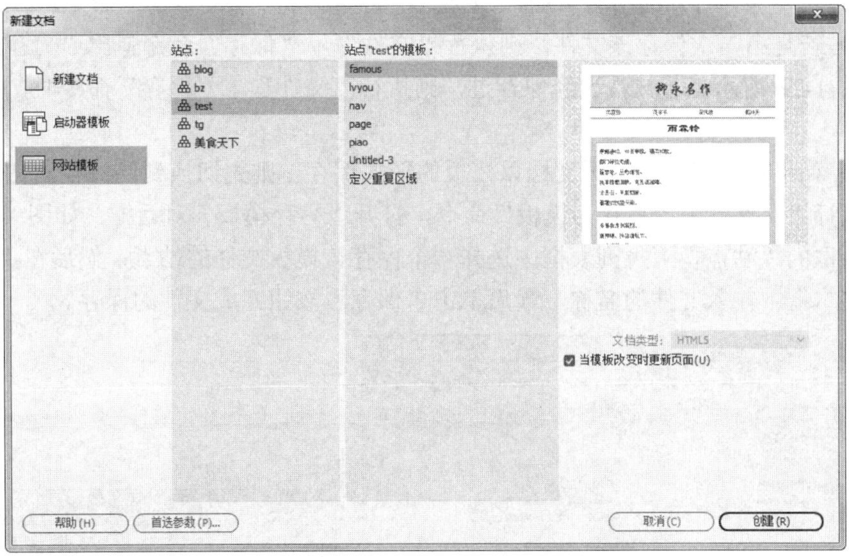

图 1-20 选择网站模板

利用 Dreamweaver 2021，用户还可以基于 Bootstrap 起始页模板很便捷地创建快速响应的网页。在“新建文档”对话框中选择“启动器模板”类别，在“示例文件夹”列表中选择“Bootstrap 模板”，然后在“示例页”列表中选择需要的 Bootstrap 起始页模板，如图 1-21 所示。

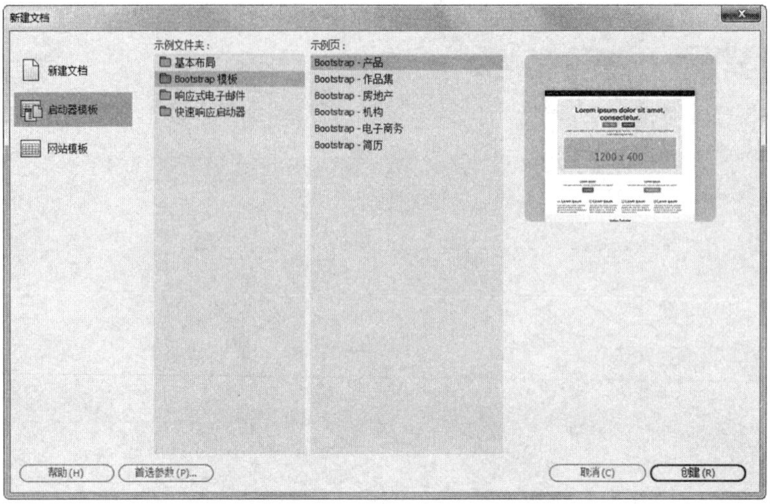

图 1-21　选择 Bootstrap 起始页模板

1.3.3　存储文件

保存网页文件的方法随保存文件的目的不同而不同。

（1）如果同时打开了多个网页文件，则执行“文件”｜“保存”或“文件”｜“另存为”命令只保存当前编辑的页面。

（2）若要保存打开的所有页面，则执行“文件”｜“保存全部”命令。

（3）若是第一次保存该文件，则执行“文件”｜“保存”命令弹出“另存为”对话框，如图 1-22 所示。若文件已经保存过，则执行“文件”｜“保存”命令时，直接保存文件。

（4）如果希望将一个网页文档以模板的形式保存，则先切换到要保存的文件所在的窗口，执行“文件”｜“另存为模板”命令，打开“另存模板”对话框，如图 1-23 所示。在该对话框的“站点”下拉列表框中选择一个保存该模板文件的站点，然后在“另存为”后面的文本框中输入文件的名称，最后单击“保存”按钮完成文件的保存。

图 1-22　“另存为”对话框

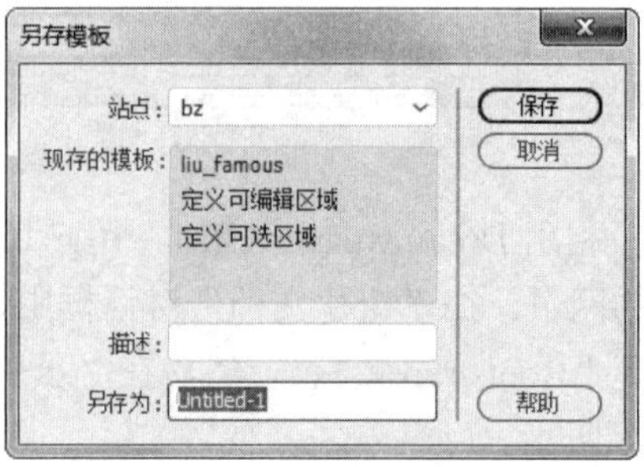

图 1-23　“另存模板”对话框

1.4 动手练一练

1．启动 Dreamweaver 2021，新建一个 html 空文件，注意观察 Dreamweaver 2021 中文版的工作界面。

2．熟悉各菜单以及“插入”面板中各子面板的图标按钮。

1.5 思考题

1．有哪些方法可以启动 Dreamweaver 2021？

2．浮动面板组有哪些窗口？各有什么功能？

第 2 章　HTML 基础

本章导读

HTML 标记是网页文件的基石，是网页制作的基础。本章介绍 HTML 的基本知识及使用方法。内容包括：HTML 的概念，HTML 源文件的构成和各类常用 HTML 标记的功能及使用。

学习要点

- HTML 源文件的构成
- 常用 HTML 标记的功能及使用方法

2.1 HTML 基础

在使用 Dreamweaver 2021 管理网页源代码之前，需要先了解一些 HTML 的相关知识。

2.1.1 什么是 HTML

HTML 是 Hypertext Markup Language 的首字母缩写，通常称作超文本标记语言，是 Internet 上用于编写网页的主要语言。

HTML 是纯文本类型的语言，使用 HTML 编写的网页文件也是标准的纯文本文件。可以用任何文本编辑器（例如 Windows 的“记事本”程序）打开，查看其中的 HTML 源代码；也可以在使用浏览器打开网页时，执行“查看源文件”命令查看网页中的 HTML 代码。查看网页内容必须使用网页浏览器，浏览器的主要作用就是解释超文本文件中的语言，将单调乏味的文字显示为丰富多彩的内容。

HTML 的发展与 Internet 上的 WWW 浏览操作的发展是分不开的。WWW 是 World Wild Web 的简称，更方便的称呼是 3W 或 The Web，即“万维网”。它是一种建立在 Internet 上的全球性的、交互的、动态、多平台、分布式的图形信息系统。WWW 遵循 HTTP（Hypertext Transfer Protocol，超文本传输协议），主要以“超文本”（Hypertext）或“超媒体”（Hypermedia）的形式提供信息。通常所称的浏览网页，就是指 WWW 操作。

HTML 语法非常简单，它采用简洁明了的语法命令，通过对各种标记、元素、属性、对象等的设置，建立与图形、声音、视频等多媒体信息以及其他超文本的链接。与其他语言（例如 C++）编译产生执行文件的机制不同，利用 HTML 编写的网页是解释型的，也就是说网页的效果是在用浏览器打开网页时动态生成的，而不是事先存储于网页中的。用浏览器打开网页时，浏览器读取网页中的 HTML 代码，分析其语法结构，然后根据解释的结果显示网页内容。正因为如此，网页显示的速度与网页代码的质量有很大的关系，所以保持精简和高效的 HTML 源代码是非常重要的。

超文本标记语言（HTML）开发到 1999 年的 HTML4 就停止了。万维网联盟（W3C）把重点转向将 HTML 的底层语法，从标准通用标记语言（SGML）改为可扩展标记语言（XML），以及可缩放向量图型（SVG）、XForms 和 MathML 这些全新的标记语言；浏览器厂商则把精力放到选项卡和富站点摘要（RSS）阅读器这类浏览器特性上；Web 设计人员开始学习使用异步 JavaScript XML（Ajax），在现有的框架下通过层叠样式表（CSS）和 JavaScript 语言建立应用程序。但由于 HTML 本身没有任何变化，已经存在近十年的 HTML4 成为不断发展的 Web 开发领域的瓶颈。Web 开发人员从 1999 年就一直期待 HTML 的新版本（通常称为 HTML5），现在它终于发布了。HTML5 保持了 HTML4 原来的特色，即没有名称空间或模式，元素不必结束，浏览器会宽容地对待错误。

HTML5 的设计原则就是在不支持它的浏览器中能够平稳地退化。也就是说，老式浏览器不认识新元素，则完全忽略它们，但是页面仍然会显示，内容仍然是完整的。浏览器现在有选项卡、CSS 和 XmlHttpRequest，但是它们的 HTML 显示引擎仍然停留在 1999 年的水平。HTML5 考虑到了这一点，为了实现更好的灵活性和更强的互动性，以及创造更具交互性的网站和应用程序，HTML5 引入和增强了更为强大的特性，包括控制、APIs、多媒体、结构和语义等，使建构网页变得更容易。

例如，在 HTML4 的页面中大量使用 div 元素，侧边栏、页脚、页眉、导航条、主内容区和各篇文章都由通用的 div 元素来表示。由于缺少结构，即使是形式良好的 HTML 页面也比较难以处理，必须分析标题的级别，才能看出各个部分的划分方式。而 HTML5 通过引入一些语义化的结构化代码标签来解决这个问题。元素 header 表示一个部分的开头；元素 footer 表示所在章节的脚注；元素 aside 是为了关联周边参考内容，一般用作侧边栏；元素 section 表示文章或应用程序的通用部分，如一个章节；元素 article 表示文档，页面或站点的独立部分。使用特定的章节元素和辅助技术能帮助用户更容易地浏览网页，如可以很容易地从导航栏跳转，或快速地从一篇文章跳到下一篇而不需要切换链接。由于采用几个语义化的元素代替了文档中大量的 div 元素，源代码也变得更清晰易懂。

2.1.2　统一资源定位符

读者要深入了解 HTML，还需要了解什么是 URL（Uniform Resource Locator，统一资源定位符）。URL 在 Internet 中用于指定信息位置，可以看作是 Internet 上文件名称命名规范的一种扩展。换句话说，它是 Internet 上的地址。在浏览器的地址栏中输入网址进行 WWW 浏览时，这个网址就是 URL 的一种形式。

URL 通常以“协议://文件路径/文件名称”的形式出现，采用 URL 可以描述以下一些文件属性：

- 文件名称。
- 文件在本地计算机上的位置，包括目录和文件名等。
- 文件在网络计算机上的位置，包括网络计算机名称、目录和文件名等。
- 访问该文件的协议。

提示：在 URL 中的路径采用 UNIX 命名规范，表示目录的斜线是/，与基于 MS-DOS 和 Windows 的命名规范正好相反。

根据协议的不同，URL 分为多种形式，最常用的是以 HTTP 开头的网络地址形式和以 FILE 开头的文件地址形式。

采用 HTTP 开头的 URL 通常指向 WWW 服务器，主要用于网页浏览。这种 URL 通常被称作网址，是 Internet 上应用最广泛的 URL 方式，下面是一些实例：

http://www.microsoft.com （指向某个网站的主页）

http:// www.microsoft.com /china/document.htm （指向某个网站的指定网页）

如果基于 HTTP 的 URL 末端没有文档的文件名称（如上面的第一个例子），则使用浏览器浏览该地址的网页时会打开默认的网页（通常称作主页），其文件名多为 index.htm、index.html、index.asp 或 index.aspx 等。

如果希望指向一个 FTP 站点或本地计算机上的文件，通常可以用 FILE 作为 URL 的前缀。FTP（File Transfer Protocol，文件传输协议）主要用于文件传递，包括文件的上传（从本地计算机发送到 Internet 上的服务器）和下载（从 Internet 上的服务器接收到本地的计算机）。目前 Internet 上很多软件下载站点都采用这种 FTP 的方式。在很多提供主页免费存放空间的网站上，都要求用户通过 FTP 程序将他们自己编写的网页上传到服务器上。下面是一些实例：

file://index.html （指向当前目录下的文件）

file://C:/Winnt/System32/Blank.htm （指向某个绝对路径下的文件）

file://ftp.netease.com/pub （指向 FTP 服务器的目录）

file://ftp.netease.com/pub/readme.txt （指向 FTP 服务器上某目录下的某文件）

2.1.3 HTML 的语法特性

超文本标记语言通过各种标记表示和排列各种对象。标记由符号“<”“>”以及其中所包容的标记元素组成。例如，希望在浏览器中显示一段加粗的文本，可以采用标记<b>和</b>：

<b>加粗的文本</b>

浏览器在文档中发现了这对标记，就会将其中包容的文字（这里是“加粗的文本”）以粗体形式显示，而标记<b>和</b>不会被显示。

一般来说，HTML 的语法有 3 种表达形式：

- <标记>对象</标记>
- <标记 属性 1=参数 1 属性 2=参数 2>对象</标记>
- <标记>

标记的书写是与大小写无关的。严格地说，标记与标记元素不同。标记元素是位于“<”和“>”符号之间的内容，而标记则包括了标记元素和“<”和“>”符号本身。由于脱离了“<”和“>”符号的标记元素毫无意义，因此，在本书后面的章节中，如非必要，将不区分标记和标记元素，而统一称作“标记”。

下面分别对以上 3 种表达形式及标记的嵌套进行介绍。

1. <标记>对象</标记>

该语法示例显示使用封闭类型标记的形式。大多数标记是封闭类型的，成对出现。在对象内容的前面是一个标记，在对象内容的后面是另一个标记，第二个标记元素前带有反斜线，表明结束标记对对象的控制。

下面是一些示例：

<h1>这是标题 1 </h1> （浏览器以标题 1 格式显示标记间的文本）

<i>这段文字是斜体文字</i> （浏览器以斜体格式显示标记间的文本）

如果一个应该封闭的标记没有封闭，会产生意料不到的错误，而随浏览器不同，出错的结果可能也不同。例如，如果忘记以</h1>标记封闭对文字格式的设置，可能后面所有的文字都会以标题 1 的格式出现。

2. <标记 属性 1=参数 1 属性 2=参数 2>对象</标记>

该语法示例显示使用封闭类型标记的扩展形式。利用属性可以进一步设置对象某方面的内容，而参数则是设置的结果。

例如，在如下的语句中，设置了标记<a>的 href 属性。

```
<a href= “http://www.adobe.com/” >Adobe 公司主页</a>
```

<a>和</a>是锚标记，用于在文档中创建超级链接。href 是该标记的属性之一，用于设置超级链接所指向的地址。“=”后面的内容是 href 属性的参数，在这里是 Adobe 公司的网址。“Adobe 公司主页”等文字是被<a>和</a>包容的对象。

一个标记的属性可能不止一个，可以在描述完一个属性后，输入一个空格，然后继续描述其他属性。

3．<标记>

该语法示例显示使用非封闭类型标记的形式。在 HTML 语言中，非封闭类型很少，最常用的是换行标记
。

例如，希望一行文字中间换行（但是仍然与上面的文字属于一个段落），可以在文字要换行的地方添加标记
，例如：

```
这是一段完整的段落<br>中间被换行处理
```

在浏览器上会显示为两行，但它们仍然属于同一段落。

4．标记嵌套

几乎所有的 HTML 代码都是上面三种形式的组合，标记之间可以相互嵌套，形成更为复杂的语法。例如，希望将一行文本同时设置粗体和斜体格式，可以采用下面的语句：

```
<b><i>这是一段既是粗体又是斜体的文本</i></b>
```

在嵌套标记时，需要注意标记的嵌套顺序，如果标记的嵌套顺序发生混乱，可能会出现不可预料的结果。例如，对于上面的例子也可以这样写：

```
<i><b>这是一段既是粗体又是斜体的文本</b></i>
```

但是尽量不要写成如下的形式：

```
<b><i>这是一段既是粗体又是斜体的文本</b></i>
```

上面的语句中，标记嵌套发生了错误。幸运的是，大多数浏览器可以正确理解这个例子。对于其他的一些标记，如果嵌套发生错误的话，浏览器就不一定能够正确显示了。为了保证文档有更好的兼容性，尽量避免标记嵌套顺序的错误。

2.2 常用 HTML 标记

使用 Dreamweaver 2021 创建的 HTML 文档默认类型为 HTML5，切换到“代码”视图，读者会发现尽管新建文档的“设计”视图是空白的，但是“代码”视图中已经有了不少源代码。在默认状态下，这些源代码如下（“<!主要内容将放在这里>”是编者加上的）：

```
<!doctype html>
<html>
<head>
<meta charset="utf-8">
<title>无标题文档</title>
</head>
<body>
```

```
<!主要内容将放在这里>
</body>
</html>
```

学习 HTML 语言，从上述代码开始是最好的起步。

2.2.1 文档的结构标记

1．<!doctype >标记

Dreamweaver 2021 使用<!doctype>标记声明创建的文档类型，不区分大小写。

该声明必须放在每一个 HTML 文档最顶部，在所有代码和标识之上，否则文档声明无效。与 HTML4 网页相比，简单而明显，更容易向后兼容。

2．<html>标记

<html>…</html>标记是 HTML 文档的开始和结束标记，HTML 文档中所有的内容都应该在这两个标记之间。

3．<head>标记

通常将<head>…</head>标记之间的内容统称为 HTML 的“头部”，用于包含当前文档的有关信息，例如标题和关键字等。位于头部的内容一般不会在网页上直接显示，而是通过另外的方式起作用。例如，标题是在 HTML 的头部定义的，它不会显示在网页上，但是会出现在网页的标题栏上。

4．<title>标记

<title>…</title>标记位于 HTML 文档的<head>和</head>标记之间，用于设置 HTML 文档标题。在浏览网页时，标题文字出现在浏览器的标题栏上。

5．<body>标记

<body>…</body>用于定义 HTML 文档的正文部分，定义在</head>标记之后，</html>标记之前。所有出现在网页上的正文内容都应该写在这两个标记之间。

<body>标记有 6 个常用的可选属性，主要用于控制文档的基本特征，如背景颜色等。各个属性介绍如下：

- background：该属性用于指定一幅图像作为文档背景。
- text：该属性用于定义文档中文本的默认颜色，也即文本的前景色。
- link：该属性用于定义文档中一个未被访问过的超级链接的文本颜色。
- alink：该属性用于定义文档中一个正在打开的超级链接的文本颜色。
- vlink：该属性用于定义文档中一个已经被访问过的超级链接的文本颜色。
- bgcolor：该属性定义文档的背景颜色。

例如，希望将文档的背景颜色设置为绿色，文本颜色设置为黑色，未访问超级链接的文本颜色设置为白色，已访问超级链接的文本颜色设置为黄色，正在访问的超级链接的文本颜色设置为紫红色，则可以使用如下的<body>标记：

```
<body bgcolor = "green" text = "black" link = "white" alink = "red" vlink = "yellow">
```

在 HTML4 页面中，边栏、页脚、页眉、导航条、主内容区和各篇文章都由通用的 div 元素表示，必须分析标题的级别，才能看出各个部分的划分方式，因为即使是形式良好的 HTML4 页面也难以阅读，而 HTML5 添加了一些新元素专门用来标识常见的结构。

- section：可以是书中的一章或一节，实际上可以是在 HTML4 中有自己标题的任何东西。
- header：页面上显示的页眉；与 head 元素不一样。
- footer：页脚，可以显示电子邮件中的签名。
- nav：导航标签，指向其他页面的一组链接。
- article：博客、杂志、文章汇编等的一篇文章。
- aside：页面上的侧边栏。

2.2.2 注释标记

<!--…-->标记是注释标记，在这个标记内的文本都不会在浏览器窗口中显示出来。但如果是程序代码，即使在注释标记内也会被执行。

一般将客户端的脚本程序段放在此标记中。这样，对于不支持该脚本语言的浏览器也可隐藏程序代码。使用示例：

```
<!--今天天气真好！-->
```

2.2.3 文本格式标记

1．<b>标记

<b>…</b>标记将标记之间的文本设置成粗体。使用示例：

```
今天<b>天气</b>真好！
```

显示效果：

今天**天气**真好！

2．<em>标记

<em>…</em>标记用于强调标记之间的文字。不同的浏览器效果有所不同，通常会设置成斜体。使用示例：

```
<em>今天天气真好！</em>
```

显示效果：

今天天气真好！

3．<font>标记

<font>...</font>标记用于设置文本字体格式，有 3 个可选属性分别介绍如下：

- face：用于设置文本字体名称，多个字体名称用逗号隔开。
- Size：用于设置文本字体大小，取值范围在－7～7 之间，数字越大字体越大。
- Color：用于设置文本颜色，可以用 red、white 和 green 等助记符，也可以用 16 进制数表示，如红色为“#FF0000”。使用示例：

```
<font face= "隶书" size= "5 " color= "black">隶书 5 号字体、黑色</font>
```

显示效果：

隶书 5 号字体、黑色

4．<h#>标记

<h#> ... </h#>（#=1,2,3,4,5,6）标记用于设置标题字体（Header），有 1 到 6 级标题，数字越大字体越小。标题将显示为黑体字。<h#>---</h#>标记自动插入一个空行，不必用<p>标记再加空行。与<title>标记不一样，<h#>标记里的文本显示在浏览器中。使用示例：

```
<h1>这是一级标题</h1>
<h2>这是二级标题</h2>
<h3>这是三级标题</h3>
<h4>这是四级标题</h4>
<h5>这是五级标题</h5>
<h6>这是六级标题</h6>
```

显示效果如图 2-1 所示。

这是一级标题
这是二级标题
这是三级标题
这是四级标题
这是五级标题
这是六级标题

图 2-1　显示效果

5．<i>标记

<i>…</i>标记将标记之间的文本设置成斜体。使用示例：

```
<i>今天天气真好！</i>
```

显示效果：

今天天气真好！

6．<u>标记

<u>…</u>标记为标记之间的文本加下划线。使用示例：

```
<u>今天天气真好！</u>
```

显示效果：

今天天气真好！

2.2.4　排版标记

1．
标记

标记用于添加一个换行符，它不需成对使用。使用示例：

```
今天<br>天气真好！
```

显示效果：

今天

天气真好！

2．<hr>标记

<hr>标记用于在页面添加一条水平线。使用示例：

```
今天<hr>天气真好！
```

显示效果：

今天

天气真好！

3．<p>标记

<p>…</p>标记用来分隔文档的多个段落。可选属性“align”有 3 个取值：

- left：段落左对齐。
- center：段落居中对齐。

➢ right：段落右对齐。

使用示例：

```
<p align=center>今天天气真好！</p>
```

显示效果：

今天天气真好！

4．<sub>标记

_…标记将标记之间的文本设置成下标。使用示例：

```
今天<sub>天气</sub>真好！
```

显示效果：

今天$_{天气}$真好！

5．<sup>标记

[…]标记将标记之间的文本设置成上标。使用示例：

```
今天<sup>天气</sup>真好！
```

显示效果：

今天^{天气}真好！

2.2.5 列表标记

1．<ul>和<li>标记

<ul>…</ul>用来标记无序列表的开始和结束；<li>…</li>用来标记有序或无序列表的列表项目的开始和结束。使用示例：

```
<ul>
    <li>今天天气真好！</li>
    <li>今天天气真好！</li>
    <li>今天天气真好！</li>
</ul>
```

显示效果：

今天天气真好！

今天天气真好！

今天天气真好！

2．<ol>和<li>标记

<ol>…</ol>用来标记有序列表的开始和结束。有序列表有一个参数“type”，其值的功能介绍如下：

➢ type=1：表示用数字给列表项编号，这是默认设置。

➢ type=a：表示用小写字母给列表项编号。

➢ type=A：表示用大写字母给列表项编号。

➢ type=i：表示用小写罗马字母给列表项编号。

➢ type=I：表示用大写罗马字母给列表项编号。

使用示例：

```
<ol>
    <li>今天天气真好！</li>
    <li>今天天气真是好！</li>
    <li>今天天气真是太好了！</li>
</ol>
```

显示效果：

1. 今天天气真好！
2. 今天天气真是好！
3. 今天天气真是太好了！

2.2.6 表格标记

1．<table>标记

<table>…</table>用于标记表格的开始和结束。表格的常用参数介绍如下：

- align：设置表格与页面对齐方式，取值有 left、center 和 right。
- background：设置表格的背景图像。
- bgcolor：设置表格的背景颜色。
- border：设置表格的边框。
- width：设置表格的宽度，单位默认为像素，也可以使用百分比形式。
- height：设置表格的高度，单位默认为像素，也可以使用百分比形式。
- cellpadding：设置表格一个单元格内数据和单元格边框间的边距，以像素为单位。
- cellspacing：设置单元格之间的间距，以像素为单位。

2．<tr>标记

<tr>…</tr>标记用于标记表格一行的开始和结束。<tr>的常用参数介绍如下：

- align：设置行中文本在单元格内的对齐方式，取值有 left、center 和 right。
- background：设置行中单元格的背景图像。
- bgcolor：设置行中单元格的背景颜色。

3．<th>标记

<th>…</th>用于标记表格内表头的开始和结束。<th>的常用参数分别介绍如下：

- align：设置在单元格内各种内容的对齐方式，取值有 left、center 和 right。
- background：设置单元格的背景图像。
- bgcolor：设置单元格的背景颜色。
- width：设置单元格的宽度，单位为像素。
- height：设置单元格的高度，单位为像素。
- colspan：设置<th>…</th>内的内容应该跨越几列。
- rowspan：设置<th>…</th>内的内容应该跨越几行。

4．<td>标记

<td>…</td>用于标记表格内单元格的开始和结束。<td>标记应位于<tr>标记内部。<td>的常用参数介绍如下：

- ➢ align：设置行内容在单元格内的对齐方式，取值有 left、center 和 right。
- ➢ background：设置单元格的背景图像。
- ➢ bgcolor：设置单元格的背景颜色。
- ➢ width：设置单元格的宽度，单位为像素。
- ➢ height：设置单元格的高度，单位为像素。

表格使用示例：

```
<table border＝1>
    <tr><th>Food</th><th>Drink</th><th>Sweet</th>
    <tr><td>A</td><td>B</td><td>C</td>
</table>
```

显示效果：

Food	Drink	Sweet
A	B	C

2.2.7 表单标记

1．<form>标记

<form>…</form>标记用于表示一个表单的开始与结束，并且通知服务器处理表单的内容。其功能如下：

- ➢ name：用于指定表单的名称。
- ➢ action：用于指定提交表单后，将对表单进行处理的文件路径及名称（即 URL）。
- ➢ method：用于指定发送表单信息的方式，有 GET 方式（通过 URL 发送表单信息）和 POST 方式（通过 HTTP 发送表单信息）。

2．<input>标记

<input>标记用于在表单内放置表单对象，此标记不需成对使用。它有 type 等参数，对于不同的 type 参数有不同的属性。当 type="text"（文本域表单对象，在文本框中显示文字）或 type="password"（密码域表单对象，在文本框中显示*号代替输入的文字，起保密作用）时，<input>标记参数介绍如下：

- ➢ name：用于指定表单文本/密码域对象的名称。
- ➢ size：文本框在浏览器的显示宽度，实际能输入的字符数由 maxlength 参数决定。
- ➢ maxlength：在文本框最多能输入的字符数。

当 type="submit"（提交按钮，用于提交表单）或 type="reset"（重置按钮，用于清空表单中已输入的内容）时，<input>标记参数介绍如下：

- ➢ name：用于指定表单按钮对象的名称。
- ➢ value：在按钮上显示的标签。

当 type="radio"（单选按钮）或 type="checkbox"（复选按钮）时，<input>标记参数介绍如下：

- name：用于指定表单单选按钮或复选按钮对象的名称。
- value：用于设定单选按钮或复选按钮的值。
- checked：可选参数，若带有该参数，则默认状态下该按钮是选中的。同一组 radio 单选按钮（name 属性相同）中最多只能有一个单选按钮带 checked 属性。复选按钮则无此限制。

当 type="image"（图像）时，<input>标记参数介绍如下：

- name：图像对象的名称。
- src：图像文件的名称。
- width：图像宽度。
- height：图像高度。
- alt：图像无法显示时的替代文本。
- align：图像对象的对齐方式，取值可以是 top、left、bottom、middle 和 right。

使用示例：

```
<form action=login_action.jsp method=POST>
    姓名: <input type=text name=姓名  size=16><br>
    密码: <input type=password name=密码  size=16><br>
    性别：<input name="radiobutton" type="radio" value="radiobutton">男
    <input name="radiobutton" type="radio" value="radiobutton">女<br>
    爱好：<input type="checkbox" name="checkbox" value="checkbox">运动
    <input type="checkbox" name="checkbox2" value="checkbox">音乐<br>
    图像：<input  name="imageField"  type="image"  src="dd.gif"  width="16"  height="16"
border="0"><br>
    <input type=submit value="发送"><input type=reset value="重设">
</form>
```

显示效果如图 2-2 所示。

3．<select>和<option>标记

<select>…</select>标记用于在表单中插入一个列表框对象。它与<option></option>标记一起使用，<option>标记为列表框添加列表项。<select>标记的功能如下：

- name：指定列表框的名称。
- size：指定列表框中显示多少列表项（行），如果列表项数目大于 size 参数值，则通过滚动条来滚动显示。
- multiple：指定列表框是否可以选中多项，默认下只能选择一项。

<option>标记的参数有两个可选参数，介绍如下：

- selected：用于指定初始时本列表项是被默认选中。
- value：用于指定本列表项的值，如果不设此项，则默认为标签后的内容。使用示例：

```
<form action=none.jsp method=POST>
 <select name=fruits size=3 multiple>
        <option selected>足球
```

```
        <option selected>蓝球
        <option value=My_Favorite>乒乓球
        <option>羽毛球
</select><p>
<input type=submit><input type=reset>
</form>
```

显示效果如图 2-3 所示。

图 2-2　示例效果

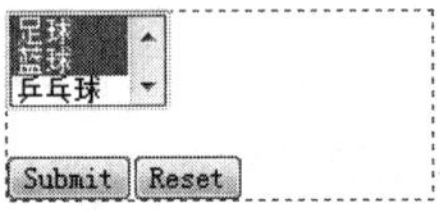

图 2-3　示例效果

4．<textarea>标记

<textarea>…</textarea>作用与<input>标记在 type="text"时的作用相似，不同之处在于，<textarea>显示的是多行多列的文本区域，而<input>文本框只有一行。<textarea>和</textarea>之间的文本是文本区域的初始文本。<textarea>标记的参数有：

➢ name：指定文本区域的名称。
➢ rows：文本区域的行数。
➢ cols：文本区域的列数。
➢ wrap：用于设置是否自动换行，取值有 off（不换行，是默认设置）、soft（软换行）和 hard（硬换行）。使用示例：

```
<form action=/none.jsp method=POST>
    <textarea name=comment rows=5 cols=20>
    今天天气真好
    </textarea>
    <br>
    <input type=submit><input type=reset>
</form>
```

显示效果如图 2-4 所示。

图 2-4　示例效果

2.2.8　其他标记

1．<pre>标记

<pre>…</pre>标记用于对标记内部的内容几乎不作修改地输出。使用示例：

```
<pre>
```

```
    今天        天气真好
</pre>
今天        天气真好
```

显示效果：

今天　　　天气真好

今天 天气真好

2．<a>标记

<a>…</a>标记用于建立超级链接或标识一个目标。<a>标记有两个不能同时使用的参数 href 和 name，此外还有参数 target 等，分别介绍如下：

- href：用于指定目标文件的 URL 地址或页内锚点。<a>标记使用此参数后，在浏览器中单击标记间的文本，页面将跳转到指定的页面或本页内指定的锚点位置。
- name：用于标识一个目标（即锚点，用于页内链接）。
- target：用于指定打开新页面的目标窗口。取值有_self（将链接的文件载入一个未命名的新浏览器窗口中）、_parent（将链接的文件载入含有该链接的框架的父框架集或父窗口中）、_blank（将链接的文件载入该链接所在的同一框架或窗口中）、_top（在整个浏览器窗口中载入链接的文件，因而会删除所有框架）。若本页使用框架技术还可以把 target 设置为框架名。使用示例：

```
<a href="url">链接字符串</a><br>
<a name="name">text</a>
```

显示效果：

链接字符串

text

3．<img>标记

<img>标记用于在页面插入图像，其主要功能如下：

- src：用于指定要插入图像的地址。
- alt：用于设置图像无法显示时的替换文本。
- width：用于设置图像的宽度，以像素为单位。
- height：用于设置图像的高度，以像素为单位。

使用示例：

```
<img src="new.gif" width="35" height="40">
```

4．<meta>标记

<meta>标记是实现元数据的主要标记，能够提供文档的关键字、作者、描述等多种信息，在 HTML 的头部可以包括任意数量的<meta>标记。<meta>标记是非成对使用的标记，它的功能如下：

- name：用于定义一个元数据属性的名称。
- content：用于定义元数据的属性值。
- http-equiv：可以用于替代 name 属性，HTTP 服务器可以使用该属性从 HTTP 响应头部收集信息。
- charset：用于定义文档的字符解码方式。使用示例：

```
<meta name = "keywords" content = "webmaster 制作">
<meta name = "description" content = "webmaster 制作">
<meta http-equiv="Content-Type" content="text/html; charset=gb2312">
```

5．<base>标记

<base>标记定义了文档的基础 URL 地址，在文档中所有相对地址形式的 URL 都是相对于这里定义的 URL 而言的。一篇文档中的<base>标记不能多于一个，必须放于头部，而且应该在任何包含 URL 地址的语句之前。<base>标记的功能如下：

- href：指定文档的基础 URL 地址。该属性在<base>标记中是必须存在的。
- target：target 属性与框架一起使用，它定义了文档中的链接被点击后，在哪一个框架集中展开页面。如果超级链接没有明确指定展开页面的目标框架集，则使用这里定义的地址代替。使用示例：

```
<base href = "http://www.microsoft.com">
```

6．<link>标记

<link>标记定义了文档之间的包含。在 HTML 的头部可以包含任意数量的<link>标记。<link>标记带有很多参数，下面介绍的是一些常用的参数：

- href：用于设置链接资源所在的 URL。
- title：用于描述链接关系的字符串。
- rel：用于定义文档和链接资源的链接关系，可能的取值有 Alternate、Stylesheet、Start、Next、Prev、Contents、Index、Glossary、Copyright、Chapter、Section、Subsection、Appendix、Help 和 Bookmark 等。如果希望指定不止一个链接关系，可以在这些值之间用空格隔开。
- rev：用于定义文档和所链接资源之间的反向关系。其可能的取值与 rel 属性相同。使用示例：

```
<link rel="stylesheet" type="text/css" href="./base.css">
```

2.3 动手练一练

在“代码”视图中用 HTML 语言写一个基本的网页文件，尽量多用各种标记。

2.4 思考题

除了 Dreamweaver，还有哪些编辑器可以用来编辑 HTML 源文件？

第 3 章　构建本地站点

本章导读

本章介绍站点的基本知识及构建本地站点的方法。内容包括：站点的概念和功能；站点规划和网站制作流程；利用 Dreamweaver C2021 创建本地站点；由已有文件生成站点；删除、修改、编辑和复制站点等操作；删除、修改、编辑和复制站点内文件和文件夹等操作，以及刷新本地站点的方法。

学 习 要 点

- 本地站点和远程站点
- 网站制作流程
- 创建本地站点
- 管理本地站点

3.1 概述

使用 Dreamweaver 2021，用户可以轻松地创建单个网页，但大多数情况下，用户可能希望将这些单独的网页组合起来，整合成一个站点。拥有自己的网站，可以说是每个网页创作者的梦想。Dreamweaver 2021 不仅提供网页编辑功能，而且具有强大的站点管理功能。用户可以先在本地计算机的磁盘上利用 Dreamweaver 2021 创建本地站点，从全局控制站点结构，管理站点中的各种文档，完成对文档的编辑，然后将本地站点发送到 Internet 上的服务器，创建真正的站点。

所谓站点，可以看作是一系列文档的组合。这些文档之间通过各种链接关联起来，可能拥有相似的属性，例如描述相关的主体，采用相似的设计或实现相同的目的等，也可能只是毫无意义的链接。利用浏览器，就可以从一个文档跳转到另一个文档，实现对整个网站的浏览。

3.1.1 Internet 服务器和本地计算机

一般来说，浏览的网页都存储在 Internet 服务器上。所谓 Internet 服务器，就是用于提供 Internet 服务（包括 WWW、FTP、e-mail 等）的计算机。对于 WWW 浏览服务来说，Internet 服务器主要用于存储 Web 站点和页面。

对大多数用户来说，Internet 服务器只是一个名称，而不是真正的可知实体。因为不知道该计算机到底有多少台，性能和配置如何、到底放置在什么地方等。访问的网站，可能存储在大洋彼岸的美国的计算机上，也可能就存储在隔壁的计算机上。但是在浏览网页时，不需要了解它的实际位置，只需要在地址栏输入网址，按 Enter 键，就可以轻松浏览网页。

对于浏览网页的用户来说，他们使用的计算机称为本地计算机。本地计算机对于用户来说是真正的实体，因为用户直接在计算机上操作，启动浏览器打开网页。

本地计算机和 Internet 服务器之间通过各种线路（如电话线、ADSL、ISDN 或其他线缆等）连接实现相互的通信。

3.1.2 远端站点和本地站点

在理解了 Internet 服务器和本地计算机的概念后，了解远端站点和本地站点就很容易了。严格地说，站点只是一种文档的磁盘组织形式，它由文档和文档所在的文件夹组成。设计良好的网站通常具有科学的结构，利用不同的文件夹，将不同的网页内容分门别类地保存，这是设计网站的必要前提。

在 Internet 上浏览的各种网站，归根到底，其实就是用浏览器打开存储在 Internet 服务器上的 HTML 文档及其他相关资源。基于 Internet 服务器的不可知特性，通常将存储于 Internet 服务器上的站点和相关文档称作远端站点。

尽管利用 Dreamweaver 可以直接对位于 Internet 服务器上的站点文档进行编辑和管理，但这在很多时候非常不便，因为有很多不利因素，例如网络速度和网络的不稳定性等，都会对管理和编辑操作带来影响。因为位于 Internet 服务器上的站点仍然是以文件和文件夹作为基本要素的磁盘组织形式，所以首先在本地计算机的磁盘上构建出整个网站的框架，编辑相应的文档，然后再将整个框架和所有文档放置到 Internet 服务器上，这就是本地站点的概念。

利用 Dreamweaver 2021，用户可以在本地计算机上创建站点的框架，从整体上对站点全局进行把握，完成站点的设计，并进行完善的测试。站点设计完毕后，利用各种上传工具，例如 FTP 程序，将本地站点上载到 Internet 服务器上，形成远端站点。

3.1.3 Internet 服务程序

如果站点中包含动态网页，仅仅在本地计算机上是无法对站点进行完整测试的，这时需要依赖 Internet 服务程序。

在本地计算机上安装 Internet 服务程序，实际上是将本地计算机构建成一个真正的 Internet 服务器，可以从本地计算机上直接访问该服务器，即本地计算机和 Internet 服务器已经合二为一。

Apache Web Server 是世界上占有率最高的 Web 服务器产品，可以在包括 SUN Solaris、IBM AIX、SGI IRIX、Linux 和 Windows 在内的许多操作系统下运行。微软的 Windows 应用十分广泛，依据操作系统的不同，应该安装不同的程序。例如，对于 Windows XP、Windows 7 可以安装 Internet Information Server。在安装完 IIS 系列程序后，可以通过访问 http://localhost 测试程序是否安装成功。

如果成功安装了 Internet 服务程序，就可以在本地计算机上创建真正的 Internet 环境，对创作的站点进行充分测试。当然，这种测试是不需要真正连入 Internet 的。

3.1.4 上传和下载

上传和下载是在互联网上传输文件的专门术语。一般来说，把本地计算机上的文件复制到远程计算机上的过程称作上传；相反，从某台远程计算机上复制文件到本地计算机上的过程称作下载。

实际上，在正常的浏览过程中，经常会进行上传、下载操作。例如在本地计算机上浏览网页，实际上就是将 Internet 服务器上的网页下载到本地计算机上浏览；很多网站（如电子商务网站或免费电子邮件网站），都会要求用户输入用户名称和密码，这实际上就是将用户的信息上传到 Internet 服务器。

上传和下载操作不仅于此，利用其他的一些工具，例如 FTP 程序等，还可以直接将 Internet 服务器上的站点结构及其中的文档下载到本地计算机进行修改，再将修改后的网页上传到 Internet 服务器上，实现对站点的更新。

Dreamweaver 2021 利用多线程 FTP 传输工具和对 FTPS、FTPeS 通信协定的本地支持，可以更快速高效地上传网站文件。

3.1.5 网页的设计和出版流程

为了更好地进行站点管理和网页创作，用户还需要了解使用 Dreamweaver 2021 进行网站创建和网页设计的流程，简要介绍如下：

（1）对站点进行规划。创建站点首先需要了解站点的目的，确定要提供的服务，网页中应该出现的内容等。这一步利用一张纸和一支笔就能很好地解决问题。一个良好的构思，有时候比实际的技术更为重要，因为它直接决定站点质量和将来的访问量。

（2）创建站点的基本结构。利用 Dreamweaver 2021 在本地计算机上构建整个站点的框架，并在各个文件夹中合理地安置文档。如果已经构建了站点，也可以利用 Dreamweaver 2021 编辑和更新现有的站点。

（3）开始具体的网页创作过程。一旦创建了本地站点，就可以在其中组织文档和数据。文档中可以包含多种类型的数据，例如文本、图像、声音、动画和超级链接等。用户可以利用 Dreamweaver 2021 创建空白的文档，也可以利用模板批量生成具有统一风格的文档，也可以打开和编辑由其他应用程序产生的文档。

（4）发布、更新站点。站点编辑完成后，将本地站点与位于 Internet 服务器上的远端站点关联起来，然后定期更新。

3.2 规划站点

在 Dreamweaver 中，“站点”这个术语既可以用于表示位于 Internet 服务器上的远端站点，也可以用于表示位于本地计算机上的本地站点。一般来说，应该首先在本地计算机上构建本地站点，创建合理的站点结构，使用合理的组织形式管理站点中的文档，并对站点进行必要的测试。在一切都准备好之后，再将站点上传到 Internet 服务器，供他人浏览。

3.2.1 规划站点结构

合理的站点结构，能够加快站点设计，提高工作效率，节省工作时间。如果将一切网页都存储在一个目录下，当站点的规模越来越大时，管理起来就会变得很不容易。

在规划站点结构时，一般应遵循以下规则：

1．用文件夹保存文档

一般来说，应该用文件夹来合理构建文档的结构。首先为站点创建一个根文件夹（根目录），然后在其中创建多个子文件夹，再将文档分门别类存储到相应的文件夹中。必要时可以创建多级子文件夹。

例如，可以在 About 文件夹中放置用于说明公司介绍的网页；可以在 Product 文件夹中放置关于公司产品方面的网页。

2．使用合理的文件名称

使用合理的文件名非常重要，特别是在网站的规模很大时。文件名应该容易理解，让人看了就能够知道网页表述的内容。

如果不考虑那些仍然使用不支持长文件名操作系统的用户，可以使用长文件名来命名文件，以充分表述文件的含义和内容；如果用户中可能仍然有人使用不支持长文件名的操作系统，则应该尽量用短文件名命名文件。

尽管中文文件名对于中国人来说更清晰易懂，但是应该避免使用中文文件名，因为很多 Internet 服务器使用的是英文操作系统，不能对中文文件名提供很好的支持；而且浏览网站的用户也可能使用英文操作系统，中文的文件名称同样可能导致浏览错误或访问失败。如果实在对英文不熟悉，可以用汉语拼音命名文件。

很多 Internet 服务器采用 Unix 操作系统，它是区分文件名称的大小写的。例如 Index.html 和 index.html 是两个完全不同的文件，而且可以同时出现在一个文件夹中。因此，建议在构建的站点中，全部使用小写的文件名称。

3．合理分配文档中的资源

文档中不仅仅是文字，还可以包含其他类型的对象，例如图像、声音、动画等，这些文档资源通常不能直接存储在 HTML 文档中，因此需要考虑它们的存放位置。

一般来说，可以在站点中创建一个 Resource（资源）文件夹，然后将相应的资源保存在该文件夹中。有两种方式存储资源，一种是整个站点共用一个 Resource 文件夹，所有的文档资源都保存在其中。当然，在 Resource 文件夹中可以建立子文件夹，按照不同的文档或不同的资源类型，分门别类地存储。另一种存储资源的方式，是在每个存储不同类型文档的文件夹中都创建一个 Resource 文件夹，然后在其中按类型分门别类地存储资源。

两种存储方式各有其便利之处，建议采用前一种方式，因为它可以从整体上对整个文档的资源进行保存和控制，避免存储资源的浪费。

4．将本地站点和远端站点设置为同样的结构

为了便于维护和管理，远端站点的结构应与本地站点结构相同。这样在本地站点进行文件夹和文件的操作，都可以与远端站点上的文件夹和文件一一对应。操作完本地站点后，利用 Dreamweaver 将本地站点上传到 Internet 服务器上，可以保证远端站点是本地站点的完整复制，以免发生错误。

3.2.2 规划站点的浏览机制

很多站点都会包含多个网页，如何让用户知道这些网页并访问它们，是网站创建者必须考虑的事情。如果用户不知道如何访问需要的网页，也就无法得到他们想获得的信息，网站的目的也就没有达到。

一般来说，应该在网站创建时期规划站点的浏览机制。目的是提供清晰易懂的浏览方法，采用标准统一的网页组织形式，引导用户轻松自如地访问每个他们要访问的网页。

在规划站点的浏览机制时，一般可以考虑如下的方法：

（1）创建返回主页的链接。有时用户在浏览了多个页面之后，容易迷失方向，不知道如何返回到最初的地方，这样用户就会因此失去对当前环境的信任，转而开始浏览其他的网站。如果在站点的每个页面上都放置返回主页的链接，就可以确保用户快速返回到一个熟悉的环境中，继续开始浏览站点中的其他内容。返回主页的链接，能起到很强的挽留访客的作用。

（2）显示网站专题目录。应该在主页或任何一个页面上，提供站点的简明目录结构，引导用户从一个页面快速进入到其他的页面上。例如，Dreamweaver 的帮助系统页面左侧显示专题目录，用户只需单击相应的目录项，即可快速跳转到需要的网页。

（3）显示当前位置。在任何网页上都应在很明显的地方标示当前网页在站点中的位置，或是显示当前网页说明的主题，以帮助用户了解他们访问的内容。如果页面嵌套过多，则可以通过创建“前进”和“后退”之类的链接帮助用户浏览。

（4）搜索和索引。对于一些数据型的网站，应该给用户提供搜索的功能，或是给用户提供索引检索的功能，使用户能快速查找到自己需要的信息。例如，Dreamweaver 的帮助系统在页面顶端建立了目录、搜索和索引等链接，以便用户快速找到他们需要的信息。

网页在发布后，或多或少会存在一些问题，从访客那里及时获取他们对网站的意见和建议是非常重要的。因此，应该在网页上提供用户与网站管理员的联系途径。常用的方法是将网站管理员的联系方式公布在网页上，或是创建一个 E-mail 超级链接。

3.2.3 构建整体的站点风格

同一个站点中的网页风格应该具有统一性，这样能够突出站点要表述的主题，同时也能够帮助用户快速了解站点的结构和浏览机制。

在 Dreamweaver CC 2021 中，利用模板可以快速、批量地创建具有相同或相似风格的网页，然后在这个基础上对网页进行必要的修改，以实现网页的风格统一。

网页风格统一化的特征之一，就是在多个网页上重复出现某些对象。例如，可以在每个网页的左上角放置公司的徽标，在页脚放置创作者的联系地址。

实际创作时，维护这种风格的操作可能并不简单。例如，一个公司的徽标可能由几幅更小的图像和文本组合而成，要放置公司的徽标，不仅需要在页面中插入图像和文本，还需要精确调节它们之间的相对位置，以最后形成徽标。如果要往多个网页上放置徽标，对每个网页都需要进行上述繁琐的操作，而且还可能由于位置摆放得不齐等原因，造成网页之间徽标形象的不统一，从而影响网站的整体质量。为了解决这种问题，Dreamweaver 引入了“库”的概念。在创作网页时，可以将这些要重复使用的网页元素或组合制作成库文件进行保存，当在网页中需要放置相同对象或组合时，只需要简单地从“库”面板中调用就可以了。这不仅简化了操作，而且可以确保页面之间对象或组合的一致。

3.3 构建本地站点

本节将介绍创建本地站点的常用方法和步骤。

3.3.1 创建新站点

在 Dreamweaver 2021 中创建站点的操作很简单，下面以建立本地站点 first_site 为例，介绍创建新站点的具体步骤：

（1）启动 Dreamweaver 2021，执行“站点”|“管理站点”命令，弹出“管理站点”对话框，如图 3-1 所示。如果还没有创建任何站点，则列表框是空的。

（2）单击“新建站点”按钮，在弹出的对话框中选择“站点”分类，然后输入站点名称，并指定本地站点文件夹的路径：

- “站点名称”：用于设置新建站点的名称，本例输入 first_site。该名称仅供参考，并不显示在浏览器中。
- “本地站点文件夹”：用于设置本地站点根目录的位置。可以单击右侧的文件夹按钮，打开“选择根文件夹”对话框，然后从磁盘上定位该目录。也可以直接在文本框中输入绝对地址。

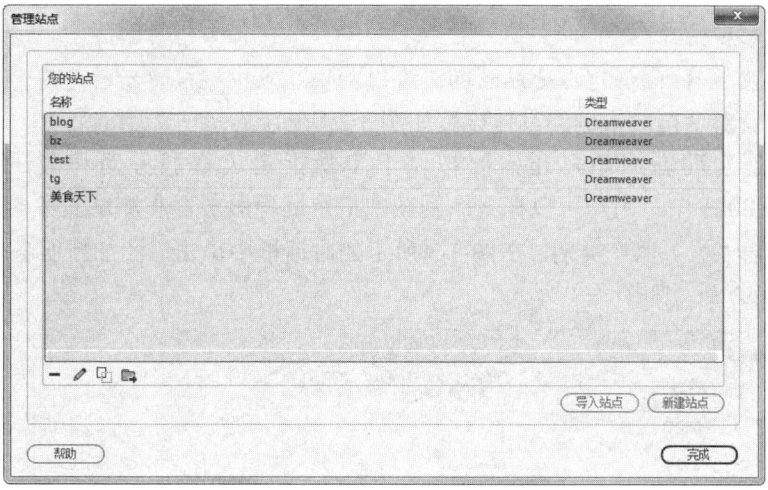

图 3-1 “管理站点”对话框

➢ “将 Git 存储库与此站点关联”：使用 Git 对站点文件进行版本控制。必须先下载 Git 客户端并创建 Git 帐户。如果使用默认配置安装 Git 客户端，Dreamweaver 会自动拾取可执行文件的路径。

（3）单击“高级设置”分类，在展开的子列表中选择“本地信息”，如图 3-2 所示。对话框中各选项的功能分别介绍如下：

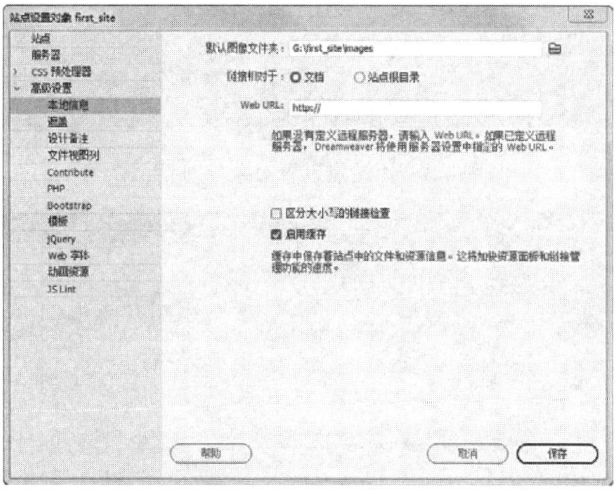

图 3-2 设置本地信息

➢ “默认图像文件夹”：用于设置本地站点图像文件的默认保存位置。

➢ “链接相对于”：用于设置文档路径的类型，有文档相对路径或站点根目录相对路径。默认方式为文档相对路径。

➢ “Web URL”：用于设置站点的地址，以便 Dreamweaver 对文档中的绝对地址进行校验。如果目前尚没有申请域名，可以暂时输入一个容易记忆的名称，将来申请域名后，再用正确的域名进行替换。

➢ “区分大小写的链接检查”：选中此项后，对站点中的文件进行链接检查时，将检查链接的大小写与文件名的大小写是否相匹配。此选项用于文件名区分大小写的UNIX 系统。

➢ “启用缓存”：创建本地站点的缓存以加快站点中链接更新的速度。

（4）设置对话框，本例的具体设置如图 3-2 所示。

如果要创建动态网站，还需要按以下步骤指定远程服务器和测试服务器。在 Dreamweaver 2021 中，用户可以在一个视图中指定远程服务器和测试服务器。

（5）单击“服务器”类别，在图 3-3 所示的对话框中单击“添加新服务器”按钮 +，添加一个新服务器，如图 3-4 所示。

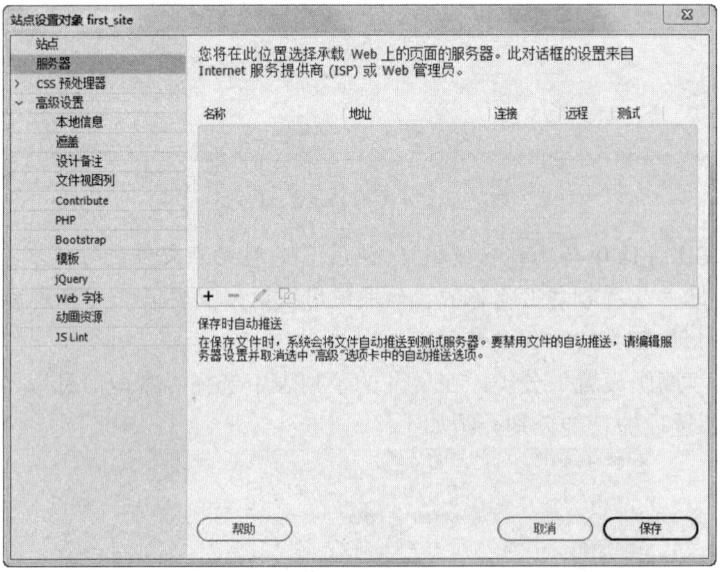

图 3-3　“站点设置对象”对话框

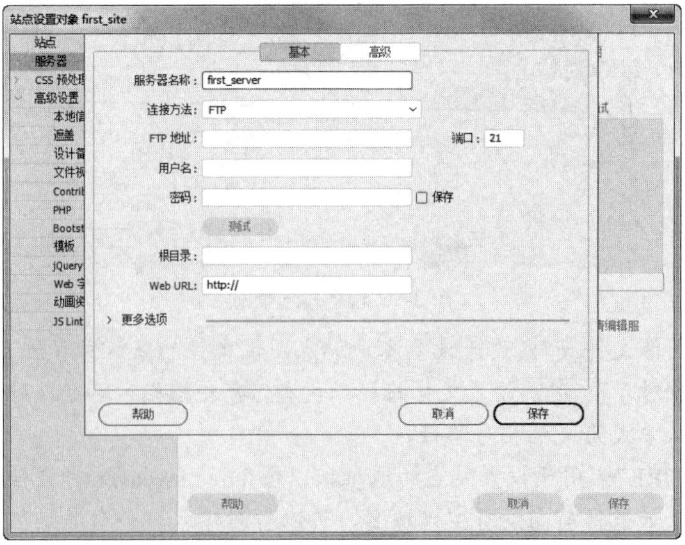

图 3-4　设置服务器

（6）在“服务器名称”文本框中，指定新服务器的名称。

（7）在“连接方法”下拉菜单中选择连接到服务器的方式，如图 3-5 所示。

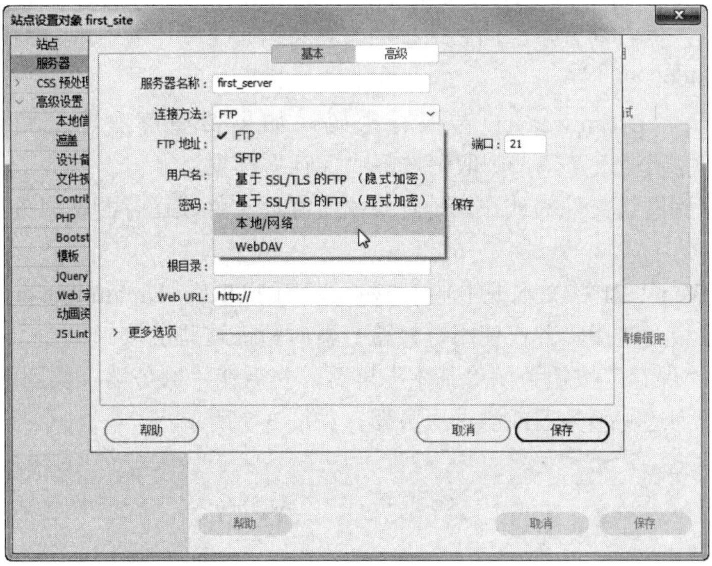

图 3-5　选择连接服务器的方法

如果选择“FTP”，则要在“FTP 地址”文本框中输入要上传到的 FTP 服务器的地址、连接到 FTP 服务器的用户名和密码，并单击“测试”按钮测试 FTP 地址、用户名和密码。然后在“根目录”文本框中输入远程服务器上用于存储公开显示的文档的目录（文件夹）。如果仍需要设置更多选项，则展开“更多选项”部分。如图 3-6 所示。

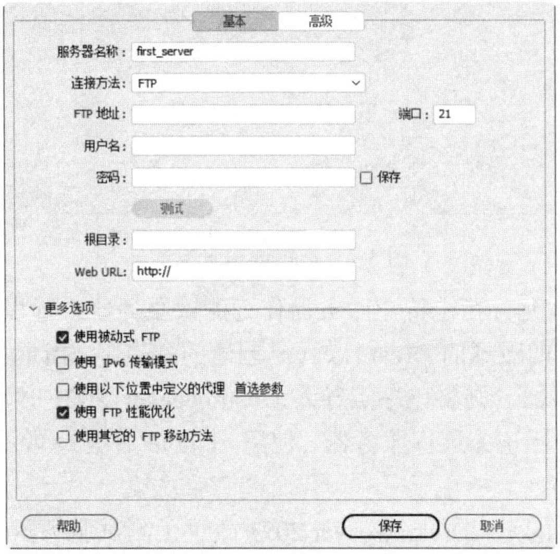

图 3-6　设置更多选项

FTP 地址是计算机系统的完整 Internet 名称，如 ftp.mindspring.com。因此，应输入完整的地址，并且不要附带其他任何文本，特别是不要在地址前面加上协议名。如果不知道 FTP 地址，应与 Web 托管服务商联系。

注意：

端口 21 是接收 FTP 连接的默认端口。可以通过编辑右侧的文本框来更改默认端口号。保存设置后，FTP 地址的结尾将附加上一个冒号和新的端口号（例如，ftp.mindspring.com:29）。

默认情况下，Dreamweaver 会保存密码。如果希望每次连接到远程服务器时 Dreamweaver 都提示输入密码，则取消选择“保存”选项。

如果要连接到网络文件夹或在本地计算机上存储文件或运行测试服务器，则选择“本地/网络”。

（8）在“Web URL”文本框中输入 Web 站点的 URL。Dreamweaver 使用 Web URL 创建站点根目录相对链接，并在使用链接检查器时验证这些链接。

（9）单击“保存”按钮关闭“基本”屏幕，然后在“服务器”类别中，指定刚添加或编辑的服务器为远程服务器或测试服务器，如图 3-7 所示。

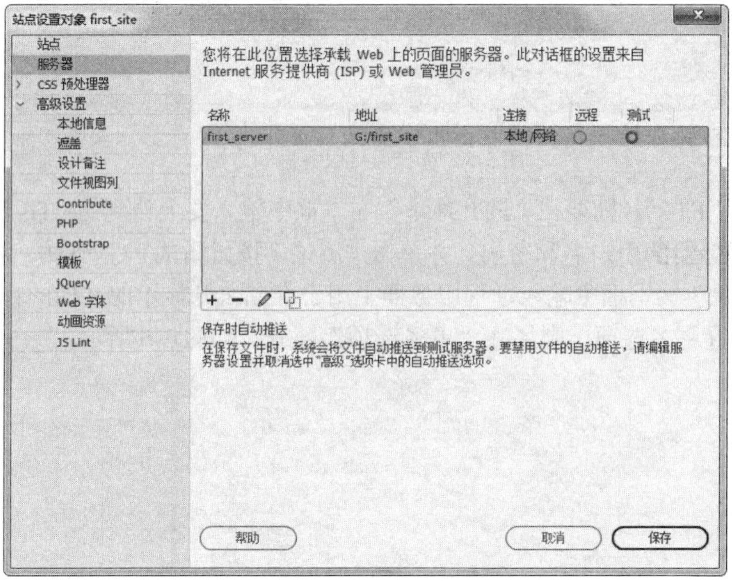

图 3-7　指定远程服务器

Dreamweaver 2021 允许指定特定服务器作为测试服务器或远程服务器，但不能同时指定两者。如果在使用早期版本的 Dreamweaver 创建的站点中，指定了某个服务器同时作为测试服务器和远程服务器，则将该站点导入 Dreamweaver 2021 时，系统会创建一个重复的服务器条目，将一个标记为远程服务器（使用_remote 后缀），将另一个标记为测试服务器（使用_testing 后缀）。

此外，用户要注意的是，Dreamweaver 2021 改进了测试服务器的工作流程，引入了自动将文件推送到测试服务器以便实现在实时视图中无缝编辑动态文档功能，当然用户也可以手动在服务器设置的“高级”选项卡中禁用这个文件自动推送功能。

如果计划开发动态网页，Dreamweaver 需要测试服务器的服务以便在进行操作时生成和显示动态内容。测试服务器可以是本地计算机、开发服务器、中间服务器或生产服务器。

设置测试服务器的步骤如下：

（1）在“站点设置对象”对话框的“服务器”类别中单击“添加新服务器”按钮，添加一个新服务器或选择一个已有的服务器，然后单击“编辑现有服务器”按钮。

（2）在弹出的对话框中根据需要设置“基本”选项，然后单击“高级”按钮，如图 3-8 所示。

注意：

指定测试服务器时，必须在“基本”选项界面中指定 Web URL。

（3）在测试服务器中，选择要用于 Web 应用程序的服务器模型，如图 3-9 所示。

默认情况下，打开、创建或保存动态文档并所做所更改时，Dreamweaver 2021 会将动态文档自动同步到测试服务器，不再显示“更新测试服务器”或“推送依赖文件”对话框。如果要取消动态文件的自动推送，则取消选中“将文件自动推送到测试服务器”复选框。

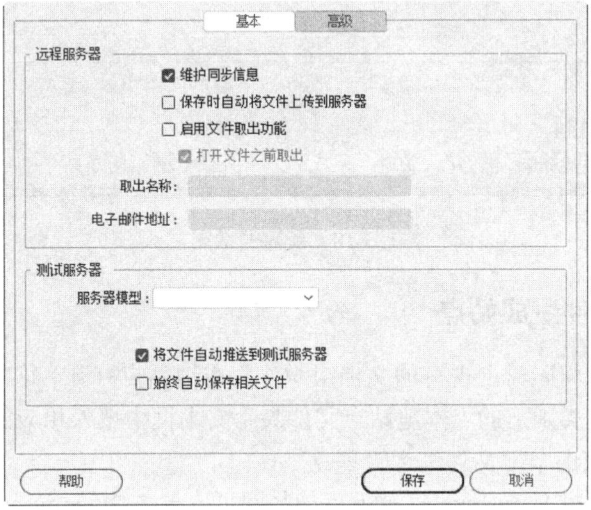

图 3-8　设置远程服务器和测试服务器

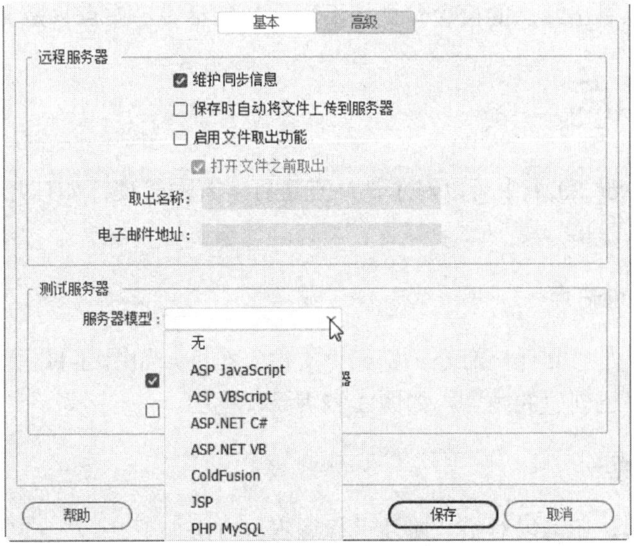

图 3-9　选择服务器模型

（4）单击“保存”按钮，然后在“服务器”类别中，指定测试服务器。

（5）单击对话框中的“保存”按钮，返回“管理站点”对话框。这时对话框中列出了刚创建的本地站点，如图 3-10 所示。

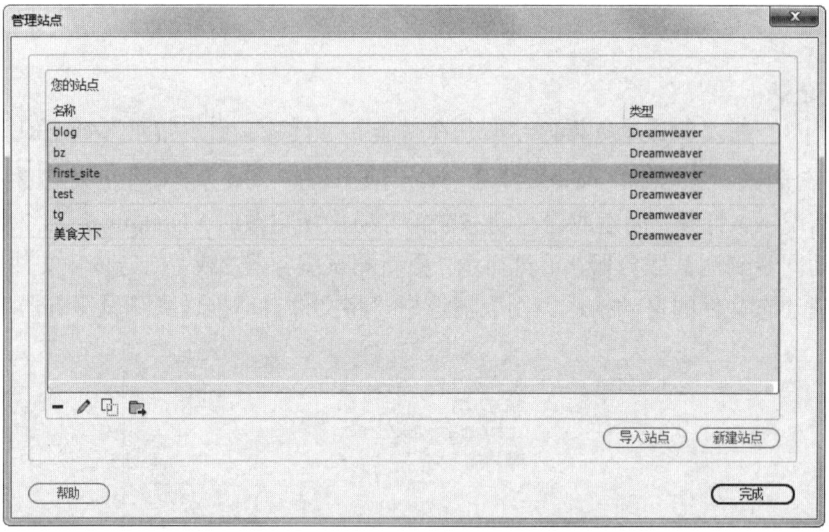

图 3-10　新建的站点

3.3.2　由已有文件生成站点

实际上，也可以将磁盘上现有的文档组织作为本地站点打开。这需要在“站点设置对象”对话框“站点”类别下的“本地站点文件夹”文本框中填入相应的根目录信息。利用该特性，可以对现有的本地文件进行管理。

例如，本地计算机 E:\fashion\目录下有一些网页，通过 Dreamweaver 2021 的站点管理功能，可以将这些网页生成一个站点，便于以后统一管理。

从这里也可以看出站点的概念与文档不同。换句话说，站点只是文档的组织形式。

3.4　管理站点

在 Dreamweaver 2021 中可以对本地站点进行多方面管理，如打开、编辑、删除和复制。

3.4.1　打开本地站点

执行“窗口”|“文件”命令，打开“文件”面板，如图 3-11 所示。单击左上角的下拉列表可以选择已创建的站点，如图 3-12 所示。

3.4.2　编辑站点

在创建站点后，还可以对站点属性进行编辑。方法如下：

（1）执行“站点”|“管理站点”命令，弹出“管理站点”对话框。

图 3-11 “文件”面板

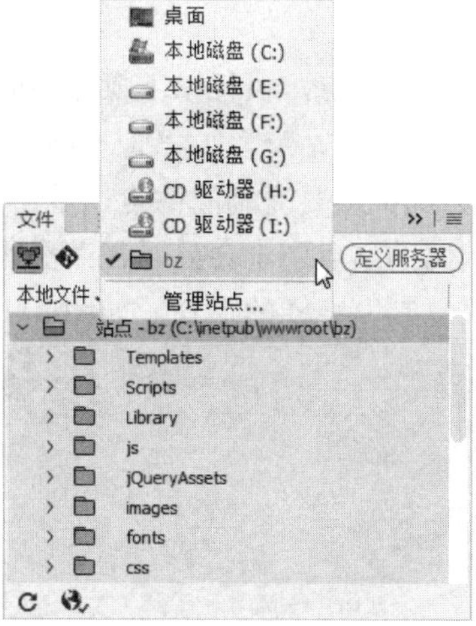

图 3-12 选择站点

（2）在站点列表中选择需要编辑的站点，单击“编辑当前选定的站点”按钮，弹出对应的站点设置对话框，即可重新设置站点的属性。

编辑站点时弹出的对话框和创建站点时弹出的对话框完全一样。

3.4.3 删除站点

如果不再需要利用 Dreamweaver 2021 对某个本地站点进行操作，可以将它从站点列表中删除。删除站点的步骤如下：

（1）执行“站点” | “管理站点”命令，弹出“管理站点”对话框。

（2）在站点列表中选择需要删除的站点，单击“删除当前选定的站点”按钮，弹出提示对话框，如图 3-13 所示。

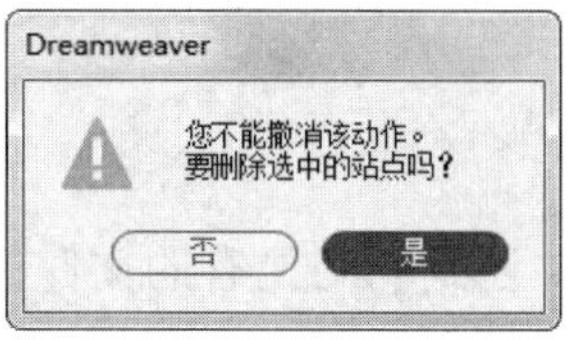

图 3-13 提示对话框

（3）单击“是”按钮，即可删除选定的站点。

提示：删除站点实际上只是删除了 Dreamweaver 2021 与该本地站点之间的联系。但是实际的本地站点内容，包括文件夹和文档等，都仍然保存在磁盘相应的位置。用户可以重新创建指向该位置的新站点，并进行管理。

3.4.4 复制站点

如希望创建多个结构相同或类似的站点，就可以利用站点的复制功能。首先从一个基准站点复制出多个站点，然后再根据需要分别对各站点进行编辑，这能够极大地提高工作效率。

若要复制站点，执行以下操作步骤：

（1）执行“站点”|“管理站点”命令，弹出“管理站点”对话框。

（2）选择需要复制的站点，单击“复制当前选定的站点”按钮，即可复制站点。

复制出的站点副本会显示在“管理站点”对话框的站点列表中，名字采用原站点名称后添加“复制”字样的形式，如图 3-14 所示。

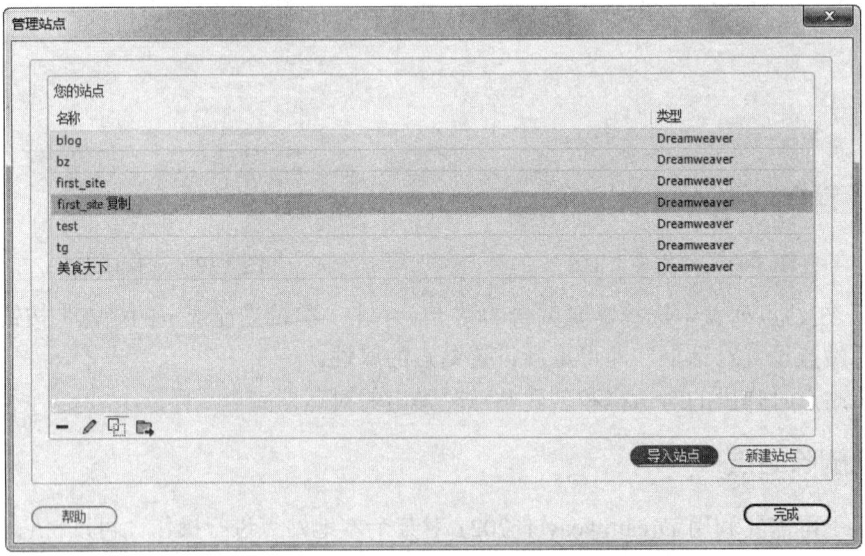

图 3-14　复制站点 first_site

（3）若要更改默认的站点名称，可以选中新复制出的站点，然后单击“编辑当前选定的站点”按钮，编辑站点名称等属性。

3.5　操作站点文件

无论是创建空白的网页文件，还是利用已有的文件构建站点，都可能需要对站点中的文件夹或文件进行操作。利用“文件”面板，可以对本地站点的文件夹和文件进行创建、删除、移动和复制等操作。

3.5.1　创建文件或文件夹

（1）执行“窗口”|“文件”命令，打开“文件”面板。

（2）在站点下拉列表中选择需要的站点，然后在站点文件列表中单击要创建文件或文件夹的站点名称或文件夹。

（3）单击“文件”面板右上角的选项菜单按钮，弹出图 3-15 所示的下拉菜单，执行“文件”|“新建文件”或“新建文件夹”命令，新建一个文件或文件夹。

（4）单击新建的文件或文件夹名称，使其名称区域处于编辑状态，然后输入文件或文件夹名称，如图 3-16 所示。

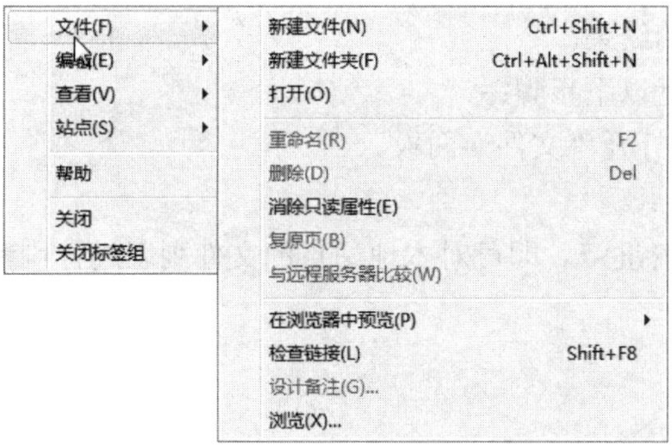

图 3-15　弹出式菜单

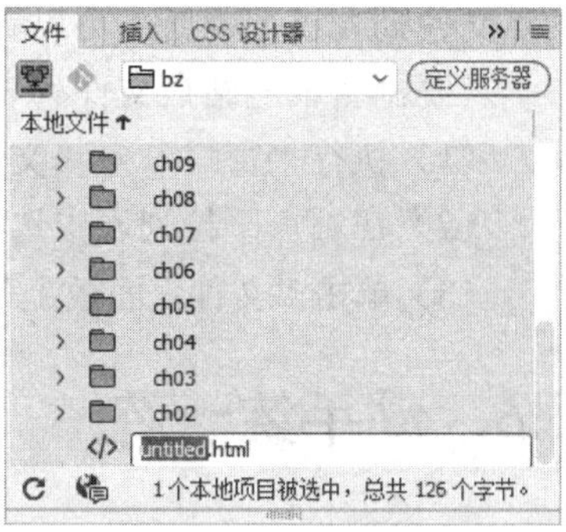

图 3-16　修改文件名

3.5.2　删除文件或文件夹

（1）执行“窗口” | “文件”命令，打开“文件”面板。

（2）在站点下拉列表中选择需要的站点。

（3）在站点文件列表中选中要删除的文件或文件夹。

（4）按 Delete 键，系统弹出一个提示对话框，询问是否确实要删除文件或文件夹，如图 3-17 所示。

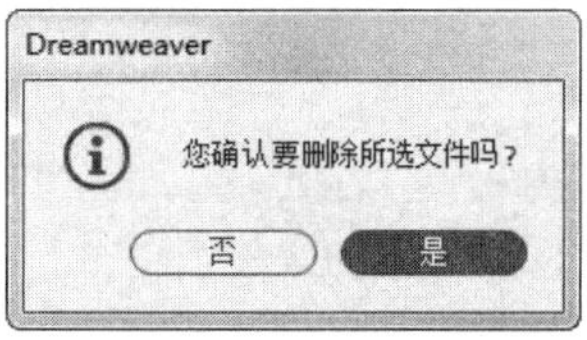

图 3-17　提示对话框

（5）单击按钮“是”，即可将文件或文件夹从本地站点中删除。

提示： 与删除站点的操作不同，这种对文件或文件夹的删除操作会从磁盘上真正删除相应的文件或文件夹。

3.5.3　编辑站点文件

（1）执行“窗口” | “文件”命令，打开“文件”面板。

（2）在站点下拉列表中选择需要的站点。

（3）双击需要编辑的文件图标，即可在 Dreamweaver 2021 的文档窗口中打开此文件进行编辑。文件编辑完毕后保存，即可完成本地站点中的文件更新。

一般来说，可以首先构建整个站点，同时在各个文件夹中创建需要编辑的文件。然后在文档窗口中分别对这些文件进行编辑，最终构建完整的网站内容。

3.5.4　刷新本地站点文件列表

如果在 Dreamweaver 2021 之外对站点中的文件夹或文件进行了修改，则需要对本地站点文件列表进行刷新才可以看到修改后的结果。

若要刷新本地站点文件列表，可以执行以下步骤：

（1）执行“窗口”｜“文件”命令，打开“文件”面板。

（2）在站点下拉列表中选择需要的站点。

（3）单击“文件”面板上的“刷新”按钮C，即可对本地站点的文件列表进行刷新。

3.6 动手练一练

1．启动 Dreamweaver 2021，在本机上创建一个站点。

2．为创建的站点设置远程服务器和测试服务器。

3.7 思考题

1．本地站点和远程站点的区别是什么？为什么要建立本地站点？

2．删除站点和删除站点文件的效果有何不同？

第 4 章　文本与超链接

本章导读

本章介绍文本与超链接的基本知识及使用方法。内容包括：添加普通文本、插入特殊符号和日期的方法；设置文本的格式；超级链接的概念与功能；创建各种超链接的方法，包括使用属性面板创建链接、链接到文档中指定位置、创建 E-mail 地址链接等。

学 习 要 点

- 插入普通文本
- 插入特殊符号和日期
- 创建超链接
- 创建空链接与脚本链接

4.1 添加网页文本

文字是一种很重要的传递信息的媒介。网页上的信息大多是通过文字来表达的，它们通过不同的排版方式、不同的设计风格排列在网页上，提供丰富的信息。在制作网页的时候，文本的创建与编辑占据工作的很大部分。能否自如运用各种文本控制手段，是决定网页设计是否美观和富有创意，以及提高工作效率的关键。

本章将介绍Dreamweaver 2021提供的多种在文档中添加文本和设置文本格式的方法。

4.1.1 添加普通文本

在 Dreamweaver 2021 中输入文本的方法与普通的文本处理软件类似，有多种方法可以将文本添加到 Dreamweaver 文档。可以直接在 Dreamweaver 文档窗口中键入文本，也可以从其他文档中剪切并粘贴或导入文本，或从其他应用程序拖放文本。

网页文本的典型文档类型有 ASCII 文本文件、RTF 文件和 Microsoft Office 文件。Dreamweaver 可以从这些文档的获取文本，然后将文本并入网页中。若要将文本添加到文档，可以执行下列任一种操作：

➢ 直接在文档窗口中键入文本。

➢ 从其他应用程序中复制文本，切换到 Dreamweaver，将插入点定位在文档窗口的“设计”视图中，然后执行“编辑” | “粘贴”或“选择性粘贴”命令。

利用 Dreamweaver 2021 的粘贴选项，可以保留所有源格式设置，也可以只粘贴文本，还可以指定粘贴文本的方式。此外，使用“粘贴”命令从其他应用程序粘贴文本时，可以将粘贴首选参数设置为默认选项。

➢ 从其他文档导入文本（如 Microsoft Excel 文件或数据库文件）。导入表格式数据将在本书第 6 章详细讲述。

此外，Dreamweaver 2021 集成了能够创建快速响应，移动优先网站的框架 Bootstrap 和适用于设备的 Extract，可以将 Photoshop 复合图层中的图像、字体、样式、文本等导入 Bootstrap 文档。

4.1.2 插入特殊符号

在 HTML 中，一个特殊字符有两种表达方式：一种称作数字参考，另一种称作实体参考。

所谓数字参考，就是用数字来表示文档中的特殊字符，通常由前缀“&#”加上数值再加上后缀“;”组成，其表达方式为&#D;，其中 D 是一个十进制数值。

所谓实体参考，就是用有意义的名称来表示特殊字符，通常由前缀“&”加上字符对应的名称再加上后缀“;”组成。其表达方式为&name;，其中 name 是一个用于表示字符的名称，区分大小写。

例如，可以使用“&#169”和“©”表示版权符号“©”；用“®”和“®”表示注册商标符号“®”，很显然，这比数字要容易记忆。

并不是所有的浏览器都能够正确识别采用实体参考方式的特殊字符，但都能识别采用数字参考方式的特殊字符，所以对于一些特别不常见的字符应该使用数字参考方式。

当然对于一些常见的特殊字符，使用实体参考方式还是安全的。在实际应用中，只要记住这些常用特殊字符的实体参考就足够使用了。

表 4-1 显示了一些常用字符的实体参考和数字参考。

表 4-1　常用的字符及其参考

字符实体参考	字符数字参考	显示
		（空格）
©	©	©
®	®	®
™	™	™
£	£	£
€	€	€
¥	¥	¥
¢	¢	¢
§	§	§
<	<	<
>	>	>
&	&	&
"	"	"
×	×	×
±	±	±
&middot	¸	•

尽管记忆字符的数字参考和实体参考非常不易，但是在 Dreamweaver 中，插入特殊字符却非常简单。Dreamweaver 在“插入”面板的“HTML”子面板上专门设置了常见的特殊字符按钮，只需要单击上面的按钮，即可完成特殊字符的输入。切换到“HTML”插入面板，单击字符下拉箭头后，就可以看到 Dreamweaver 自带的特殊字符，如图 4-1 所示。

下面通过插入两个特殊字符“§”和“®”的示例，来演示插入特殊字符的具体步骤。插入后的效果如图 4-2 所示。本例执行以下操作：

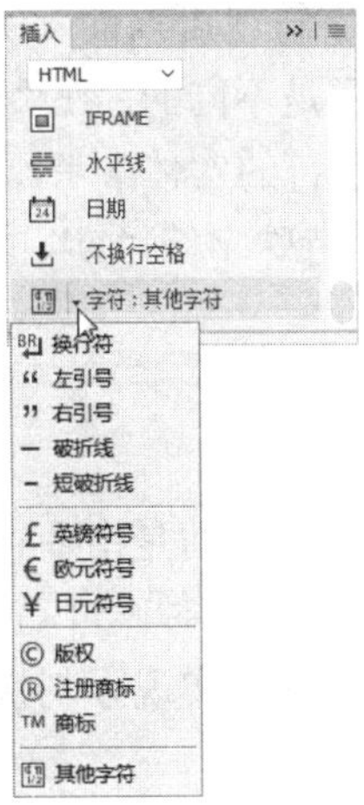

图 4-1　字符面板

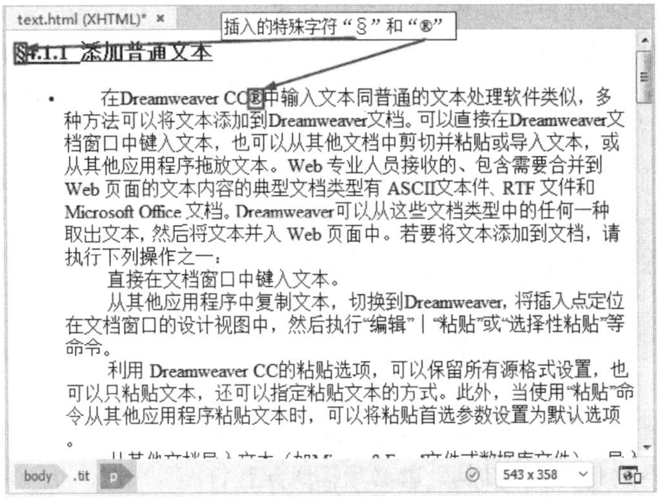

图 4-2　插入特殊字符效果

（1）输入网页中的普通文本。

（2）在文档中将光标放置在需要插入特殊字符的位置（此时将光标放在数字“4.1.1”的前面）。切换到“插入”｜“HTML”面板，打开特殊字符弹出菜单。单击“其他字符”按钮。

（3）在弹出的“插入其他字符”对话框中，单击要插入的字符“§”。对话框中的“插入”文本框将显示该字符的实体参考，如图 4-3 所示。

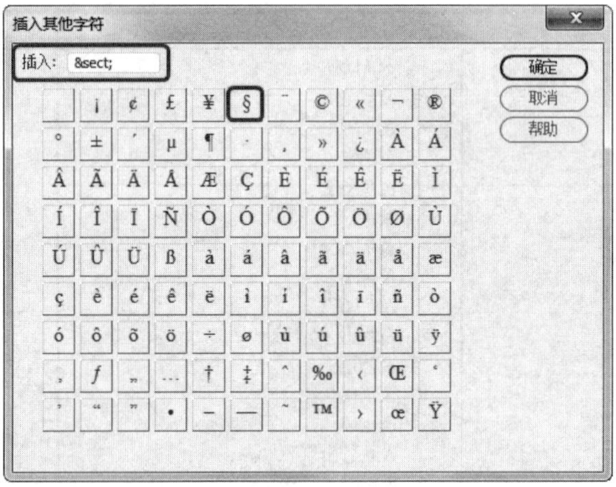

图 4-3　“插入其他字符”对话框

（4）单击“插入其他字符”对话框中的“确定”按钮，即可将指定符号插到“4.1.1”前面。

（5）用同样的方法在“Dreamweaver CC”后面插入符号®。

（6）对于特殊字符，可以使用属性面板对其属性进行设置。选取文档中的“§”字符，此时属性面板中的各项属性与一般文本的属性相同。在面板中，将字体“大小”设置为 2。此时就得到如图 4-2 所示的效果。

对于特殊字符弹出菜单中已有的特殊字符，只要单击菜单上的字符就可以插入所选的字符。文档中插入的特殊字符在“设计”视图和“代码”视图中显示是不同的，在“设计”视图中显示的是插入的字符，而在“代码”视图中显示的则是特殊字符的实体参考。例如，读者插入了特殊字符“§”，在“代码”视图中显示的是“&sect”，特殊字符“®”的代码是“®”。

在特殊字符菜单中还包括了换行符和不换行空格。

1．换行符

文本通常包括多个段落，一般情况下，段落不能在一行中完全显示，而是由多行文字组成。在 Dreamweaver 中，文本具有自动换行功能，即在文本一行结束的时候自动换行。在段落结束的时候，也可以按 Enter 键实现换行的目的。如果要在段落中实现强制换行的同时不改变段落的结构，就必须插入换行符。

在 HTML 代码中，段落换行对应的标签是<p>和</p>，而换行符的标签是
。若要插入换行符，可以执行下列操作之一：

➢ 单击“HTML”面板上“字符”下拉菜单中的“换行符”按钮。

> 执行“插入”｜“HTML”｜“字符”｜“换行符”命令。
> 按 Shift+Enter 组合键。
> 在“代码”视图中相应位置插入标签
。

插入换行符换行（左图）和直接按 Enter 键换行（右图），在浏览器视图中的区别如图 4-4 所示。

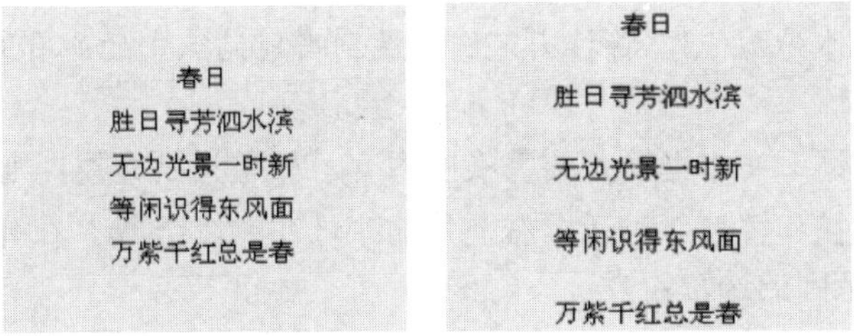

图 4-4　不同换行方式在浏览器中的显示

2．插入不换行空格

不换行空格也称为连续空格。若要插入不换行空格，可以执行下列操作之一：

> 直接在“设计”视图中按 Space 键多次。
> 单击“HTML”插入面板上“字符”下拉菜单中的“不换行空格”按钮。
> 执行“插入”｜“HTML”｜“不换行空格”命令。
> 按 Ctrl + Shift + Space 组合键。
> 在“代码”视图的相应位置输入“ ”插入一个空格。

4.1.3　查找和替换文本

在 Dreamweaver 中，用户可以在当前文档、所选文件、目录或整个站点中搜索文本、由特定标签环绕的文本、HTML 标签和属性。查找和替换文本的步骤如下：

（1）执行“查找”｜“在文件中查找和替换”命令，即可弹出“查找和替换”对话框，如图 4-5 所示。

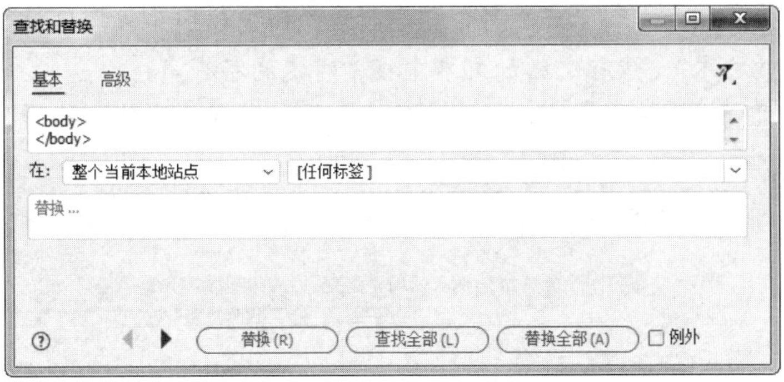

图 4-5　“查找和替换”对话框

（2）在“搜索词”文本框中输入要搜索的内容。

（2）在“查找位置”下拉列表中指定要搜索的文件范围，有如下选项：

> “当前文档”：将搜索范围限制在当前文档中。

- “打开的文档”：将搜索范围限制在当前所有打开的文档中。
- “文件夹...”：将搜索范围限制在特定的文件夹。选择文件夹后，单击文件夹图标选择要搜索的目录。
- “站点中选定的文件”：将搜索范围限制在“文件”面板中当前选定的文件和文件夹。
- “整个当前本地站点”：将搜索范围扩展到当前站点中的所有文档、库文件和文本文档。

（4）在“替换词”文本框输入要替换的内容。如果只是查找，则不输入任何内容。

（5）单击“查找和替换”对话框右上角的“过滤”按钮，在弹出的下拉菜单中选择扩展或限制搜索范围的选项：

- “区分大小写”：将搜索范围限制在与要查找的文本的大小写完全匹配的文本。例如，搜索 the white cat 时不会找到 The white cat。
- “使用正则表达式”：该选项使搜索字符串中的特定字符和短字符串（如?、*、\w 和\b）被解释为正则表达式运算符。例如，对 the * cat 的查找与 the white cat 和 the black cat 都匹配。
- “全字匹配”：将搜索范围限制在匹配一个或多个完整单词的文本。使用此选项与通过正则表达式搜索以\b（词边界正则表达式）开始和结束的字符串效果相同。
- “忽略空格”：将所有空白视为单个空格以便进行匹配。例如，选择该选项后，the white cat 与 the white cat 匹配，但不与 the white c at 匹配。如果选择了“使用正则表达式”选项，则该选项不可用，必须显示编写正则表达式以忽略空白。注意，<p>和
标签不算作空白。

注意：

按 Ctrl + Enter 键或 Shift + Enter 键可以在文本搜索字段中添加换行符，从而搜索回车符。执行此类搜索时，如果不使用正则表达式，则取消选择“忽略空格”选项。此搜索专门查找回车符，而不是仅查找换行符匹配项；例如，它不查找
标签或<p>标签。回车符在“设计”视图中显示为空格而不是换行符。

- “仅搜索文本”：仅在文档的文本中搜索特定的字符串。

（6）单击“查找全部”按钮，弹出“搜索”面板，显示查找到的所有匹配项，如图 4-6 所示。

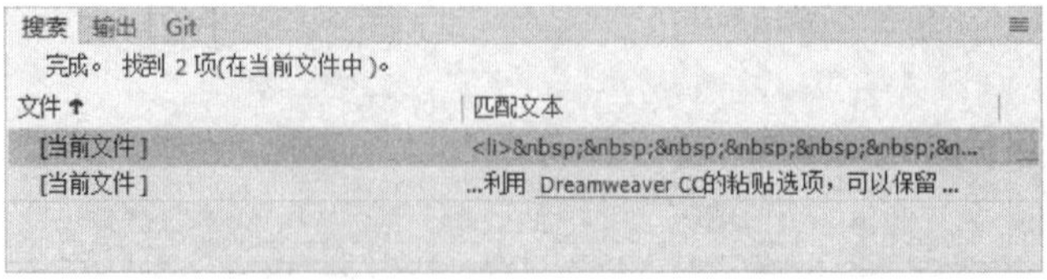

图 4-6 “搜索”面板

双击“搜索”面板中的匹配文本，在文档窗口中可以看到匹配项高亮显示。

（7）单击“全部替换”按钮，即可替换搜索范围内的所有匹配项。

4.1.4 插入日期

在网页中，经常会看到页面上显示有日期。Dreamweaver 提供了一个插入日期的功能，使用它可以用任意格式在文档中插入当前日期，同时还可以进行日期更新。在文档中插入日期最终的效果如图 4-7 所示。

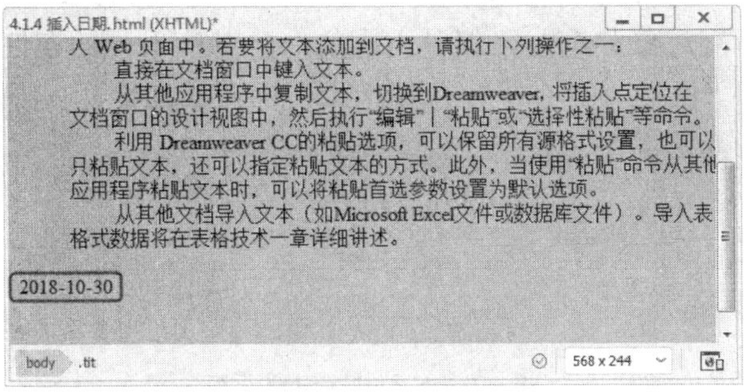

图 4-7　插入日期

插入日期的步骤如下：

（1）将插入点放在文档中需要插入日期的位置。

（2）切换到“插入”面板中的“HTML”面板。

（3）单击“日期”按钮，此时出现“插入日期”对话框，如图 4-8 所示。在对话框中可以选择星期、日期、时间的显示方式。如果读者希望插入的日期在每次保存文档时自动进行更新，可以选中对话框中的“储存时自动更新”复选框。

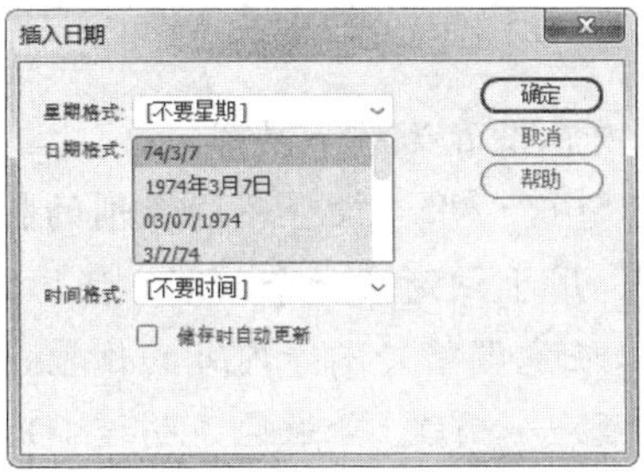

图 4-8　“插入日期”对话框

（4）单击“确定”按钮，即可在文档中插入当前的日期。

提示：“插入日期”对话框中显示的日期和时间不是当前日期和时间，也不反映访问者在查看站点时所看到的日期、时间。它们只是说明此信息显示方式的示例。

4.2 设置文本格式

无论制作网页的目的是什么，文本都是网页中不可缺少的元素。良好的文本格式能够充分体现文档要表述的意图，激发读者的阅读兴趣。在文档中构建丰富的字体、多种的段落格式以及赏心悦目的文本效果，对于一个专业的网站来说，是必不可少的要求之一。

4.2.1 文本的属性

文本的大部分格式设置都可以通过属性设置面板进行指定，属性设置面板是 Dreamweaver 2021 所有对象共有的，但是不同的对象对应不同的属性设置面板。

执行“窗口”｜“属性”命令，出现属性设置面板，如图 4-9 所示。

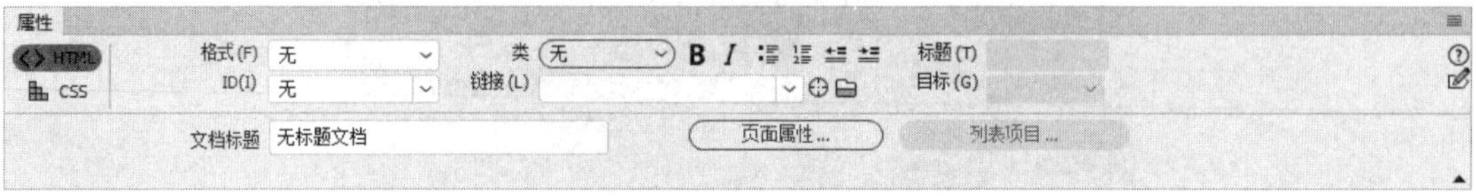

图 4-9 文本属性设置面板

用户可以直接在属性面板上设置、应用 HTML 格式或层叠样式表（CSS）格式。应用 HTML 格式时，Dreamweaver 会将属性添加到页面正文的 HTML 代码中；应用 CSS 格式时，Dreamweaver 会将属性写入文档头或单独的样式表中。

单击“属性”面板左上角的 <> HTML 按钮，即可设置 HTML 格式，如图 4-9 所示。该属性设置面板中各个选项的功能如下：

- “格式”：设置所选文本的段落样式。单击后面的下三角按钮，从打开的下拉列表框中选择一种格式。
  - “无”：系统的默认设置，从光标所在行的左边开始输入文本，没有对应的 HTML 标识。
  - “段落”：将文本内容设置为一个段落。
  - “标题 1”到“标题 6”：用于设置不同级别的标题。
  - “预先格式化的”：用于预定义一个段落。使用该格式，可以在文本中插入多个空格，从而可以任意调整文本等内容的位置。
- “ID”：为所选内容分配一个 ID。如果已声明过 ID，则该下拉列表中将列出文档的所有未使用的已声明 ID。
- “类”：显示当前所选文本应用的样式。如果没有对所选内容应用过任何样式，则显示“无”。如果所选内容应用了多个样式，则显示为空。

  使用“类”弹出菜单可执行下列操作：
  - 在列表中选择要应用于所选内容的样式。
  - 选择“无”删除当前所选内容应用的样式。
  - 选择“附加样式表”打开一个可以附加外部样式表的对话框。
  - 选择“重命名”可以重新为当前选中的样式命名。
- “链接”：创建所选文本的超文本链接。4 种方式可选：单击“浏览文件”按钮可以浏览站点中的文件；键入 URL；将“指向文件”按钮拖到“文件”面板中的文件；或将文件从“文件”面板拖到“链接”文本框中。

- “目标”：指定将在其中加载链接文档的框架或窗口。
- 标题：为超链接指定文本工具提示，即在浏览器中，当鼠标指针移到超链接上时显示的提示文本。
- B：将文本设置为粗体。
- I：将文本设置为斜体。
- ：选择需要建立项目列表的文本，单击该按钮建立无序列表。
- ：建立有序列表，方法与无序列表相同。
- ：取消文本右缩进。
- ：设置文本右缩进。
- 文档标题：设置当前文档的标题，该标题将显示在浏览器标题栏上。
- 页面属性...：单击此按钮弹出“页面属性”对话框，对页面属性进行设置。
- 列表项目...：列表项的属性设置窗口。将光标放置在任意列表位置，则该按钮变为可用。单击该按钮，打开如图 4-10 所示的“列表属性”设置对话框，可以对列表类型、样式进行相应的设置。
- ：显示与文本属性设置面板有关的帮助信息。

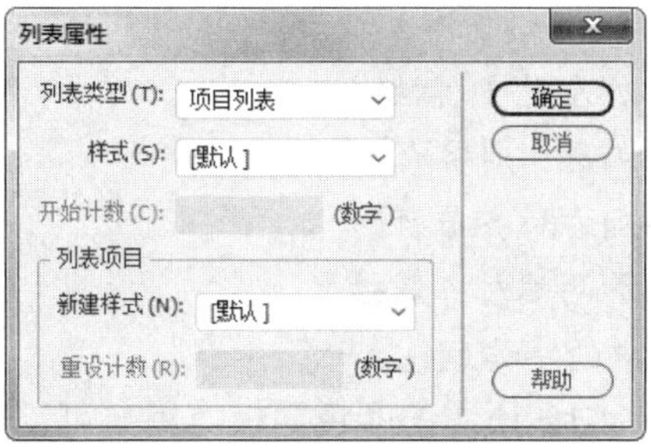

图 4-10　“列表属性”对话框

- ：打开快速标签编辑器。

从图 4-9 可以看出，在 Dreamweaver 2021 中不能直接在属性面板上利用 HTML 格式化文本的大小、字体、颜色以及在页面中的对齐方式。如果要设置这些属性，可以定义 CSS 规则格式化文本。

单击属性面板上的 CSS 按钮，即可设置 CSS 格式，如图 4-11 所示。

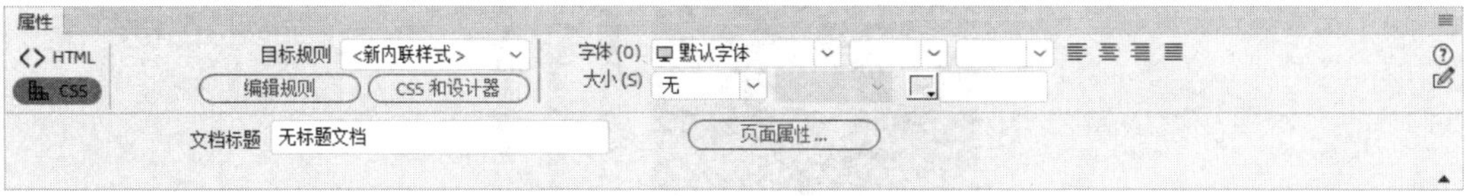

图 4-11　文本属性设置面板

该面板中的各个选项的功能简要说明如下：

- 目标规则：在 CSS 设计器中已定义的规则。在对文本应用现有样式的情况下，在页面的文本内部单击时，将会显示影响文本格式的规则。用户也可以使用“目标规则”下拉菜单创建新的 CSS 规则、新的内联样式或将现有类应用于所选文本。

使用“目标规则”可以执行以下操作：

- 将插入点放在已应用 CSS 规则的文本块的内部，该规则将显示在“目标规则”弹出菜单中。
- 在“目标规则”下拉列表中选择一个规则，即可应用于当前选中的文本。
- 使用 CSS 设计器对已创建的规则进行更改。

注意：

在创建 CSS 内联样式时，Dreamweaver 会将样式属性代码直接添加到页面的 body 部分。

- 编辑规则：单击该按钮可以打开目标规则的“CSS 规则定义”对话框进行修改。如果还没有定义目标规则，则打开“CSS 设计器”面板。
- CSS 和设计器：单击该按钮打开“CSS 设计器”面板。
- “字体”：设置目标规则的字体。如果字体列表中没有需要的字体，可以单击字体下拉列表中的“管理字体”命令，在弹出的“管理字体”对话框的“自定义字体堆栈”选项卡中设置需要的字体列表。
- “大小”：设置目标规则的字体大小。
- ：向目标规则添加左对齐属性。
- ：向目标规则添加居中对齐属性。
- ：向目标规则添加右对齐属性。
- ：向目标规则添加两端对齐属性。
- ：设置目标规则中的字体颜色。

单击该图标会打开如图 4-12 所示的颜色面板，用户可以直接在左下角的文本框中输入十六进制值（例如 #FF0000）作为字体颜色；也可以在色块上单击选择一种颜色，然后拖动右侧的色相、光亮度和 Alpha 条上的滑块调整颜色；还可以单击右下角的对屏幕任何位置的颜色进行取样，如果要在 Dreamweaver 外部选择颜色，则按住鼠标左键操作。

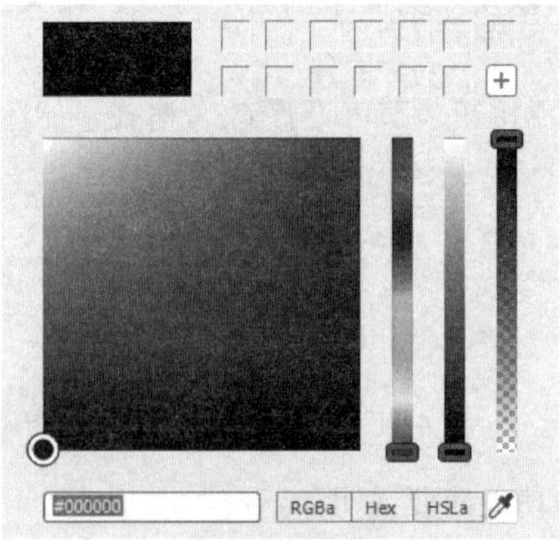

图 4-12　颜色面板

注意：

“字体”“大小”“文本颜色”“粗体”“斜体”和“对齐”属性始终显示应用于“文档”窗口中当前所选内容规则的属性。更改其中的任何属性，将会影响目标规则。

4.2.2 设置段落格式

所谓段落，就是一段格式上统一的文本。在文档窗口中，每输入一段文字，按下回车键后，就自动生成一个段落。按下回车键的操作通常被称作硬回车，可以说，段落就是带有硬回车的文字组合。

在 HTML 中，段落主要由标记<p>和</p>定义，在 Dreamweaver 的文档窗口中，每按一次回车键，都会自动为输入的段落包围上<p>和</p>标记。例如，如下的代码显示了一段文字：

```
<p>网页制作 DIY 系列－Dreamweaver 2021</p>
```

实际上，有时可以不使用<p>和</p>标记，而是采用其他类型的标记来定义段落。例如，将一行文字设置为“标题 1”格式，实际上是将该行文字两端添加<h1>和</h1>标记。它一方面定义了该行文字的标题级别，另一方面也起到定义该行文字为一个段落的作用。

使用属性面板中的“格式”下拉列表可以应用标准段落和标题标签。对段落应用标题标签时，Dreamweaver 自动添加下一行文本作为标准段落。若要更改此设置，执行“编辑”|“首选项”命令，然后在“常规”类别中的“编辑选项”区域取消选中“标题后切换到普通段落”复选框，如图 4-13 所示。

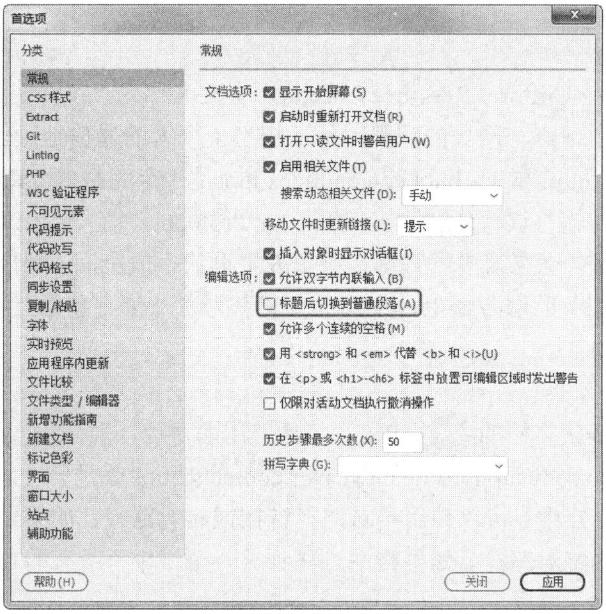

图 4-13 “首选项”对话框

4.3 添加超链接

超链接（HyperLink）是网页与网页之间联系的纽带。通过超链接的方式可以将各个网页连接起来，使网站中众多的页面构成一个有机整体，方便访问者在各个页面之间跳转。可以说，Internet 的流行就是因为有了超链接。超链接可以是一段文本，一幅图像或其他网页元素。在浏览器中单击这些对象时，浏览器可以根据指示载入一个新的页面或者转到页面的其他位置。网页离不开链接，本书前面的章节已经用到链接技术，本节就对各种链接技术进行详细介绍。

4.3.1 链接的基本知识

网页上的超链接一般有 3 种：一种是绝对网址（Absolute URL）的链接，例如链接到一个站点：http://www.bupt.edu.cn，表示这个链接指向北京邮电大学的主页；第二种是相对网址的链接（Relative URL），例如将主页上的几个文字链接到本站点的其他页面；还有一种是同一个页面的链接。

本节主要介绍超链接的有关内容，包括超链接在网页中的表现形式、创建方法，创建和定位锚点的方法，以及如何编辑超链接。

超链接由两部分组成，一部分是在浏览网页时可以看到的部分，称为超链接载体，另一部分是超链接所链接的目标。在浏览页面时单击链接的载体将会打开目标。链接的目标可以是网页、图片、视频、声音、电子邮件地址等。超链接中的几个重要概念简要介绍如下：

1．URL

URL 英文全称是 Uniform Resource Locator，中文名称为“统一资源定位符”，简单地说，就是网络上一个站点、网页的完整地址，相当于个人的通信地址。

比如，在网络上http://www.bupt.edu.cn/index.htm是一个完整的 URL，其中 http 代表传输协议，即超文本传输协议（HyperText Transfer Protocol），它与 WWW 服务器相对应，需要向有关机构申请。现在很多站点都提供个人主页的存放空间，制作一个简单的个人站点提交到提供这种服务的服务器上，个人主页就获得了一个完整的 URL，全世界的访问者都可以浏览该主页了。

2．绝对路径

绝对路径提供链接文档的完整 URL，包括使用的协议（对于网页通常是 http://）。例如，http://www.adobe.com/support/dreamweaver/contents.html 就是一个绝对路径。对本地链接（文档在相同的站点中）可以使用绝对路径链接或相对路径；如果要链接其他服务器上的文档，则必须使用绝对路径。如果将站点移到另一个域中，所有的本地绝对路径链接都将打断。

3．文档相对路径

文档相对路径省略当前文档和链接的文档相同的绝对 URL 部分，只提供不同的那部分路径。当前文档与链接的文档在同一个文件夹中，且很可能长久保留在一起时，文档相对路径是特别有用的。在大多数网站中，文档相对路径是用于本地链接的最合适的路径，可以给用户在站点内移动文件提供很大的灵活性。

4．根相对路径

根相对路径提供从站点根文件夹到文档所经过的路径。如果工作于一个使用数台服务器的大型网站，或者一台同时作为多个不同站点主机的服务器，可能需要使用根相对路径。如果对这类路径不是很熟悉，建议使用文档相对路径。

根相对路径以正斜线开始，代表站点的根文件夹。例如，/bbs/register.html 是一个指向文件 register.html（该文件位于站点根文件夹的 bbs 子文件夹中）的根相对路径。对于一个经常需要将 HTML 文件从一个文件夹移到另一文件夹的网站来说，根相对路径通常是最佳的路径方式。当移动一个包含根相对链接的文档时，不需改变链接。例如，HTML 文件对于相关文件（比如图像）使用的是根相对链接，那么当移动 HTML 文件时，它的相关文件链接仍是有效的。不过，如果移动或重命名了用根相对路径链接的文档，即使文档之间彼此的相对路径没有改变，也需要更新链接。例如，如果移动了一个文件夹，所有对那个文件夹中的文件的根相对链接必须更新。如果使用“文件”面板移动或重命名文件，Dreamweaver 将自动更新所有相关链接。

5．锚点（Anchor）

在网页中，需要跳转到某一特定位置时，就需要在这个位置建立一个位置标记，点击链接到这个位置标记的元素时，页面即可跳转到指定的地方。给该位置标记一个名称，这个位置标记就是锚点。通过创建锚点，可以使链接指向当前文档或者不同文档中的指定位置。锚点通常用于跳转到特定的主题或者文档的顶部，使访问者能够快速浏览到指定位置，从而加快信息检索速度。

4.3.2 创建超链接

1．方法一

通过执行“插入”|“HTML”|“Hyperlink”命令，或单击“HTML”插入面板中的“Hyperlink”按钮，打开“超链接”对话框插入超链接。操作步骤如下：

（1）选中要创建超链接的文本或其他网页元素，或者将鼠标光标放置在要插入链接的位置。

（2）执行“插入”|“HTML”|“Hyperlink”命令，或单击“HTML”插入面板中的“Hyperlink”按钮，打开“Hyperlink（超链接）”对话框，如图 4-14 所示。

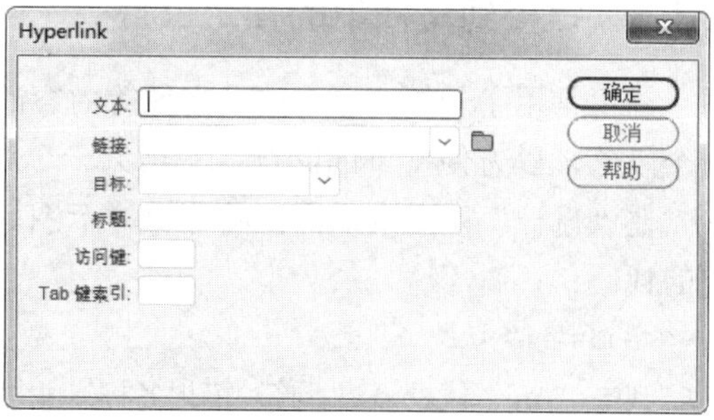

图 4-14 “Hyperlink（超级链接）”对话框

（3）在“文本”域中，输入要在文档中作为超链接显示的文本。

（4）在“链接”文本框中，输入要链接到的文件的名称，或者单击“链接”右侧的文件夹图标打开“选择文件”对话框，通过浏览选择需要的文件。

（5）在“目标”下拉列表中，选择打开链接文件的窗口。如果当前文档中有已命名的框架，则所有已命名框架的名称也显示在下拉列表中。如果指定的框架不存在，当文档在浏览器中打开时，所链接的页面在一个新窗口中加载，该窗口既可以使用指定的名称，也可选用下列保留目标名：

- _blank：将链接的文件载入一个未命名的新浏览器窗口中。
- new：将链接的文件载入一个新浏览器窗口中。
- _parent：将链接的文件载入含有该链接的框架的框架集或父窗口中。如果含有该链接的框架不是嵌套的，则在浏览器全屏窗口中载入链接的文件。
- _self：将链接的文件载入该链接所在的同一框架或窗口中。此目标为默认值，因此通常不需要指定它。
- _top：在整个浏览器窗口中载入所链接的文件，但会删除所有框架。

（6）在“标题”域中，输入超链接的标题。

（7）在“访问键”域中，输入键盘等价键（一个字母）以便在浏览器中选择该链接。

（8）在“Tab 键索引”域中，输入 Tab 键顺序的编号。

2．方法二

在属性设置面板的“链接”文本框中设置超链接。使用属性设置面板可以把当前文档中的文本或图像链接到另一个文档。步骤如下：

（1）在文档窗口中选中需要建立链接的文本或图像。

（2）执行“窗口”｜“属性”命令，出现对应的属性设置面板。在属性设置面板中单击“链接”文本框右侧的“浏览文件”按钮，在弹出的文件框中选择要链接的文件；或直接在“链接”文本框中输入链接文档的路径和文件名；还可以拖动链接文本框右侧的“指向文件”按钮指向另一个打开的文档，或者打开文档中的某一锚点。

（3）选择被链接文档的载入位置。在默认情况下，被链接文档在当前窗口或框架中打开。若要使被链接的文档显示在其他地方，在“目标”下拉列表框中选择一个选项。

操作完成后，可以看到被选择的文本变为蓝色，并且带有下划线。

4.3.3 链接到文档中的指定位置

锚记常用于长篇文章、技术文件等内容的网页，在网页中通常使用锚记链接文章的每一个段落，以方便文章的阅读。单击某一个超链接，可以转到相同网页的特定段落。

在“设计”视图中，锚记的位置显示图标，切换到“代码”视图，可以看到类似如下的代码：

```
<a id="mj"></a>
```

其中，“mj”代表锚记名称。锚记名称只能包含小写 ASCII 字母和数字，且区分大小写。如果看不到锚记标记，可执行“查看”|“设计视图选项”|“可视化助理”|“不可见元素”命令。

如果要创建指向锚记的链接，选择作为超链接的文字，在属性设置面板上的“链接”文本框中输入锚点的名称即可。在这里，读者要注意的是，锚点名称前面需要添加一个特殊的符号“#”。对应的 HTML 代码如下：

```
<a href="#mj">点击这里</a>
```

4.3.4 创建电子邮件链接

有时为了收集访问者的反馈意见，常常在网页中添加一些邮件链接。步骤如下：

（1）选择需要作为邮件链接的文字或其他网页元素。

（2）打开属性设置面板。在“链接”文本框中输入邮件地址。

> **提示：** 在指定邮件地址时，邮件地址前面需要添加“mailto:”，表示该超链接是邮件链接，例如 mailto:webmaster@123.com。

4.3.5 创建空链接和脚本链接

在网页中，除了以上介绍的几种超链接之外，还可以创建两种特殊的链接：空链接和脚本链接。

1．创建空链接

选择将作为空链接的文本，然后打开属性设置面板。在“链接”文本框中输入“#”号，即可创建一个空链接，也称作虚拟链接。

空链接不打开链接目标，常用于返回页面顶端，或什么也不做。

2．创建脚本链接

选择需要作为脚本链接的文本，然后打开属性设置面板。在“链接”文本框中输入脚本，如：“JavaScript:alert('您好，欢迎光临！')”，就创建了一个脚本链接。

打开浏览器预览，当把鼠标移动到空链接或脚本链接上时，鼠标的形状变为手形，单击脚本链接会弹出一个如图 4-15 所示的对话框。

图 4-15　对话框

4.3.6 设置链接属性

文本式超链接载体可以像普通文本一样通过属性面板设置字体大小、颜色等属性。此外超链接还有自己独有的属性。超链接的属性面板如图 4-16 所示，各选项功能简要介绍如下：

图 4-16　超链接属性面板

- “链接”：文本框内容为将要跳转到的目标地址。
- ：指向文件。通过拖动该图标到链接目标建立超链接。
- ：浏览文件。单击该图标也可以建立超链接。
- “目标”：设置超链接打开的页面显示窗口及框架，包含有_blank、new、_parent、_self 和_top 五个选项，指在不同的窗口打开链接目标网页。

4.4 文本与链接网页实例

下面通过一个实例展示文本与超链接的应用，效果如图 4-17 所示。

图 4-17　实例效果

本例的操作步骤如下：

（1）执行“文件”|“新建”命令，弹出“新建文档”对话框。在对话框中选择“新建文档”类别的 HTML 文件，框架“无”，文档类型默认为 HTML5，单击“创建”按钮，创建新文档。

（2）切换到“设计”视图，在空白处右击鼠标，在弹出的快捷菜单中执行“页面属性”命令，弹出“页面属性”对话框，如图 4-18 所示。

（3）在“背景颜色”文本框中输入“#ABDEED”。

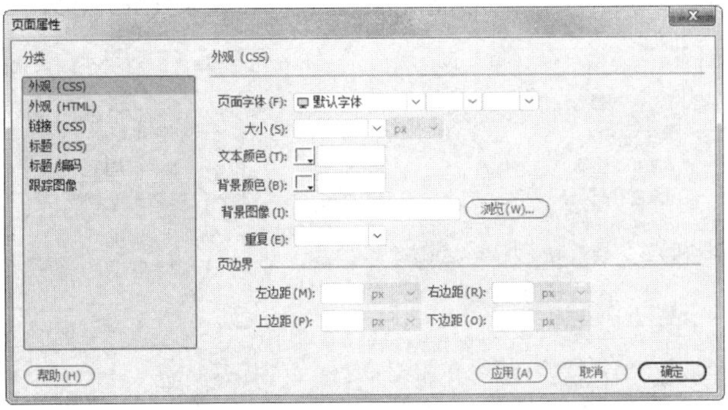

图 4-18　“页面属性”对话框

（4）单击“标题/编码”分类，在“标题”文本框中输入“朱熹名作欣赏”。单击“确定”按钮关闭对话框。

（5）在“设计”视图中输入文字“联系作者：webmaster”。选中“webmaster”，在属性设置面板上的“链接”文本框中输入“mailto:webmaster@website.com”。

（6）定义邮件链接的样式。执行“窗口”|“CSS 设计器”命令，打开“CSS 设计器”面板。单击“添加 CSS 源”按钮，在弹出的下拉菜单中选择“在页面中定义”；单击“添加选择器”按钮，设置选择器名称为 a:link，如图 4-19 所示。

（7）在 CSS 设计器的“属性”窗格中取消选中“显示集”，然后单击“文本”图标，设置文本颜色为#FF6600，字体大小为 16px，无修饰，如图 4-20 所示。

首次启动 Dreamweaver 2021 时，默认选中“属性”部分的“显示集”复选框，并在所有后续 Dreamweaver 会话中保留此选项的任何更改（选择或取消选择）。

（8）输入文字“链接到新浪:http://www.sina.com.cn”，选中http://www.sina.com.cn，在属性设置面板上的“链接”文本框中输入“http://www.sina.com.cn”。

（9）执行“插入”|“表格”菜单命令，在弹出的对话框中设置行数为 7，列数为 3，宽度为 600 像素，边框粗细为 0，单元格边距和间距均为 0。选中插入的表格，在属性面板上设置表格在页面上居中对齐。

（10）依次合并第二行以外的其他行的单元格，并设置单元格内容水平和垂直对齐方式均为居中，然后输入标题、页内超链接地址和诗词具体内容。

（11）选中“朱熹名作欣赏”，在 <> HTML 属性面板上对应的“格式”下拉列表框中选择“标题 1”，在 CSS 属性面板上设置字体为华文行楷，大小为 36，颜色为#3399FF，且文本对齐方式为“居中对齐”。

提示： 如果在“字体”列表中没有找到需要的字体，可以单击下拉列表底端的“管理字体”命令，在弹出的“管理字体”对话框中单击“自定义字体堆栈”页签，然后在“可用字体”列表中找到需要的字体，单击“添加”按钮 <<，如图 4-21 所示，即可将选择字体添加到字体列表中。

单击“完成”关闭对话框，即可在属性面板上的“字体”下拉列表中找到选择的字体。

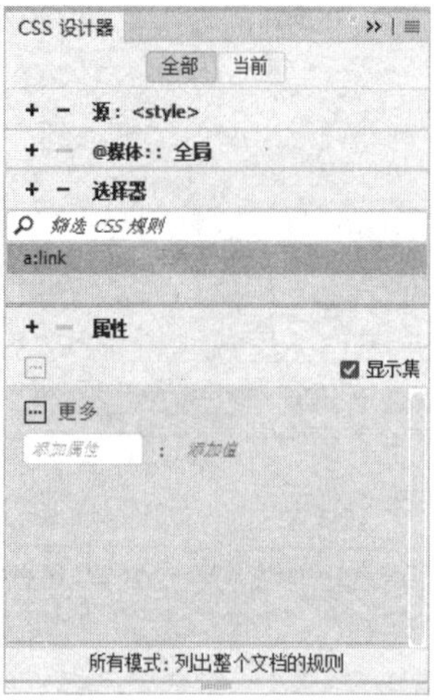

图 4-19　添加选择器

图 4-20　设置属性

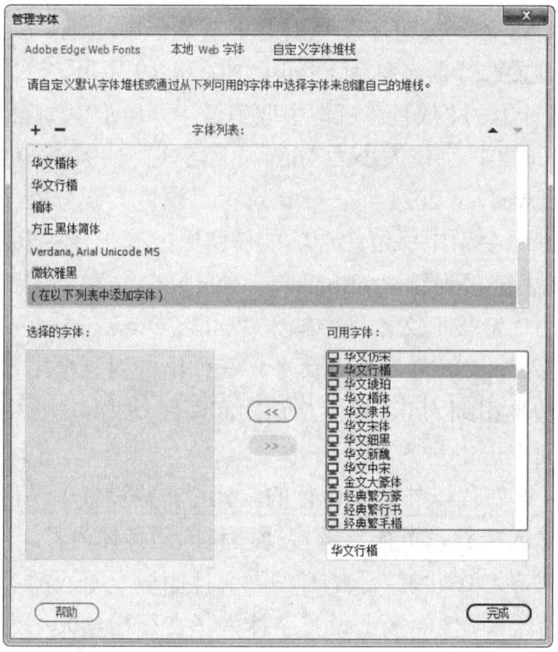

图 4-21　选择字体

（12）将光标定位到诗文“观书有感”右侧，执行“插入”|“HTML”|“水平线”菜单命令，插入水平线。

（13）同样的方法，在其他诗文下方插入水平线。

（14）将光标定位到标题“观书有感”左侧，在“代码”视图中输入<a id="m1"></a>，定义一个锚记。

（15）用同样方法，在另两首诗标题前插入锚记，锚记名称从上到下分别为 m2、m3。

（16）选中导航部分的“观书有感”文字。设置字体大小为 16，链接框中输入“#m1”。

用同样方法设置“春日”和“夜雨”的页内链接。

此时，在浏览器中预览页面，会发现图片链接均显示有边框。可以重新定义 img 标签的规则，将边框设置为 0。对应的代码如下：

```
img {
 border-width: 0px;
}
```

（17）执行“文件”|“保存”命令，弹出“另存为”对话框。输入文件名，保存文件。至此，一个综合各种链接的网页做完了，在浏览器中的预览效果如图 4-17 所示。

4.5 动手练一练

1．新建一个文档，输入标题及两段文字。标题和段之间以换行符换行，段之间以回车换行。标题字体为隶书，大小为 25，居中显示；段文本颜色为红色（#FF0000），字体为 14。

2．新建一个文档，然后创建一个链接到邮箱的 E-mail 链接和一个空链接。

4.6 思考题

1．“回车”换行和“换行符”换行有何区别？

2．页内链接和空链接有何区别？它们分别能起到什么效果？

第 5 章　图像和媒体

本章导读

本章介绍图像和声音等媒体的基本知识及使用方法。内容包括：图像、声音的基本知识；在网页中插入图像的方法；设置图像的属性，制作翻转图像、背景图像和图像映射；在网页中插入声音、HTML5 音频和视频、Flash 视频等媒体，以及属性的设置；背景音乐效果的制作方法。

学 习 要 点

- 插入图像
- 制作图像映射
- 插入声音等媒体元素
- 插入 HTML5 音频和 HTML5 视频

5.1　在网页中插入图像

图像在网页中的作用是无可替代的。图像不仅可以修饰网页，使网页美观、图文并茂，而且一幅合适的图片常常有胜过洋洋洒洒数篇文章的效果。

5.1.1　关于图像

虽然存在很多种图形文件格式，但网页中通常只使用 3 种，即 GIF、JPEG 和 PNG。目前 GIF 和 JPEG 文件格式的支持情况最好，使用大多数浏览器都可以查看。

由于 PNG 文件具有较大的灵活性，并且文件较小，所以它几乎对任何类型的 Web 图形都是最适合的。但是某些较低版本的浏览器只能部分支持 PNG 图像的显示。常用的图形文件格式介绍如下：

- GIF（图形交换格式）：文件最多使用 256 种颜色，最适合显示色调不连续或具有大面积单一颜色的图像，例如导航条、按钮、图标、徽标或其他具有统一色彩和色调的图像。
- JPEG（联合图像专家组标准）：这种格式的文件可以包含数百万种颜色，是用于摄影或连续色调图像的高级格式。随着 JPEG 文件品质的提高，文件的大小和下载时间也会随之增加。通常可以通过压缩 JPEG 文件，在图像品质和文件大小之间达到良好平衡。
- PNG（可移植网络图形）：这是一种替代 GIF 格式的无专利权限制的格式，它包括对索引色、灰度、真彩色图像以及 alpha 通道透明的支持。PNG 文件可保留所有原始层、矢量、颜色和效果信息（例如阴影），并且在任何时候所有元素都是完全可编辑的。

在 Dreamweaver 文档中，可以插入 GIF、JPG 和 PNG 图像。这些图像不仅可以直接放在页面上，也可以放在表格、表单中。在插入图像时，能直接对图像做一些修改，例如在属性面板中为图像添加超链接、改变图像的尺寸、对图像进行优化；还可以通过 Dreamweaver 的行为创建翻转图像、导航条或图像地图等交互式图片。

使用 Dreamweaver 的“首选项”对话框还可以指定首选图像编辑器，提高整个工作流程的效率。设置首选图像编辑器可以让用户在使用 Dreamweaver 的同时启用指定的编辑器编辑图像。如果将 Fireworks 设置为首选图像编辑器，则利用 Fireworks 修改完图像后，只需要简单地单击鼠标，就可以自动更新 Dreamweaver 中的图像文件。

5.1.2　插入图像

图像通常用于制作图形界面（例如导航按钮）、具有视觉感染力的内容（例如照片）或交互式设计元素（例如鼠标经过图像或图像地图）。

在 Dreamweaver 文件中插入图像时，Dreamweaver 会自动在网页的 HTML 源代码中生成对该图像文件的引用。为了确保此引用的正确性，该图像文件必须保存在当前站点目录中。如果所用的图像不在当前站点目录中，Dreamweaver 将询问是否将其复制到当前站点目录下。

在 Dreamweaver 2021 中插入图像，可以执行“插入”|“图像”菜单命令，也可以单击“插入”|“HTML”面板上的“图像”按钮。下面通过插入图像和文字的示例，让读者了解插入图像的具体步骤。插入图像和文字后的效果如图 5-1 所示。

图 5-1　插入图像与文本的效果

（1）新建一个文档，单击文档工具栏上的“设计”按钮，切换到“设计”视图。

（2）单击属性面板中的“居中对齐”按钮，然后在“设计”视图空白处单击，光标将在中间位置显示。

（3）执行“插入”|“Image”命令，或单击“插入”面板中“HTML”子面板上的“图像”按钮，弹出“选择图像源文件”对话框。

（4）在“选择图像源文件”对话框中选择要插入的图像，如图 5-2 所示。然后单击“确定”。该图像出现在文档中。

图 5-2　“选择图像源文件”对话框

（5）输入诗文《黄鹤楼》。

（6）保存文件，并用浏览器打开文件，得到如图 5-1 所示的效果。

5.1.3 图像的属性

将图像插入文档后，Dreamweaver 2021 会自动按照图像的原始大小显示，如果与需要的尺寸不一致，通常还要通过图像的属性面板对一些属性进行调整，如大小、位置等。选中一个图像，对应的属性面板如图 5-3 所示。

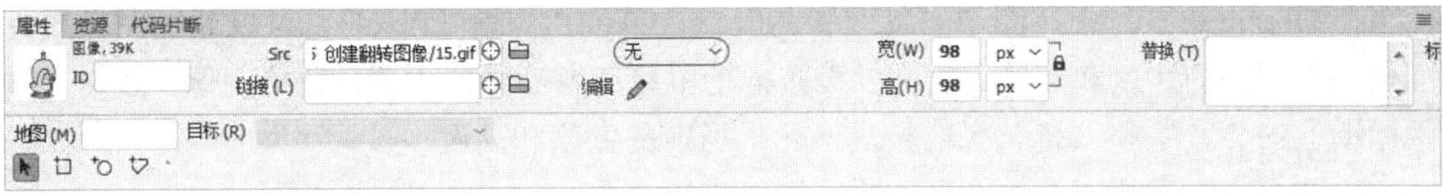

图 5-3 图像的属性设置面板

该图像属性设置面板的各个参数介绍如下：

- “ID”：可以使用脚本语言（如 JavaScript、VBScript）引用的唯一名称。
- “宽”：用于设置图像的宽度。
- “高”：用于设置图像的高度。

调整图片大小后，“宽”和“高”右侧会出现两个按钮。单击“重置为原始大小”按钮⊘，可以取消修改图片尺寸。单击“提交图像大小”按钮✔，则修改图片尺寸。

- “图像源文件（Src）”：用于设置图像文件的路径。
- “链接”：用于设置图像链接的网页文件的地址。
- “替换”：用于设置图像的说明性内容，当网页中的图片不显示时，将显示这里指定的文本。
- “类”：用于设置应用到图像的 CSS 样式的名称。
- “地图”及下面的 4 个按钮：用于制作映射图的热点工具，详细内容会在本章 5.1.7 节中介绍。
- “目标”：用于设置图像打开的链接文件显示的位置。
  - _blank 表示打开一个新的窗口显示链接文件；
  - new 表示始终在同一个新窗口中显示链接文件；
  - _parent 表示使用包含超级链接的父窗口显示链接的文件；
  - _self 表示使用超级链接所在的窗口或框架显示链接文件，该项是默认值；
  - _top 表示将链接的文件显示在整个浏览器窗口中，而不是显示在框架中。
- “原始”：用于设置当前图像原始的 PNG 或 PSD 图像文件。
- ✎：打开在“外部编辑器”首选参数中指定的图像处理软件，编辑当前选中的图像。
- ⚙：用于打开“图像优化”预览对话框，并优化图像。
- ⧉：从原始更新。如果对原始图像文件进行了修改，而当前页面上的 Web 图像与原始图像不同步，则可以单击该按钮，图像将自动更新，以反映对原始图像所做的任何更改。

- ：用于修剪图片，删去图片中不需要的部分。
- ：重新取样，调整图片大小后此按钮可用。增加或减少像素以提高调整大小后的图片质量。

5.1.4 修改图像尺寸

修改图像的尺寸，是指调整图像在文档中显示的宽度和高度。在 Dreamweaver 的“设计”视图中可以可视化的形式调整图片的大小，图片的文件大小不发生变化。

在 Dreamweaver 中，图像的宽度和高度默认单位为像素（Pixel）。可以通过图像属性面板设置图像的宽度和高度，也可以直接拖动鼠标改变图像的大小。调整图像大小时，属性面板上的“宽”和“高”区域显示该元素当前的宽度和高度。

用鼠标拖动调整图像的大小，执行以下步骤：

（1）在“文档”窗口中选择一个图像。图像的底部、右侧及右下角出现调整大小的手柄。如果未出现调整大小手柄，则单击要调整大小的图像以外的部分，然后重新选择，或在标签选择器中单击相应的标签选择该图像。

（2）执行下列操作调整图像的大小：

- 若要调整图像的宽度，拖动左侧或右侧的选择控制点。
- 若要调整图像的高度，拖动底部或顶部的选择控制点。
- 若要同时调整图像的宽度和高度，拖动四个顶角的选择控制点。
- 若要在调整图像尺寸时保持元素的比例（宽高比），在按住 Shift 键的同时拖动顶角的选择控制点。

以可视化方式最小可以将元素大小调整到 8×8 像素。若要将元素的宽度和高度调整到更小的尺寸（例如 1×1 像素），在属性面板对应的域中输入数值。

默认情况下，宽度和高度约束比例缩放。单击“切换尺寸约束”按钮，该按钮图标变为，即可取消约束比例，单独缩放图片的宽度和高度。

若要将已调整大小的元素返回到原始尺寸，在属性面板中删除“宽”和“高”中的值，或者直接单击“重置为原始大小”按钮。

提示：建议只有在以确定布局为目的时，才在 Dreamweaver 2021 中以可视的方式调整位图的大小。确定了理想的图像大小之后，应在图像编辑应用程序中编辑该文件。对图像进行编辑还可以压缩文件大小，从而缩短下载时间。

5.1.5 创建翻转图像

翻转图像就是当鼠标指针经过图片时，图片会变成另外一张。一个翻转图像其实是由两张图片组成的：初始图像（页面加载时显示的图像）和翻转图像（鼠标经过初始图像时显示的图像）。组成翻转图像的两幅图像必须具有相同的尺寸。如果尺寸不同，Dreamweaver 2021 会自动将第二幅图像的尺寸调整成与第一幅相同大小。

下面通过创建一个翻转图像的示例，介绍创建翻转图像的具体操作，最终的效果如图

5-4 和图 5-5 所示。

图 5-4　翻转图像效果（翻转前）

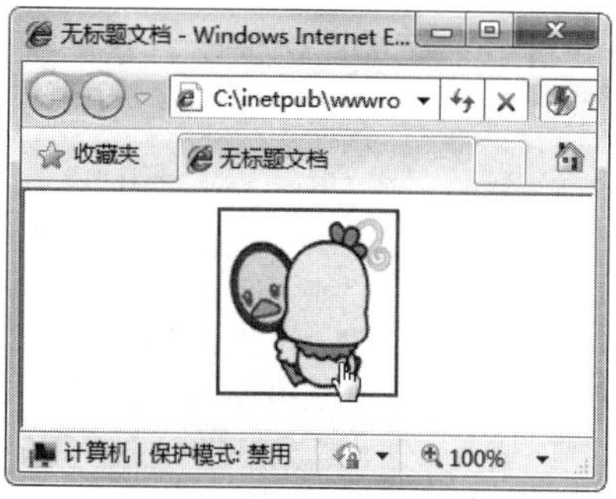

图 5-5　翻转图像效果（翻转后）

（1）在文档窗口中，将光标置于要插入翻转图像的位置。

（2）执行“插入”｜“HTML”｜“鼠标经过图像”命令，或单击“插入”|“HTML”面板上的“鼠标经过图像”按钮，如图 5-6 所示，此时会弹出“插入鼠标经过图像”对话框，如图 5-7 所示。

图 5-6　插入图像菜单

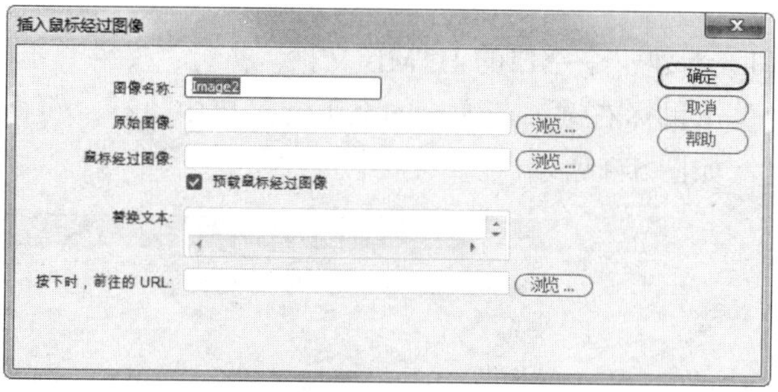

图 5-7　“插入鼠标经过图像”对话框

（3）在“图像名称”栏中输入翻转图像的名称。

（4）在“原始图像”栏中输入初始图像的路径，或者单击“浏览”按钮，从弹出的对话框中浏览选择所需图像文件。

（5）在“鼠标经过图像”栏中输入翻转图像的路径，或者单击“浏览”按钮，从弹出的对话框中浏览选择图像文件。

（6）选中“预载鼠标经过图像”复选框，可以将图像预先加载到浏览器的缓存中，加快图像显示速度。

（7）在“替换文本”文本框中输入图像的简短描述。当网页中的图像不显示时，显示指定的替换文本。

（8）单击“确定”按钮保存文件，完成翻转图像的创建。按 F12 键在浏览器中预览翻转图效果。

5.1.6　设置背景图像

若要定义页面的背景色和背景图像，可以使用“页面属性”对话框。如果同时使用背景图像和背景颜色，下载图像时会先出现颜色，然后图像覆盖颜色。如果背景图像包含透明像素，则背景颜色透过背景图像显示出来。

下面通过一个简单实例演示背景图像的创建过程，最终的效果如图 5-8 所示。具体制作步骤如下：

图 5-8　背景图像效果

（1）新建一个空白的 HTML 文件，执行“文件”|“页面属性”命令，或在“设计”视图中单击鼠标右键，在弹出的上下文菜单中执行“页面属性”命令，弹出“页面属性”对话框，如图 5-9 所示。

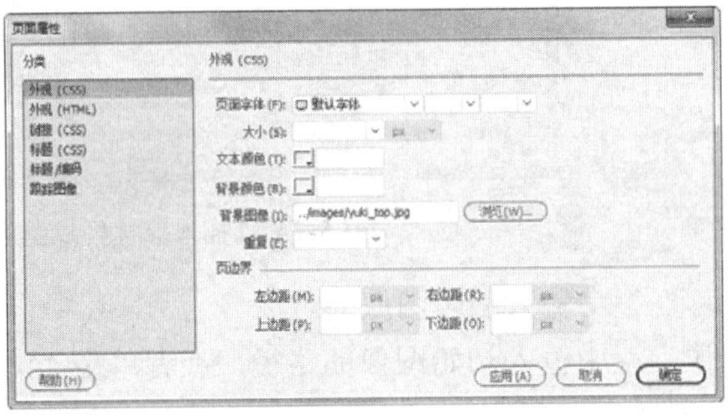

图 5-9　“页面属性”对话框

（2）设置背景图像。单击“浏览”按钮，然后浏览并选择图像；或者直接在“背景图像”文本框中输入背景图像的路径。

（3）保存文件完成背景图像制作，在浏览器中观察创建的结果。

如果背景图像的尺寸不足以填满整个窗口，Dreamweaver 会自动平铺背景图像，如图 5-8 所示。若要防止背景图像平铺，可以在“页面属性”对话框的“重复”下拉列表中选择“不重复”，或使用 CSS 样式表禁用图像平铺。

下面通过一个实例介绍使用 CSS 样式禁用图像平铺的步骤，最终效果如图 5-10 所示。制作步骤如下：

（1）打开上例制作的文件，然后执行“窗口”|“CSS 设计器”命令，打开“CSS 设计器”面板。

图 5-10　禁用图像平铺

（2）在“CSS 设计器”面板中，单击“添加 CSS 源”按钮，在弹出的下拉菜单中选择“在页面中定义”命令。然后单击“添加选择器”按钮，设置选择器名称为.background。

（3）在属性列表中单击“背景”按钮▨，切换到背景属性列表。单击 background-image 属性右侧的文件夹图标，选择背景图像文件，或是直接在文本框中输入图像地址。

（4）在 background-repeat 属性右侧选择“不重复”，如图 5-11 所示。

（5）在文档窗口底部的标签选择器中右击<body>标签，在弹出的快捷菜单中单击“设置类”子菜单中的 background（第 2 步新建的 CSS 样式名），应用样式，如图 5-12 所示。

图 5-11　定义 CSS 属性

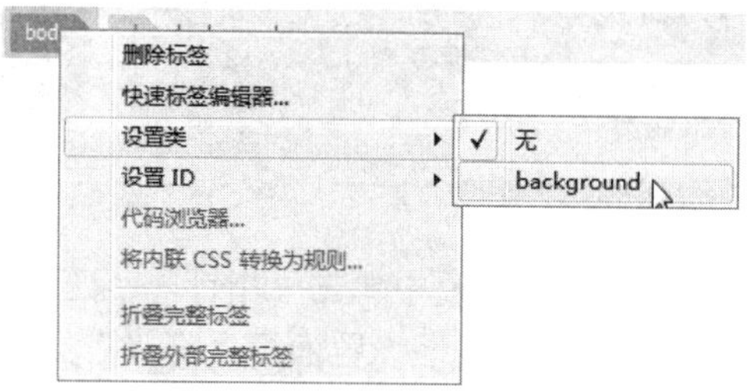

图 5-12　右击<body>标签弹出快捷菜单

（6）保存文件完成背景制作，在浏览器可看到图 5-10 所示的效果。

5.1.7　使用图像映射

图像映射是指将一幅图像分割为若干部分，并将这些部分分别设置成热点区域，然后链接到不同的页面，单击图像上不同的热点区域，就可以跳转到不同的页面。

下面通过一个实例介绍创建图像映射的方法，最终效果如图 5-13 所示。具体制作步骤如下：

（1）新建一个空白的 HTML 文件。执行“插入”｜“Image”命令，在文档窗口中插入图像。

（2）选中图像，单击属性面板上的“圆形热点工具”按钮，此时该图标会下凹，表示被选中。在图像上的“景点”二字左上角按下鼠标左键，然后向右下角拖动鼠标，直到出现的圆形框将“景点”两个字包围，释放鼠标，第一个热点建立完成。热点区域显示为半透明的蓝色区域。

（3）在属性设置面板上单击“矩形热点工具”按钮，此时该图标会下凹，表示被选中。在图像上的“交通”二字的左上角按下鼠标左键，然后向右下角拖动鼠标，直到出现的矩形框将“交通”两个字包围，释放鼠标，第二个热点建立完成。

（4）在属性设置面板上单击“多边形热点工具”按钮，此时该图标会下凹，表示被选中。在图像上的“食宿”二字的左上角单击鼠标左键，加入一个定位点；移动鼠标单击，加入第二个定位点，这时两个定位点之间会连成一条直线。按同样的方法再添加三个定位点，此时 5 个定位点会连成一个多边形，将“食宿”两个字包围，第三个热点建立完成。

（5）如果要调整热点区域的大小，在属性设置面板中单击“指针热点工具”按钮，再单击要调整大小的热点区域，此时被选中的热点区域四周会出现控制手柄。将光标放在控制手柄上，然后按下鼠标左键拖动，即可改变热点区域的大小，效果如图 5-14 所示。

图 5-13　实例效果

图 5-14　加入热点后的图像

（6）在属性设置面板中单击“指针热点工具”按钮，再单击“景点”的热点区域，选中该热点区域。单击属性设置面板“链接”文本框右侧的文件夹图标，打开文件选择对话框，从站点目录中选择一个文件后，单击“确定”按钮关闭窗口，“链接”文本框中显示超级链接文件的路径及文件名。

（7）按照上一步同样的方法，为其他两个热点区域建立超级链接。

（8）执行“文件”｜“保存”命令保存文档。

在浏览器中预览页面。将鼠标指针移到热点区域上时，指针的形状变为手形，并且在浏览器下方的状态栏中显示链接的路径。单击各个热点区域，可以打开对应的链接文件，并显示相关的内容。

5.2 添加声音

声音文件的格式有多种类型，将声音添加到网页中也有多种不同的方法。在确定采用哪一种格式和方法添加声音之前，需要考虑以下一些因素：添加声音的目的、受众、文件大小、声音品质和不同浏览器的差异。

5.2.1 关于声音

不同类型的声音文件和格式有各自不同的特点。下面介绍几种较为常见的音频文件格式，以及每一种格式在网页应用中的一些优缺点：

- .midi 或.mid（乐器数字接口）格式：主要用于器乐。许多浏览器都支持 MIDI 文件并且不要求插件。尽管其声音品质非常好，且很小的 MIDI 文件也可以提供较长时间的声音剪辑，但访问者的声卡不同，声音效果也会不同。另外，MIDI 文件必须使用特殊的硬件和软件在计算机上合成，不能录制。
- .wav（Waveform 扩展名）格式：这种格式的声音具有较好的声音品质，许多浏览器都支持此类格式文件并且不要求插件，可以利用 CD、磁带、麦克风等进行录制。但是文件体积较大，限制了可以在网页中使用的声音剪辑的长度。
- .aif（音频交换文件格式，即 AIFF）格式：与 WAV 格式类似，具有较好的声音品质，大多数浏览器都可以播放并且不要求插件，可以利用从 CD、磁带、麦克风等进行录制。但这种格式同样文件较大，限制了可以在网页上使用的声音剪辑的长度。
- .mp3（运动图像专家组音频，即 MPEG-音频层-3）格式：这是一种压缩格式，可使声音文件明显缩小，并且声音品质非常好。如果正确录制和压缩 MP3 文件，其质量甚至可以和 CD 质量相媲美。但若要播放 MP3 文件，访问者必须下载并安装辅助应用程序或插件。
- .ra、.ram、.rpm 或 Real Audio 格式：具有非常高的压缩程度，文件大小要小于 MP3。全部声音文件可以在合理的时间范围内下载。因为可以在普通的 Web 服务器上对这些文件进行“流式处理”，所以访问者在文件完全下载完之前即可听到声音。其声音品质比 MP3 文件声音品质差，访问者必须下载并安装辅助应用程序或插件才可以播放这些文件。

5.2.2 链接到音频文件

链接到音频文件是在网页中添加音频文件的一种简单而有效的方法。这种集成声音文件的方法可以使访问者能够选择是否收听该文件，所以文件应用最广。

下面创建一个简单的例子，演示链接到音频文件的具体操作，效果如图 5-15 所示。

（1）新建一个空白的 HTML 文件，输入并格式化图中的文字。

（2）选中“1.Sleep Away”，在属性面板中，单击“链接”文本框右侧的“浏览文件”

按钮，在弹出的对话框中选中音频文件，或者在“链接”文本框中键入文件的路径和名称。

（3）保存文件，在浏览器中预览创建的结果。单击链接“1.Sleep Away”，会打开相应的媒体播放器播放音乐，如图 5-16 所示。

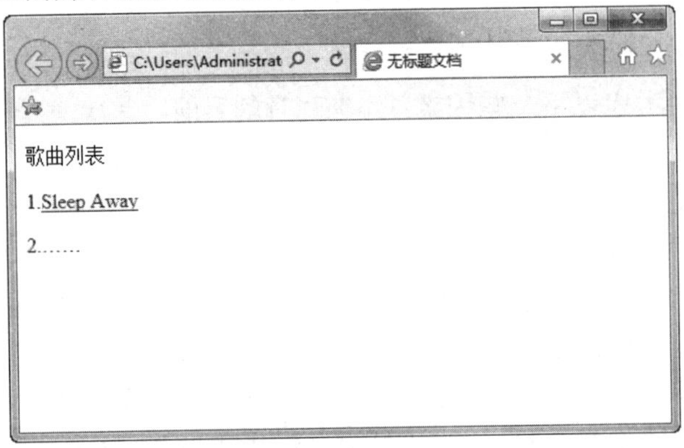

图 5-15　链接到音乐文件

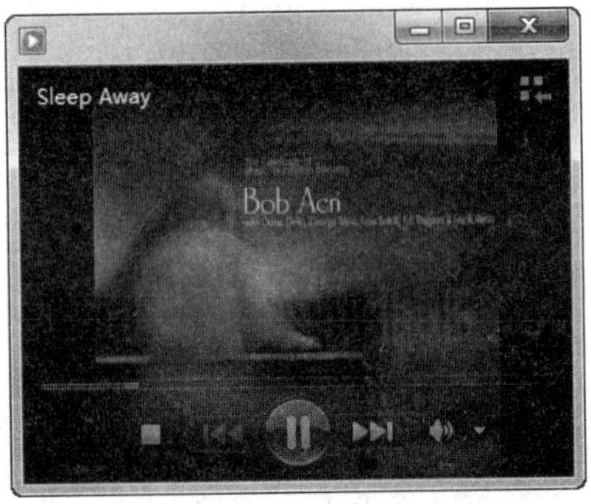

图 5-16　打开播放器播放音乐

5.2.3　嵌入音乐文件

嵌入音频是指将声音播放器直接并入页面中，当访问者的浏览器安装有播放声音所需的插件时，声音就可以播放。如果要将声音用作背景音乐，或者要对声音演示进行更多控制，例如设置音量、播放器在页面上显示的方式，以及声音文件的开始点和结束点，可以通过嵌入文件。

下面通过一个简单实例演示背景音乐的制作方法。最终的创建效果如图 5-17 所示。

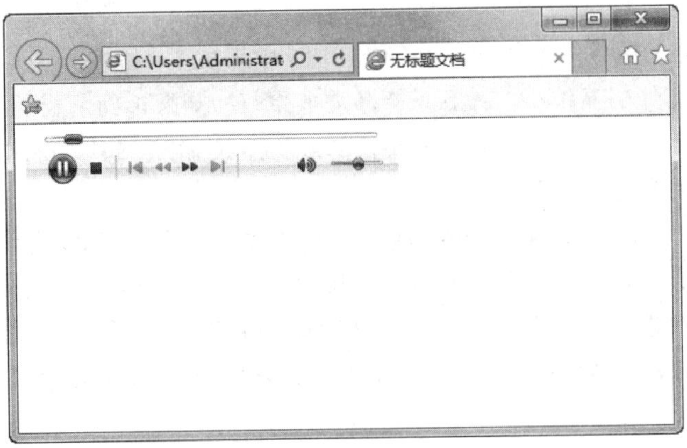

图 5-17　实例效果

（1）新建一个空白的 HTML 文档。

（2）在“设计”视图中，将插入点放置在要嵌入文件的位置，执行“插入”|“HTML”|“插件”命令，弹出“选择文件”对话框。

（3）选择要链接的音乐文件，单击“确定”按钮，在页面上插入一个插件占位符。默认情况下，插入的插件尺寸为 32×32。可以在属性面板上修改插件的宽度和高度。如果希望在网页中不显示播放器，可以在属性面板上将插件的尺寸设置为 0。

（4）选中插件占位符，在属性面板上将插件尺寸修改为 300×40。单击“参数”按钮，弹出如图 5-18 所示的“参数”对话框。

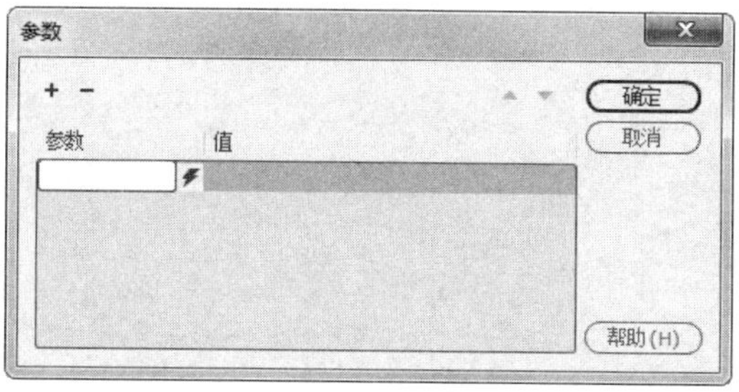

图 5-18 “参数”对话框

（5）单击对话框上的“添加”按钮+，在“参数”列中输入参数的名称“loop”。在“值”域中输入该参数的值“true”，如图 5-19 所示。输入完毕后单击“确定”按钮。

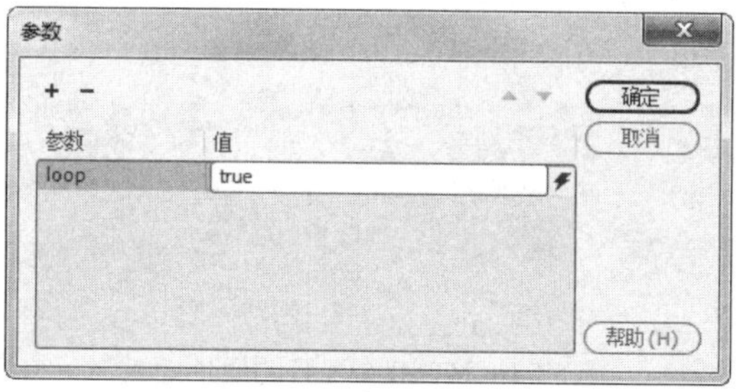

图 5-19 “参数”对话框

（6）执行“文件”|“保存”命令，保存文档。在浏览器中的预览效果如图 5-17 所示，且音乐循环播放。

提示： 在浏览器中预览页面时，浏览器可能会限制网页运行可以访问计算机的脚本或者 ActiveX 控件。用户可以单击鼠标右键，在弹出的快捷菜单中单击“允许阻止的内容”命令，即可正常预览网页。

5.3 HTML5 视频

HTML5 视频元素提供一种将动画或视频嵌入网页中的标准方式。

5.3.1 插入 HTML5 视频

在网页中插入 HTML5 视频的操作步骤如下：

（1）将光标放置在要插入视频的位置。

（2）执行“插入”|“HTML”|“HTML5 Video”菜单命令，即可在指定位置插入一个 HTML5 视频占位符，如图 5-20 所示。

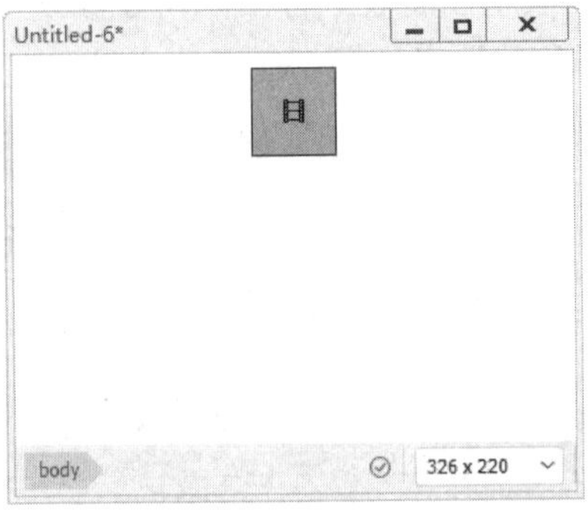

图 5-20　HTML5 视频占位符

5.3.2　设置 HTML5 视频属性

在网页中插入 HTML5 视频后，选中 HTML5 视频占位符，对应的属性面板如图 5-21 所示。

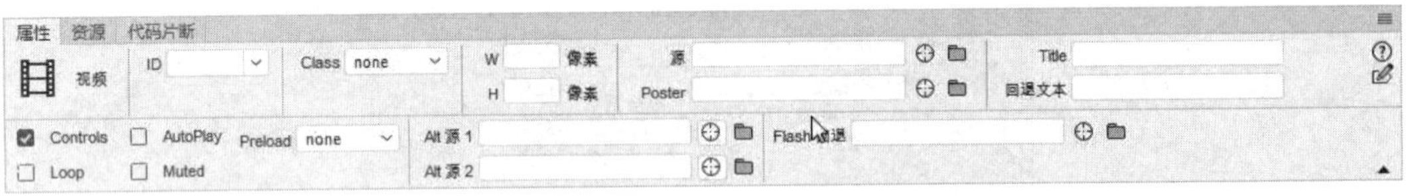

图 5-21　HTML5 视频的属性面板

下面简要介绍属性面板中常用属性的功能。

- 源：用于指定视频文件的位置。
- Alt 源 1、Alt 源 2：用于指定备用视频文件的路径。

不同浏览器对视频格式的支持有所不同。如果浏览器不支持“源”中指定的视频格式，则使用“Alt 源 1”或“Alt 源 2”中指定的视频格式。浏览器选择第一个可识别格式显示视频。

提示： 若要快速指定“源”/“Alt 源 1”/“Alt 源 2”，可以使用多重选择。方法如下：在选择文件时为同一视频选择三个视频格式，列表中的第一个格式将用于“源”，其他两个格式用于自动填写“Alt 源 1”和“Alt 源 2”。

常用浏览器和支持视频格式的详细信息如下表所示。

浏览器	MP4	WebM	Ogg
Intemet Explorer 9+	是	否	否
Firefox 4.0+	否	是	是
Google Chrome 6+	是	是	是
Apple Safari 5+	是	否	否
Opera 10.6+	否	是	是

- 标题（Title）：为视频指定标题。
- 宽度（W）：指定视频的宽度（像素）。
- 高度（H）：指定视频的高度（像素）。

- 控件（Controls）：用于设置是否要在 HTML 页面中显示视频控件，如播放、暂停和静音。
- 自动播放（AutoPlay）：该选项用于设置网页加载时是否自动播放视频。
- 循环（Loop）：选中该项后，视频将连续播放，直到用户停止播放影片。
- 静音（Muted）：选中此项，则在播放视频时不播放视频中的音频。
- 预加载（Preload）：指定视频加载的方式。选择“自动（auto）”会在页面下载时加载整个视频。选择“元数据（metadata）”会在页面下载完成之后仅下载元数据。
- 海报（Poster）：指定视频下载完成后或用户单击“播放”按钮后显示的图像。插入图像时，图像宽度和高度自动填充。
- Flash 回退：浏览器不支持 HTML5 视频时，播放指定的 SWF 文件。
- 回退文本：浏览器不支持 HTML5 视频时，在视频占位符位置显示指定的文本。

5.4 HTML5 音频

Dreamweaver 2021 支持在网页中插入和预览 HTML5 音频。HTML5 音频元素提供一种在网页中嵌入音频内容的标准方式。

5.4.1 插入 HTML5 音频

在网页中插入 HTML5 音频的操作步骤如下：

（1）将光标放置在要插入音频的位置。

（2）执行“插入”|“HTML”|“HTML5 Audio”菜单命令，即可在指定位置插入 HTML5 音频的占位符，如图 5-22 所示。

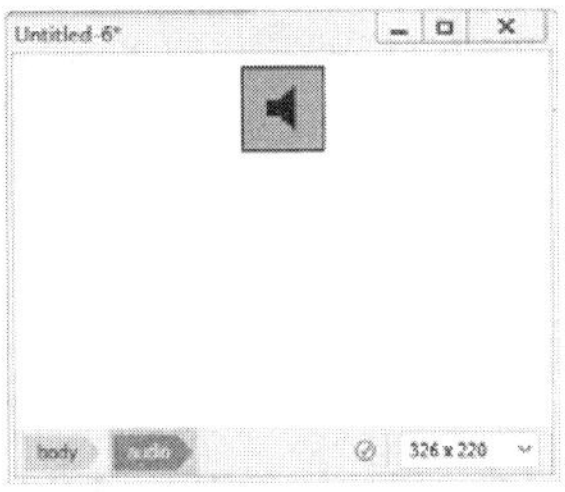

图 5-22　HTML5 音频占位符

5.4.2 设置 HTML5 音频属性

在网页中插入 HTML5 音频后，选中 HTML5 音频占位符，对应的属性面板如图 5-23 所示。

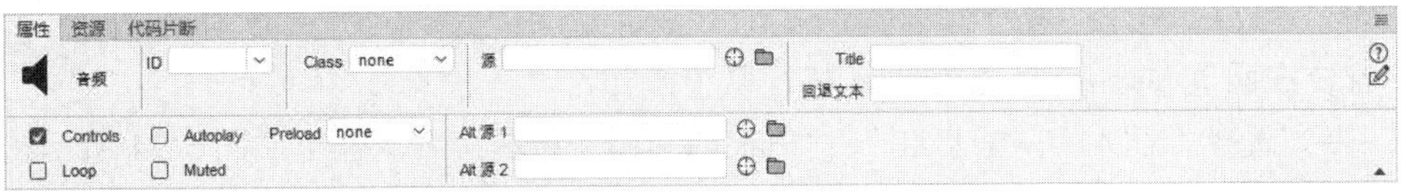

图 5-23　HTML5 音频的属性面板

与 HTML5 视频相同，“源” / “Alt 源 1” / “Alt 源 2” 用于指定音频文件的路径和备用音频文件的路径。如果“源”中指定的音频格式不被支持，则使用“Alt 源 1”或“Alt 源 2”指定的格式。浏览器选择第一个可识别格式播放音频。

提示：若要快速指定“源” / “Alt 源 1” / “Alt 源 2”，可以使用多重选择。同时选择同一音频的三种格式，列表中的第一个格式将用于“源”，其他两种格式自动填写“Alt 源 1”和“Alt 源 2”。

常用浏览器和支持音频格式的详细信息如下表所示。

浏览器	MP3	Wav	Ogg
Intemet Explorer 9+	是	否	否
Firefox 4.0+	否	是	是
Google Chrome 6+	是	是	是
Apple Safari 5+	是	是	否
Opera 10.6+	否	是	是

- 标题（Title）：指定音频文件的标题。
- 回退文本：浏览器不支持 HTML5 音频时，在音频占位符位置显示指定的文本。
- 控件（Controls）：该选项用于选择是否在 HTML 页面中显示音频控件，如播放、暂停和静音。
- 自动播放（AutoPlay）：用于设置音频在网页上加载后是否自动开始播放。
- 循环（Loop）：如果选中该项，则音频将连续播放，直到用户停止。
- 静音（Muted）：选中此项，则不播放音频。
- 预加载（Preload）：指定音频加载的方式。选择“自动（auto）”会在页面下载时加载整个音频文件。选择“元数据（metadata）”会在页面下载完成之后仅下载元数据。

5.5 Flash 视频

利用 Dreamweaver 2021，可以便捷地在网页中插入 Flash 视频文件。

在 Dreamweaver 页面中插入 Flash 视频之前，必须有一个经过编码的 Flash 视频（FLV）文件，该文件可以使用两种编解码器（Sorenson Squeeze 和 On2）创建。在 Dreamweaver 2021 中插入 Flash 视频文件后，可以在页面中插入有关代码，检测用户是否拥有查看 Flash 视频所需的 Flash Player 版本。如果没有正确的版本，则会提示用户下载。

5.5.1 插入 Flash 视频内容

若要在网页中插入 Flash 视频，执行以下操作：

（1）选择“插入” | “HTML” | “Flash Video”菜单命令，弹出如图 5-24 所示的“插入 FLV”对话框。

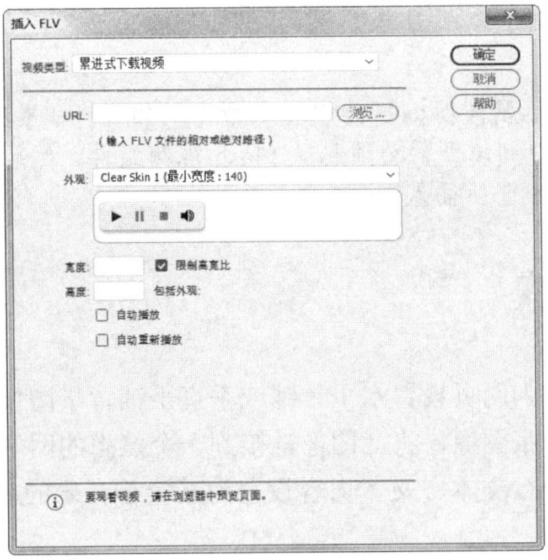

图 5-24 “插入 FLV”对话框

（2）在“视频类型”下拉列表中选择视频加载方式。

➢ “累进式下载视频”：将 Flash 视频文件下载到站点访问者的硬盘上，然后播放。与传统的“下载并播放”视频传送方法不同，累进式下载允许在下载完成之前就开始播放视频文件。
➢ “流视频”：对 Flash 视频内容进行流式处理，并在一段很短时间的缓冲（可确保流畅播放）后在网页上播放。若要在网页上启用流视频，必须具有访问 Adobe Flash Communication Server 的权限。

（3）在“URL”文本框中键入 Flash 视频的路径。

（4）在“外观”下拉菜单中指定 Flash 视频组件的外观。所选外观的预览显示在“外观”下拉菜单下方。

（5）在“宽度”和“高度”文本框中以像素为单位指定 FLV 文件的宽度和高度。

（6）选中“限制高宽比”复选框，可以保持 Flash 视频组件的宽度和高度的比例不变。默认情况下选择此选项。

设置宽度、高度和外观后，“包括外观”右侧将自动显示 FLV 文件的宽度和高度与所选外观的宽度和高度相加得出的总和。

（7）选中“自动播放”复选框，则网页加载时自动播放视频。

（8）选中“自动重新播放”复选框，则播放控件在视频播放完之后返回到起始位置，循环播放。

（9）单击“确定”按钮关闭对话框，即可在页面中插入 Flash 视频占位符。

5.5.2 修改 Flash 视频属性

若要修改 Flash 视频属性，可以执行以下步骤：

（1）在“文档”窗口中，单击选中 Flash 视频组件占位符。

（2）打开属性面板进行更改。

属性面板中的选项与“插入 FLV”对话框中的选项类似，在此不再赘述。

注意：

不能使用属性面板更改视频类型（例如，将“累进式下载”更改为“流式下载”）。若要更改视频类型，必须删除 Flash 视频组件，然后执行“插入”|“HTML”|“Flash 视频”命令重新插入。

5.6 动手练一练

1．新建一个网页，为网页设置水平平铺或垂直平铺背景图像。

2．在文档中插入一张图像，将此图像链接到一个熟悉的网站。

3．在文档中插入一行文本，文本内容设置为某一首音乐的名字，并将文本链接到相应的音乐文件。

4．为一个网页嵌入背景音乐。设置音乐为循环播放，并在网页中隐藏播放器。

5.7 思考题

1．网页中常用的图像文件格式有哪些？它们各有什么优缺点？

2．网页中常用的声音文件格式有哪些？它们各有什么优缺点？

3．在页面中嵌入音乐文件有几种方法？

第 6 章　表格排版技术

本章导读

本章介绍表格的作用及使用方法。内容包括：插入表格、格式化表格、拆分与合并单元格、剪切和粘贴单元格、删除和插入行列、设置表格和单元格的属性，以及导入文本数据到表格和输出表格数据到文本文件等操作。

学习要点

- 插入表格
- 对表格进行各种操作
- 导入、导出表格数据
- 利用表格技术对页面进行布局

6.1 表格概述

表格在网页布局中占据了很重要的地位，是制作网页过程中不可或缺的元素，在整个网页元素空间编排上发挥着重要的作用。

6.1.1 表格的功能

表格在 HTML 语言中是较难掌握的一个标识符，但是 Dreamweaver 2021 提供了强大的表格编辑功能，可以轻松地实现对表格的控制。

表格可以将数据、文本、图片规范地显示在页面上，避免杂乱无章。不过它在网页设计中的用途远不止于此。它的更大用处在于精准控制页面元素位置。网页制作者常常把整个页面中的内容都放在表格中，用表格来规范它们的位置，然后使表格的边线不可见，这种方法设计出版式漂亮的页面，已经超出表格本身的意义。表格还具有规范、灵活的特点，合并、拆分单元格和嵌套表格可以实现复杂的布局设计。正是因为有这些功能，表格在网页制作过程中扮演着重要的角色。

使用表格技术能使网页看起来更加有条理、更加美观。不过，表格也有一个缺陷：它会使网页显示的速度变慢。这是因为在浏览器中文字一般是逐行显示的，即文字从服务器上传过来，尽管不全，但它还是会将传到的部分显示出来，以方便浏览。而使用表格就不同了，只有整个表格的内容全部传过来之后，才能在客户端的浏览器上显示出来，即表格是整体出现的。

6.1.2 表格的基本组成

常见的表格如图 6-1 所示，由一些被线条分开的小格组成，每个小格就是一个单元格，这些线条就是表格和单元格的边框。表格一般被划分为单元格、行和列 3 部分。单元格是表格的基本单元，它们是被边框分割开的区域，文字、图像等对象均可插入到单元格中。位于水平方向上的一排单元格称作一行，位于垂直方向上的一排单元格称作一列。表格是可以嵌套的元素。

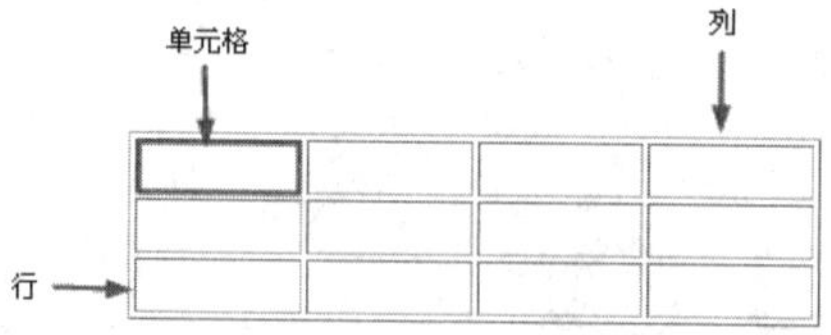

图 6-1 表格的基本结构

6.2 创建表格

在 Dreamweaver CC 2021 中创建表格是一件轻松、容易的事情。

6.2.1　创建表格、单元格

下面以在网页中插入一个 3 行 3 列的表格为例，介绍在网页中创建表格的操作步骤。

（1）在“插入”面板顶部的下拉菜单中单击“HTML”标签，切换到“HTML”插入面板。

（2）单击“表格”图标按钮，或执行“插入”｜“表格”菜单命令，弹出“表格”对话框，如图 6-2 所示。

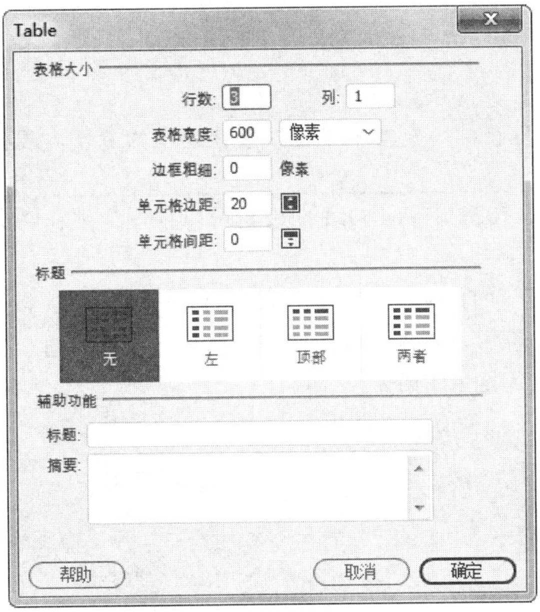

图 6-2　“表格”对话框

对话框中各个选项的功能介绍如下：

- “行数”：用于设置表格的行数。
- “列”：用于设置表格的列数。
- “表格宽度”：用于设置表格的宽度。

右侧的下拉列表用于设置表格宽度的单位，有“像素”和“百分比”两种。这两种单位的区别在于，以像素为单位设置的表格宽度是表格的实际宽度，是固定的；用百分比设定的表格宽度将随浏览器窗口的大小改变而改变。

- “边框粗细”：用于设置表格的边框宽度，单位为像素。设置为 0 时不显示边框。
- “单元格边距”：用于设置单元格的内容和边框的距离。
- “单元格间距”：用于设置单元格之间的距离，相当于设置单元格的边框宽度。
- “标题”：用于设置标题显示方式，有 4 个选项，具体效果见相应的图标，可以点击图标选中其一。
- “辅助功能——标题”：用于设置表格的标题。
- “摘要”：用于设置表格的说明信息，对表格的显示无影响。

（3）在“行数”文本框中输入表格的行数 3。在“列”文本框中输入表格的列数 3，

“标题”选择“顶部”，在“标题”文本框中输入“第一张表格”，其余选项保持默认值。

（4）单击“确定”按钮即可插入表格，最终制作结果如图 6-3 所示。

图 6-3　插入的表格

提示：在“边框粗细”文本框中输入表格边框的宽度，表格中单元格的边框不受该值影响。

使用 Dreamweaver 2021 中的 DOM 面板也可以很便捷地在网页中插入表格。方法如下：

（1）执行“窗口”|“DOM”菜单命令，打开 DOM 面板。按空格键或单击 DOM 面板中与所需元素相邻的标签，单击标签左侧的“添加元素”按钮，在弹出的下拉菜单中选择要插入元素的位置，如图 6-4 所示。

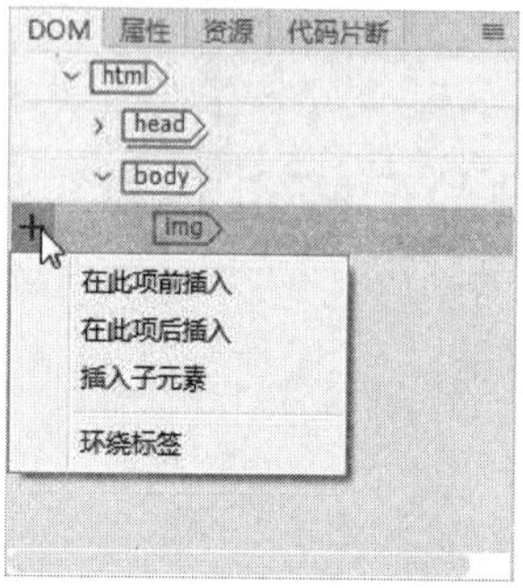

图 6-4　添加元素下拉菜单

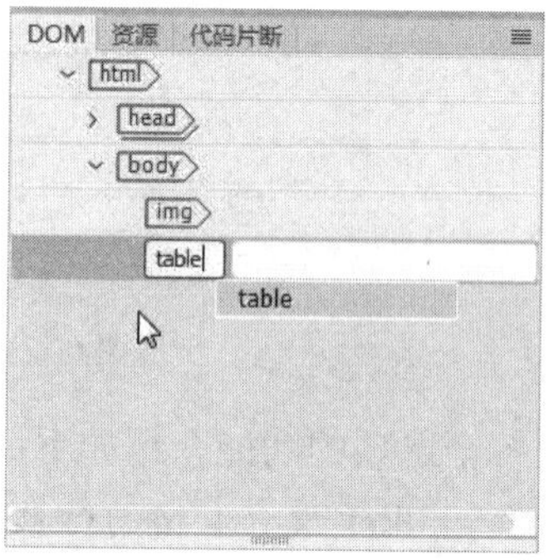

图 6-5　键入标签名称

（2）根据需要选择要插入元素的位置，例如要在图片后插入元素，则选择“在此项后插入”命令，将会插入并显示占位符 div 标签。键入需要的标签名称 table，如图 6-5 所示。此时，在页面中将自动插入一个宽为 200 像素，3 行 3 列的表格，效果如图 6-6 所示。

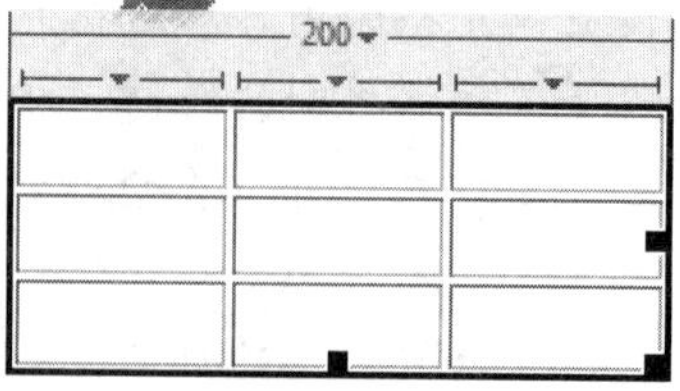

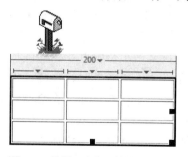

图 6-6　使用 DOM 面板插入表格

6.2.2 创建嵌套表格

嵌套表格是位于一个单元格中的表格。可以像对其他表格一样对嵌套表格进行格式设置，但其宽度受它所在单元格宽度的限制。

若要创建嵌套表格，可以单击现有表格中的一个单元格，再在单元格插入表格。例如，在一个 3 行 3 列的表格的中间单元格中插入一个 3 行 3 列的表格，就形成一个如图 6-7 所示的嵌套表格。

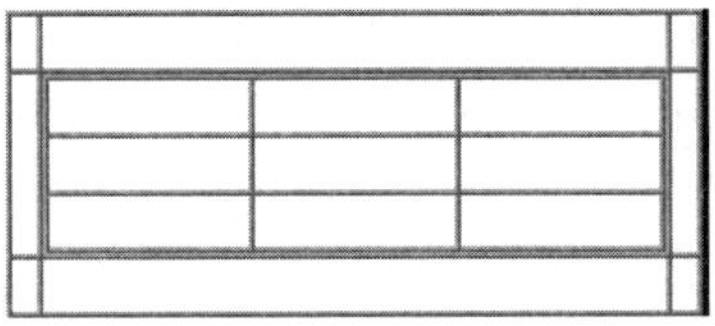

图 6-7 嵌套表格

与插入表格类似，使用 DOM 面板也可以很轻松地插入嵌套表格。例如，要在第二行第二列单元格中嵌套一个 3 行 3 列的表格，可以执行如下操作：

（1）选中要嵌套表格的单元格，打开 DOM 面板，单击添加元素按钮，在弹出的下拉菜单中选择“插入子元素”命令，如图 6-8 所示。

（2）将自动插入的 div 标签修改为 table，如图 6-9 所示，按 Enter 键提交。在 DOM 面板中可以很直观地看到元素之间的结构关系。

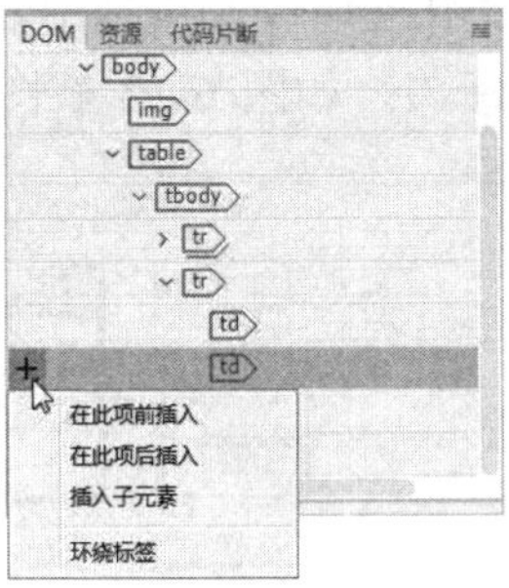

图 6-8 插入子元素

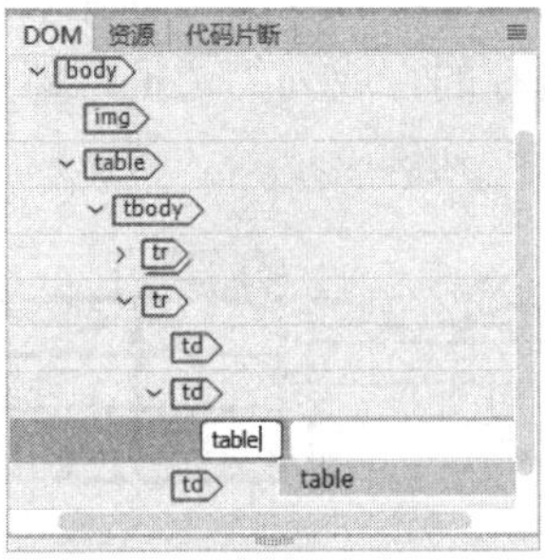

图 6-9 嵌套的表格标签

嵌套后的表格效果如图 6-10 所示。

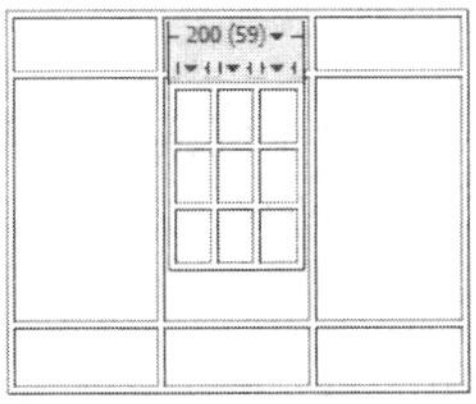

图 6-10 嵌套的表格效果

6.3 表格操作

常用的表格操作包括选定表格和单元格、设置表格和单元格属性、增加/删除行或列、拆分/合并单元格，以及在表格中添加内容、表格数据排序等内容。下面分别进行介绍。

6.3.1 选定表格对象

在对表格进行操作之前，必须先选中表格元素。可以一次选中整个表格、一行表格单元格、一列表格单元格或者几个连续（或不连续）的单元格。

1．选择整个表格

将光标放置在表格的任一单元格中，然后在文档窗口底部的标签选择器中单击<table>标记，或执行“编辑”｜“表格”｜“选择表格”命令，选中整个表格。选中整个表格的效果如图 6-11 左图所示。

Dreamweaver 2021 支持在实时视图中编辑表格选项。切换到实时视图，单击表格顶端或底部的“元素显示”按钮，即可选中整个表格，如图 6-11 右图所示。

2．选中一行单元格或一列单元格

将光标放置在一行单元格的左边界上，或将光标放置在一列单元格的顶端，当显示黑色箭头（↓或→）时单击鼠标。选中一列单元格的情况如图 6-12 左图所示。

Dreamweaver 2021 在实时视图中引入了一个与设计视图中类似的箭头图标，利用该图标可以轻松地在实时视图中选择表格的一行或一列。在实时视图中选中表格，将鼠标指针悬停在要选择的行或列的边框，即可看到一个黑色箭头，如图 6-12 右图所示，单击即可选择一行或一列。

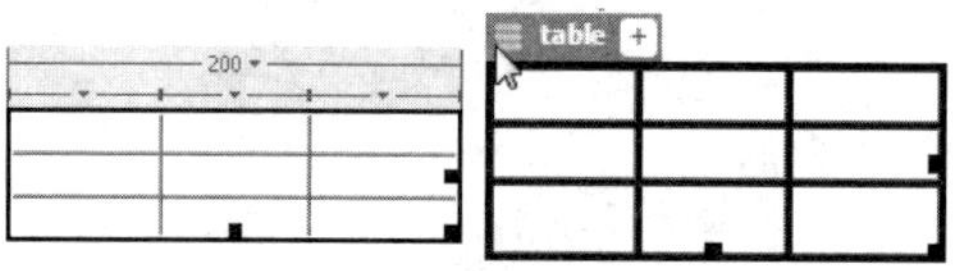

图 6-11　选中整个表格

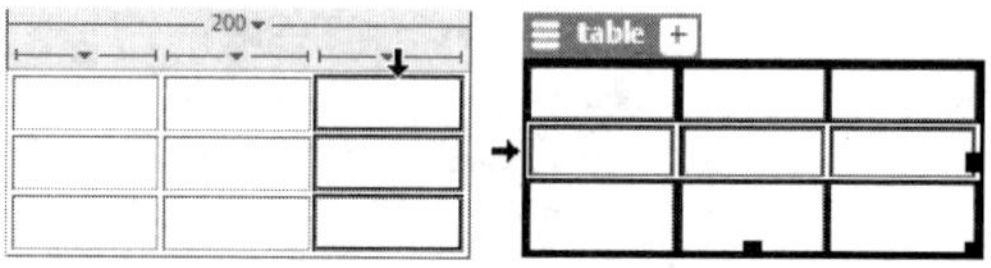

图 6-12　选中一列或一行表格单元

3．选中多个连续的单元格

单击一个单元格，然后纵向或横向拖动鼠标到另一个单元格；或单击一个单元格，然后按住 Shift 键单击另一个单元格，所有矩形区域内的单元格都被选择。选中多个连续单元格的情况如图 6-13 左图所示。

在实时视图中选中表格后，按下鼠标左键拖动，或按住 Shift 键单击需要选择的单元格，也可以选择连续的单元格区域，效果如图 6-13 右图所示。

4．选中多个不连续的单元格

按住 Ctrl 键单击多个要选择的单元格。选中多个不连续单元格的效果如图 6-14 所示。

在实时视图中选中表格后，按下鼠标左键拖动，或按住 Ctrl 键单击需要选择的单元格，也可以选择不连续的单元格区域，效果如图 6-14 右图所示。

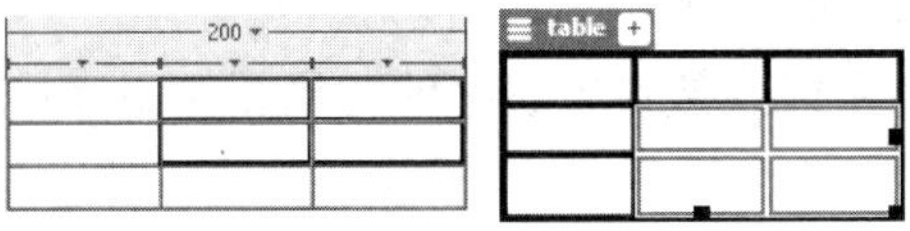

图 6-13　选中多个连续单元格

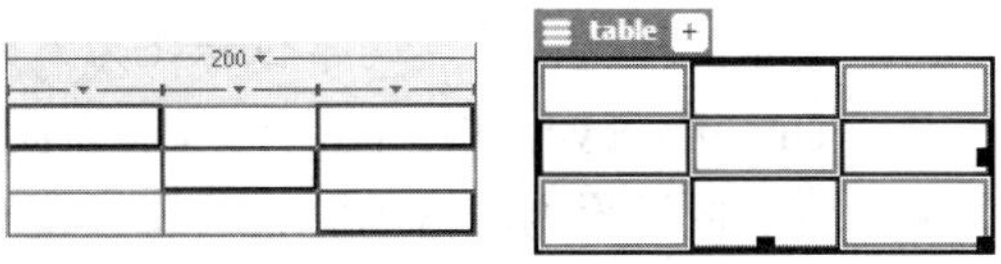

图 6-14　选中多个不连续单元格

6.3.2　表格、单元格属性面板

1．表格的属性面板

选中表格，执行“窗口”｜“属性”命令显示表格属性面板，如图 6-15 所示。

图 6-15　表格属性面板

表格属性面板的各选项功能如下：

- “表格”：用于设置表格的名称，该名称可被脚本引用。
- “行”：用于设置表格的行数。
- “列”：用于设置表格的列数。
- “宽”：用于设置表格宽度。
- “填充（CellPad）”：用于设置单元格的内容与边框的距离。
- “间距（CellSpace）”：用于设置单元格之间的距离。
- “对齐（Align）”：用于设置表格相对于文档的对齐方式。在下拉列表中有 4 个选项：“左对齐”“居中对齐”“右对齐”和“默认”。
- “类（Class）”：用于设置应用于表格的 CSS 样式。
- “边框（Border）”：用于设置表格的边框厚度，以像素为单位。设置为 0 时不显示边框。如果要在“边框”设置为 0 时查看单元格和表格边框，可以选择“查看”｜“可视化助理”｜“表格边框”命令。
- ：清除列宽，单击此按钮将压缩表格的列宽到最小值，但不影响单元格内元素的显示。图 6-16 显示了表格在清除列宽前后的效果。

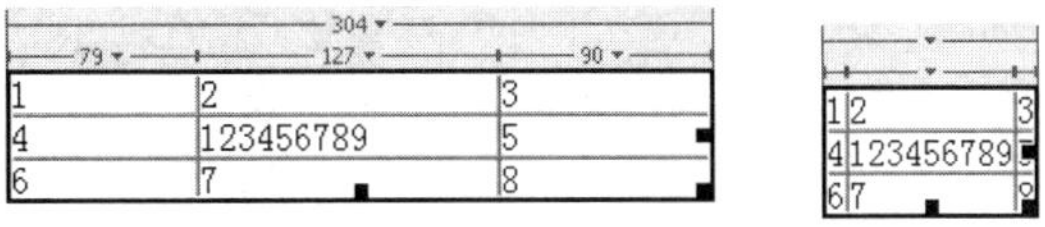

图 6-16　清除列宽前后

- ：清除行高，单击此按钮将压缩表格的行高到最小值，但不影响单元格内元素的显示。
- ：将表格宽度的单位转化为像素（即固定大小）。

> ：将表格宽度的单位转化为百分比（即相对大小）。

在 Dreamweaver 2021 的表格属性面板中，不能直接设置表格的背景图像和背景颜色。如果要将图像设置为表格的背景，或设置表格的背景颜色，应使用 CSS 设计器。有关表格背景图像和背景颜色的具体设置方法，将在介绍单元格的属性时一并介绍。

2．单元格的属性面板

选中单元格，执行“窗口”｜“属性”命令显示单元格属性面板，如图 6-17 所示。

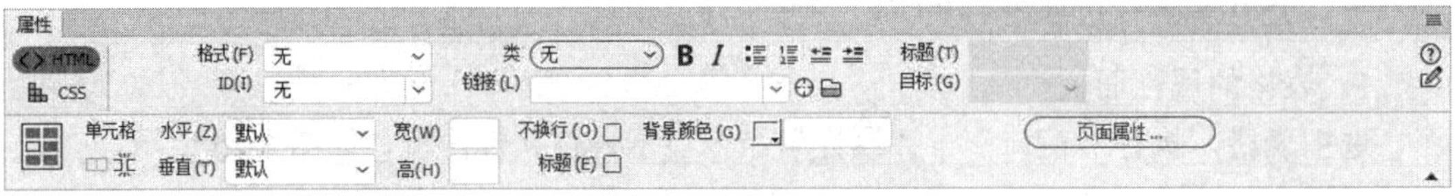

图 6-17　单元格属性面板

单元格属性面板分为上下两部分。上半部分用于设置单元格内容的属性，各选项功能不再赘述（请参见第 4 章的相应部分）。下半部分用于设置单元格的属性，各选项功能说明如下：

> “水平”：设置单元格内容的水平对齐方式。
> “垂直”：设置单元格内容的垂直对齐方式。
> “宽”：用于设置单元格宽度（以像素为单位）。
> “高”：用于设置单元格高度（以像素为单位）。
> “不换行”：防止文本换行。选择了此选项后，单元格将按需要加宽以适应文本，而不是在新的一行继续该文本。
> “标题”：选中“标题”，则当前单元格为标题单元格。表头单元格内的文字将以加粗黑体显示。
> “背景颜色”：用于设置单元格的背景颜色。单击颜色按钮，可在弹出的颜色选择器中选择一种颜色，或在文本框中输入对应于某种颜色的代码。
> ：合并单元格，选中多个单元格时可用。将多个单元格合并为一个单元格。
> ：拆分单元格，将单元格拆分为多行或多列。

与文本的属性面板类似，单元格的属性面板也分为 HTML 属性设置面板和 CSS 属性设置面板，图 6-18 所示为 CSS 属性设置面板。

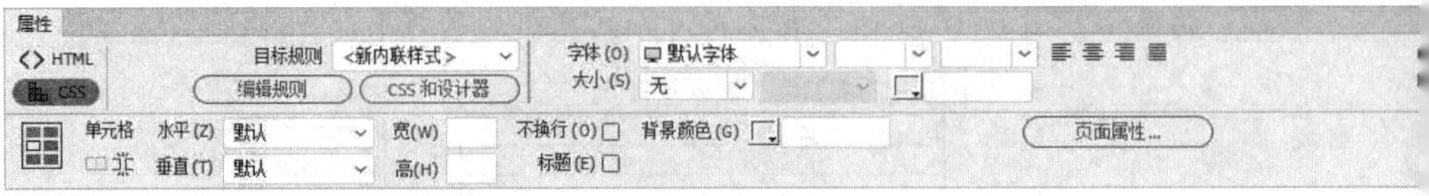

图 6-18　单元格 CSS 属性设置面板

从图 6-18 可以看出，在 Dreamweaver 2021 的单元格属性面板上，不能直接设置单元格的背景图像，需要定义 CSS 规则进行指定。

下面通过一个简单示例，介绍在 Dreamweaver 2021 中新建 CSS 规则设置单元格背景图像的操作步骤。

（1）执行“插入”|“表格”菜单命令，在弹出的“表格”对话框中设置表格的宽度为300像素，行数为3，列数也为3，边框粗细为1。

（2）将光标置于第一行第一列的单元格中，右击弹出快捷菜单，选择“CSS样式”|“新建”命令，如图6-19所示，打开“新建CSS规则”对话框，如图6-20所示。

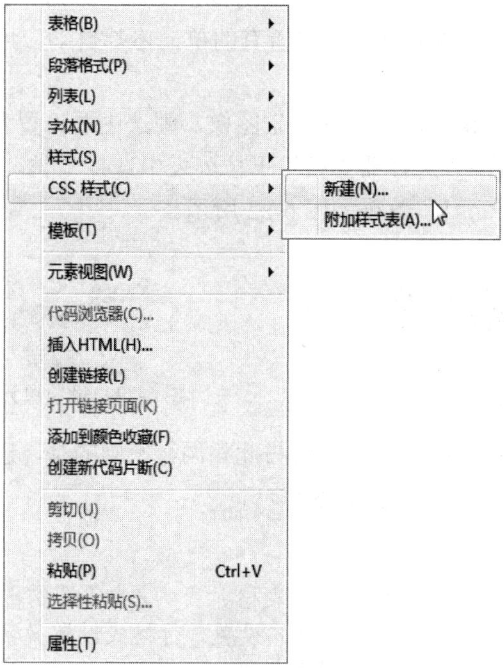

图6-19　快捷菜单

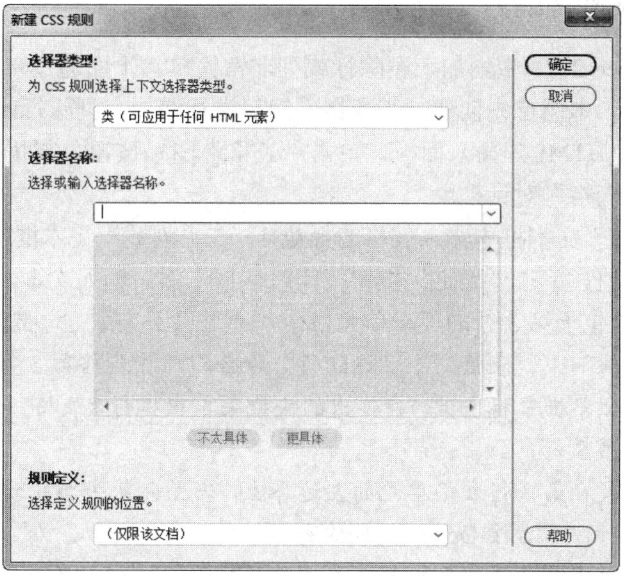

图6-20　“新建CSS规则”对话框

（3）在“选择器类型”下拉列表中选择“标签”，“选择器名称”选择 td，“规则定义”选择“仅限该文档”。然后单击“确定”按钮打开对应的规则定义对话框。

（4）在对话框左侧的“分类”列表中选择“背景”，然后单击“背景图像”右侧的“浏览”按钮，在弹出的资源对话框中选择喜欢的背景图片。单击“确定”按钮关闭对话框。

此时，在文档窗口中可以看到表格中所有的单元格都自动应用了选择的背景图片。效果如图 6-21 所示。

如果希望不同的单元格应用不同的背景图像，则选中要设置背景图像的单元格之后，在上述步骤中的第（3）的“选择器类型”下拉列表中选择“类”，然后在“选择器名称”中键入名称，如.background1。效果如图 6-22 所示。

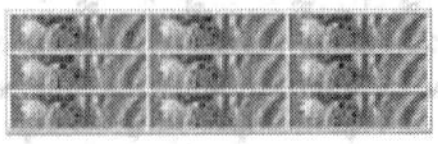

图 6-21　设置单元格背景图像

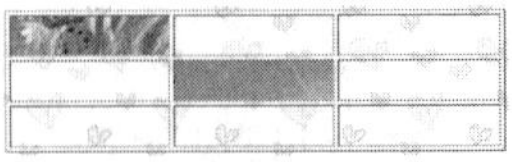

图 6-22　设置单元格背景图像

表格的背景图像或背景颜色设置方法与此相同，不同的是，选择器为“标签”时，标签应选择 table。具体操作方法不再赘述。

注意：

使用属性面板更改表格和表格元素的属性时，需要注意表格格式设置的优先顺序。单元格格式设置优先于行格式设置，行格式设置又优先于表格格式设置。例如，将单个单元格的背景颜色设置为蓝色，然后将整个表格的背景颜色设置为黄色，则蓝色单元格不会变为黄色，因为单元格格式设置优先于表格格式设置。

6.3.3　增加、删除行或列

在 Dreamweaver 2021 中增加、删除行或列非常简单。下面通过一个简单示例介绍这些操作的具体步骤。本例首先创建一张表格，然后进行增加、删除行或列的操作。

（1）切换到“HTML”插入面板，单击“表格”图标按钮，或执行“插入”|“表格”命令，弹出“表格”对话框。

（2）在“行数”文本框中输入表格的行数 4。在“列数”文本框中输入表格列数 5，其余选项保持默认值。单击“确定”按钮关闭对话框，然后输入文本，如图 6-23 所示。

（3）将光标定位于第 3 行的任一单元格中，通过以下方法之一删除一行：

- 执行“编辑”|“表格”|“删除行”命令，删除表格第 3 行。
- 在单元格上单击鼠标右键，在弹出的快捷菜单中执行“表格”|“删除行”命令，删除表格第 3 行。
- 将光标放置在第 3 行表格单元的左边界上，当黑色箭头➜出现时单击鼠标，选中表格第 3 行，然后按 Delete 键删除行。
- 切换到实时视图，选中表格第 3 行，然后按 Delete 键删除选定行。

删除第 3 行后的效果，如图 6-24 所示。

（4）将光标定位于第 2 列的任一单元格中，通过以下方法之一删除一列：

➢ 执行“编辑”｜“表格”｜“删除列”命令，删除表格第 2 列。
➢ 在单元格上单击鼠标右键，在弹出的快捷菜单中执行“表格”｜“删除列”命令，删除表格第 2 列。
➢ 将光标放置在第 2 列表格单元的上边界上，当黑色箭头⬇出现时单击鼠标，选中表格第 2 列，然后按 Delete 键。
➢ 切换到实时视图，选中表格第 2 列，然后按 Delete 键。

删除第 2 列后的效果如图 6-25 所示。

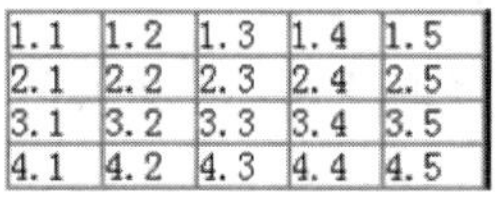

图 6-23　创建表格

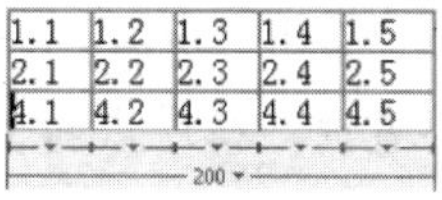

图 6-24　删除第 3 行

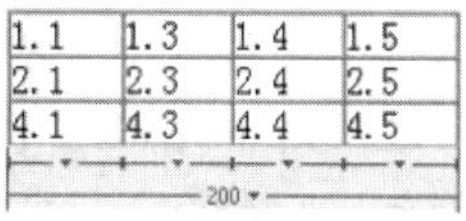

图 6-25　删除第 2 列

（5）用上一步同样的方法删除第 3 列和第 4 列。此时效果如图 6-26 所示。

（6）将光标定位于数字为 2.5 的单元格，通过以下方法之一增加一行：

➢ 执行“编辑”｜“表格”｜“插入行”命令。
➢ 在单元格上单击鼠标右键，在弹出的快捷菜单中执行“表格”｜“插入行”命令。
➢ 在实时视图中选中单元格，单击鼠标右键，在弹出的快捷菜单中选择“插入行”命令。

插入空行后的效果如图 6-27 所示。

（7）将光标定位于数字为 1.5 的单元格，通过以下方法之一增加一列：

➢ 执行“编辑”｜“表格”｜“插入列”命令。
➢ 在单元格上单击鼠标右键，在弹出的快捷菜单中执行“表格”｜“插入列”命令。
➢ 在实时视图中选中单元格，单击鼠标右键，在弹出的快捷菜单中选择“插入列”命令。

插入空列后的最终效果如图 6-28 所示。

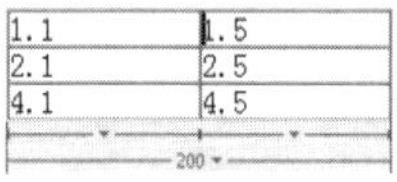

图 6-26　删除第 3、4 列

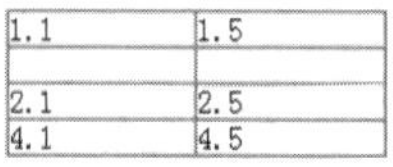

图 6-27　插入空白行

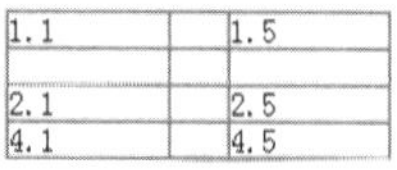

图 6-28　实例制作结果

6.3.4　拆分、合并单元格

在 Dreamweaver 2021 中拆分、合并单元格也非常简单。下面通过一个简单示例介绍这些操作的具体步骤。本例首先创建一张表格，如图 6-29 所示，然后进行拆分、合并单元格操作，最终实现图 6-30 的效果。

（1）在文档中插入如图 6-29 所示的表格。

（2）选中数字分别为 1.1 和 1.2 的单元格。

1.1	1.2	1.3
2.1	2.2	2.3
3.1	3.2	3.3

图 6-29　插入表格

1.11.2		1.3
2.1	2.23.2	2.3
3.1		3.3

图 6-30　操作结果

（3）通过以下方法之一合并这两个单元格：

➢ 单击属性面板中的“合并单元格”按钮。
➢ 执行“编辑”｜“表格”｜“合并单元格”命令。
➢ 在选中的单元格上单击鼠标右键，在弹出的上下文菜单中执行“表格”｜“合并单元格”命令。
➢ 在实时视图中选中单元格，单击鼠标右键，在弹出的快捷菜单中选择“合并单元格”命令。

这时原来的两个单元格就合并为一个，如图 6-31 所示。

（4）同样办法合并数字为 2.2 和 3.2 的单元格，操作的结果如图 6-32 所示。

1.11.2		1.3
2.1	2.2	2.3
3.1	3.2	3.3

图 6-31　合并单元格（1）

1.11.2		1.3
2.1	2.23.2	2.3
3.1		3.3

图 6-32　合并单元格（2）

（5）将光标定位于数字为 1.3 的单元格，通过以下方法之一打开如图 6-33 所示的“拆分单元格”对话框。

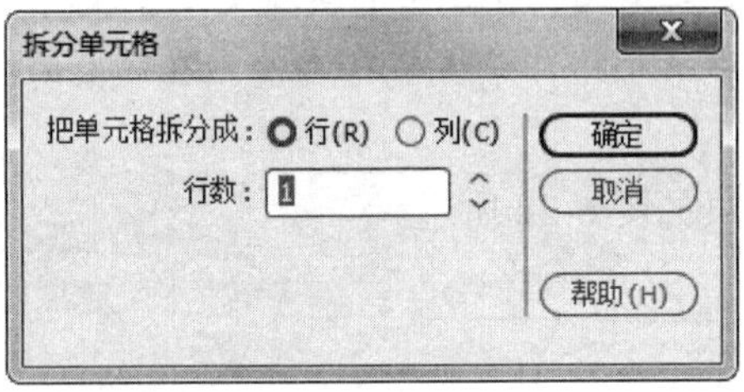

图 6-33　“拆分单元格”对话框

➢ 单击属性面板中的“拆分单元格”按钮。
➢ 执行“编辑”｜“表格”｜“拆分单元格”命令。
➢ 在选中的单元格上单击鼠标右键，在弹出的快捷菜单中执行“表格”｜“拆分单元格”命令。
➢ 在实时视图中选中单元格，单击鼠标右键，在弹出的快捷菜单中选择“拆分单元格”命令。

（6）在对话框中选择“把单元格拆分为行”，在“行数”文本框中输入 2。单击“确定”按钮完成单元格拆分，结果如图 6-34 所示。

<table><tr><td colspan="2" rowspan="2">1.11.2</td><td>1.3</td></tr><tr><td></td></tr><tr><td>2.1</td><td rowspan="2">2.23.2</td><td>2.3</td></tr><tr><td>3.1</td><td>3.3</td></tr></table>

图 6-34　拆分单元格 1.3

6.3.5　在表格中添加内容

在文档中插入表格后，就可以在表格中输入各种数据了。若要将图像、Flash 动画或其他媒体插入到单元格中，应先单击单元格，将光标放置在需要插入数据的单元格中，从“插入”菜单或“插入”面板中选择相应的选项即可。若要插入文本，可以先将文本复制到剪贴板，然后粘贴在单元格内；或者直接在单元格内输入文本。按 Tab 键可以在单元格之间移动。

若要使表格中的数据对齐，应尽量使用单元格属性面板下半部分的“水平”和“垂直”选项，要避免使用属性面板上半部分的对齐属性。

下面以制作图 6-35 为例，介绍在表格中添加内容的操作步骤。

图 6-35　实例效果

（1）单击“HTML”插入面板中的“表格”按钮，插入一张 2 行 2 列，宽 700 像素，标题显示方式为“顶部”的表格。

（2）选中第一行单元格，设置单元格内容水平对齐方式为“居中”，垂直对齐方式为“居中”。将光标定位在表格第一行第一列单元格，输入文字“照片”，用同样的方法在第二行输入“拍摄日期”。

（3）将光标定位在第二行第一列单元格，执行“插入”|“图像”命令，在弹出的对话框中选择图像。

（4）将光标定位在第二行第二列单元格内，执行“插入”|“HTML”|“日期”命令，在弹出的对话框中选择日期格式，单击“确定”按钮关闭对话框。

（5）打开 CSS 设计器面板，在页面中定义 CSS 规则.bg，设置单元格的背景图像。将光标定位在第二行第二列单元格中，在属性面板上的“目标规则”下拉列表中选择定义的 CSS 规则.bg。

（6）保存文件，在浏览器预览页面。

6.3.6 复制、粘贴单元格

在 Dreamweaver 2021 中，可以非常灵活地复制、粘贴单元格。可以一次只复制、粘贴一个单元格，也可以一次复制、粘贴一行、一列乃至多行多列单元格。但不能复制不是矩形的区域。

复制及粘贴单元格的步骤如下：

（1）选择表格中的一个或多个单元格。所选的单元格必须是连续的，并且形状必须为矩形。

（2）鼠标右击选中的单元格，在弹出的上下文菜单中执行“拷贝”命令。

（3）选择要粘贴单元格的位置。

- 若要用剪贴板中的单元格替换现有的单元格，应选择一组与剪贴板上的单元格具有相同布局的现有单元格。例如，如果复制或剪切了一块 3×2 的单元格，则可以选择另一块 3×2 的单元格，通过粘贴进行替换。
- 若要在特定单元格所在行粘贴一整行单元格，则单击该单元格。
- 若要在特定单元格左侧粘贴一整列单元格，则单击该单元格。
- 若要用粘贴的单元格创建一个新表格，应将插入点放置在表格之外。

（4）将光标定位于目标表格中，鼠标右击目标单元格，在弹出的快捷菜单中执行“粘贴”命令，完成粘贴。

例如，要把图 6-36 选中的内容粘贴到图 6-37 表格的相同位置，可以把选中内容复制到剪贴板，然后把光标定位到目标表格的第一行第一列单元格内，执行“粘贴”命令。

1.1	1.2	1.3
2.1	2.2	2.3
3.1	3.2	3.3

200

图 6-36 源表格

图 6-37 目标表格

粘贴完成后的目标表格如图 6-38 所示。如果在目标表格中粘贴时，目标表格没有足够的列数来容纳源单元格，将弹出出错信息，如图 6-39 所示。警告目标表格没有足够的单元格，无法完成粘贴动作。

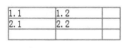

1.1	1.2	
2.1	2.2	

图 6-38 粘贴结果

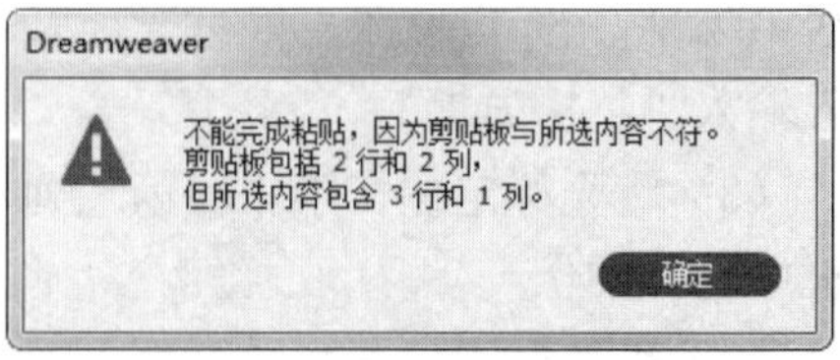

图 6-39 出错信息

注意：

如果剪贴板中的单元格不到一整行或一整列，并且单击某个单元格然后粘贴剪贴板中的单元格，则所单击的单元格和与它相邻的单元格可能被粘贴的单元格替换（根据它们在表格中的位置）。如果选择了整行或整列，然后选择“编辑”|“剪切”，则将从表格中删除整个行或列，而不仅仅是单元格的内容。

6.3.7 导出/导入表格数据

在 Dreamweaver 2021 中建立的表格，可以将数据保存到一个文本文件中，需要时再从文件中导入表格。下面对表格的导出和导入操作分别进行说明。

1．输出表格数据

将表格数据导出为文本文件的具体操作步骤如下：

（1）在文档窗口中创建一个表格，在表格中输入数据，如图 6-40 所示。

（2）将光标放置在表格中或选中表格。执行“文件”|“导出”|“表格”命令。弹出“导出表格”对话框，如图 6-41 所示。

名称	定价	数量
信息系统设计与开发	35	48
软件测试技术	21	35
系统设计师教程	52	49

图 6-40　表格

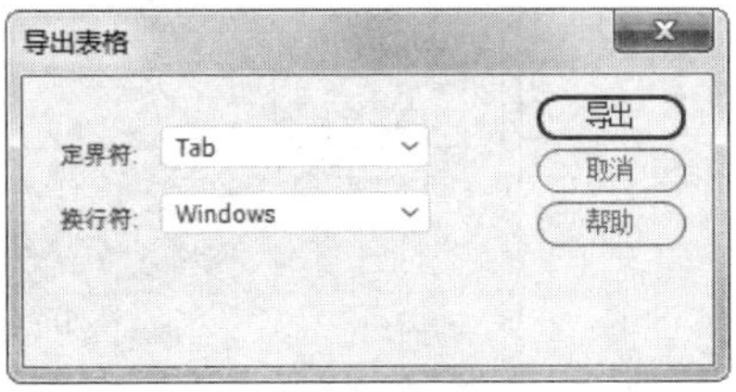

图 6-41　“导出表格”对话框

（3）在“定界符”下拉列表中选择一种表格数据输出到文本文件后的分隔符。

- “Tab”表示使用制表符作为数据的分隔符，该项是默认设置。
- “空白键”表示使用空格作为数据的分隔符。
- “逗点”表示使用逗号作为数据的分隔符。
- “分号”表示使用分号作为数据的分隔符。
- “引号”表示使用引号作为数据的分隔符。

（4）在“换行符”下拉列表中选择一种表格数据输出到文本文件后的换行方式。

- “Windows”表示按 Windows 系统格式换行。
- “Mac”表示按苹果公司的系统格式换行。
- “UNIX”表示按 UNIX 的系统格式换行。

（5）设置完成之后，单击“导出”按钮，弹出“表格导出为”对话框。

（6）输入文件名 table1.txt，然后单击“保存”按钮导出表格数据。

使用“记事本”应用程序打开导出的文件，内容如图 6-42 所示。

如果分隔符选择逗号，导出文件时不指定文件扩展名，系统将默认导出逗号分隔值文件（.csv）。

2．导入文本数据

以前保存的表格数据或其他文本数据可以重新以表格的形式导入到 Dreamweaver 文档中。将文本文件数据导入为表格数据的具体操作步骤如下：

（1）在记事本中创建一组带分隔符格式的数据，如图 6-43 所示。

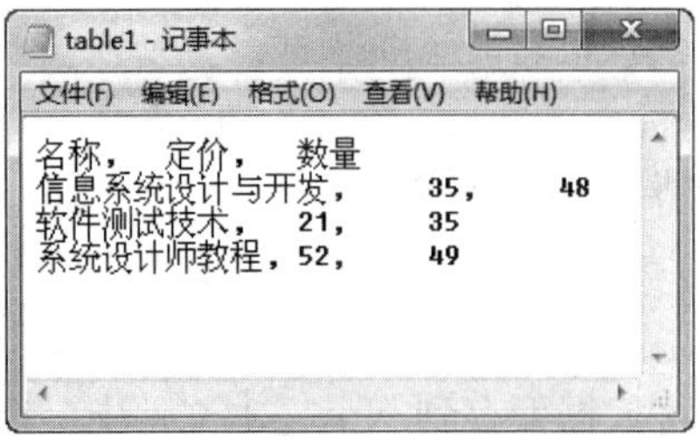

图 6-42　表格数据文件

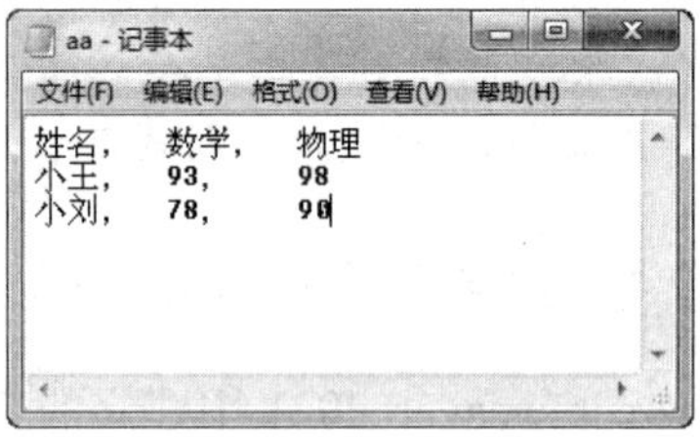

图 6-43　数据文件

（2）在 Dreamweaver 文档窗口中执行“文件”｜“导入”｜“表格式数据”命令。弹出“导入表格式数据”对话框，如图 6-44 所示。

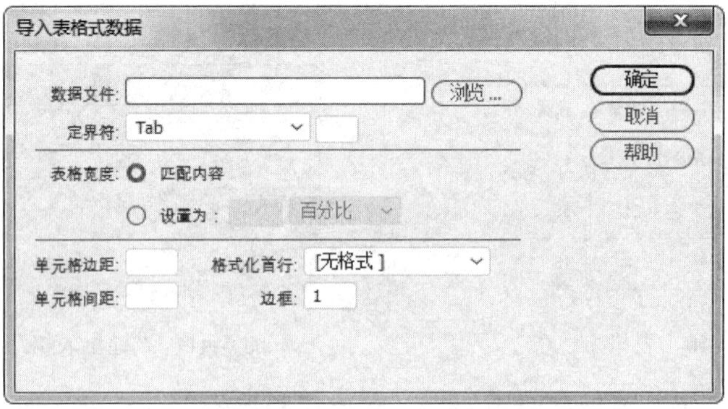

图 6-44　“导入表格式数据”对话框

对话框中各选项的功能介绍如下：

- “数据文件”：在“数据文件”文本框输入要导入到表格的源数据文件地址和文件名，或单击“浏览”按钮，选择数据源文件。
- “定界符”：在右边的下拉列表中选择数据源文件数据的分隔方式。
- “匹配内容”：选中此项，将根据数据长度自动决定表格宽度。
- “设置为”：设置表格宽度，并可在下拉列表中选择“百分比”或“像素”。
- “单元格边距”：用于设置表格内单元格的内容和边框的间距。
- “单元格间距”：用于设置表格内单元格之间的距离。
- “格式化首行”：设置表格首行的格式。

（3）在该对话框中设置需要引入数据的位置和输入数据时所用的分隔符类型，本例选择逗号“,”。

（4）单击“确定”按钮。在 Dreamweaver 文档窗口中出现数据表格，如图 6-45 所示。

姓名	数学	物理
小王	93	98
小刘	78	90

图 6-45　导入数据后的效果

6.3.8 表格排序

在表格中输入内容时，常常需要对表格内容进行排序。Dreamweaver 2021 提供了表格排序的功能。下面以一个示例介绍表格排序的具体步骤。

（1）新建一个表格，效果如图 6-46 所示。

（2）将光标定位在表格内，然后执行“编辑”|“表格”|“排序表格”命令，弹出“排序表格”对话框，如图 6-47 所示。

姓名	数学	物理
王	93	98
吴	69	73
刘	78	90

图 6-46 排序前的表格

图 6-47 “排序表格”对话框

对话框中各选项功能说明如下：

- “排序按”：在“排序按”下拉列表中列出所有列号，用于确定对哪列的值进行排序。
- “顺序”：确定是“按字母顺序”还是“按数字顺序”，是以“升序”（A 到 Z，小数字到大数字）还是“降序”对列数据进行排序。
- “再按”/“顺序”：指定其他列的排序方法。在“再按”下拉列表中指定应用第二种排序方法的列，并在“顺序”下拉列表中指定第二种排序方法的排序顺序。
- “排序包含第一行”：指定表格的第一行是否参与排序。如果第一行是标题，不应移动，则不选择此选项。
- “排序标题行”：指定使用与内容行相同的条件对表格标题部分（如果存在）中的所有行进行排序。选中此项，排序后标题行仍将保留在标题部分，并仍显示在表格的顶部。
- “排序脚注行”：指定使用与内容行相同的条件对表格脚注部分（如果存在）中的所有行进行排序。选中此项，排序后脚注行仍将保留在脚注部分，并仍显示在表格的底部。
- “完成排序后所有行颜色保持不变”：指定排序后表格行的颜色保持与排序前表格行的颜色一致。如果表格行使用两种交替的颜色，则取消选择此选项以确保排序后的表格仍具有颜色交替的行。

（3）在“排序按”下拉列表框选择需要进行排序的列。本例按数学成绩排序，各项具体设置如图 6-48 所示。

（4）单击“确定”按钮，完成操作。排序结果如图 6-49 所示。

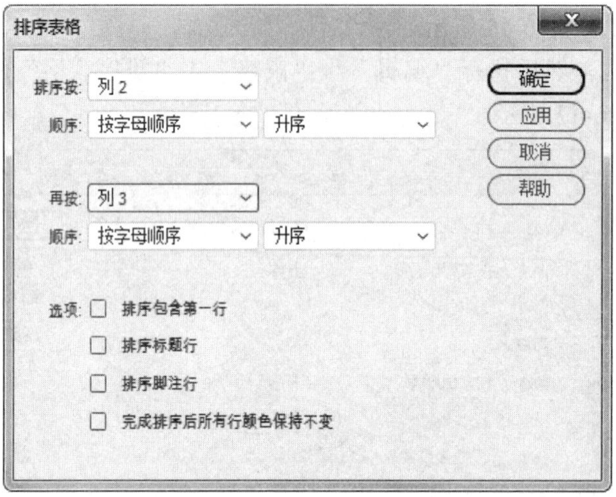

图 6-48 “排序表格”对话框

姓名	数学	物理
吴	69	73
刘	78	90
王	93	98

图 6-49 排序后的表格

提示：当列的内容是数字时，选择“按数字顺序”。如果对一组由一位或两位数组成的数字按字母顺序进行排序，则会将这些数字作为单词进行排序（排序结果是 1、10、2、20、3、30），而不是将它们作为数字进行排序（排序结果是 1、2、3、10、20、30）。

6.4 扩展表格模式

通常情况下，表格是在“标准”模式下直接插入的，最初的用途是显示表格式数据。虽然它也能任意改变大小和行列，但在页面中编辑表格和表格中的数据并不方便。

本节将介绍扩展表格模式。“扩展表格”模式临时向文档中的所有表格添加单元格边距和间距，并且增加表格的边框，使编辑操作更加容易。

下面通过一个简单示例介绍切换到表格“扩展”模式下的具体操作步骤。

（1）由于在“代码”视图下无法切换到表格的“扩展”模式，所以应先将当前文档窗口的视图切换到“设计”视图或“拆分”视图。

（2）在文档窗口插入一个表格，如图 6-50 所示。

（3）将鼠标放置在任一单元格中，单击鼠标右键弹出快捷菜单，执行“表格”|“扩展表格模式”命令，如图 6-51 所示。

此时，文档窗口的顶部会出现标有“扩展表格模式”的横条，且文档窗口中的所有表格自动添加了单元格边距与间距，并增加表格边框，如图 6-52 所示。

利用扩展模式，用户可以选择表格中的项目或者精确地放置插入点。例如，可以将插入点放置在图像的左边或右边，从而避免无意中选中该图像或表格单元格。

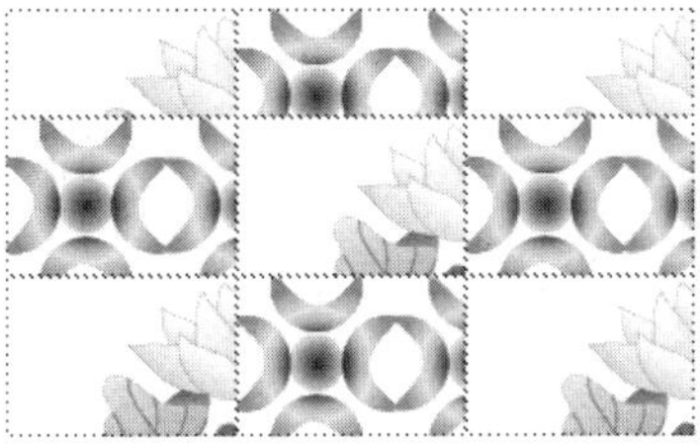

图 6-50　标准模式下的表格

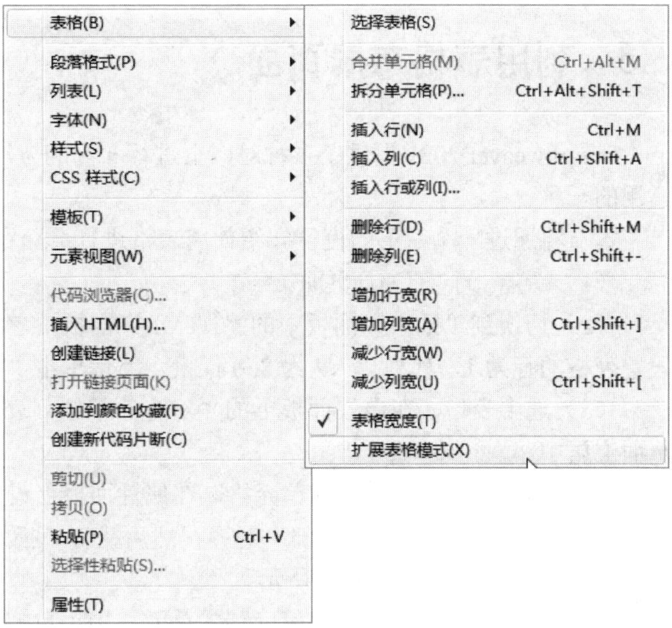

图 6-51　执行扩展模式

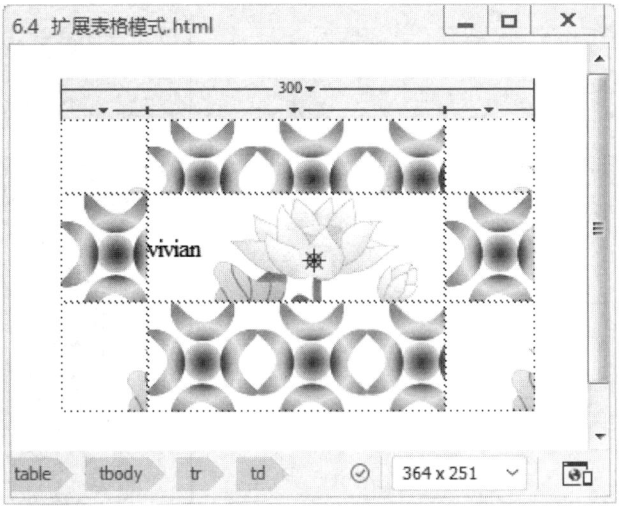

图 6-52　表格的扩展模式

注意：

一旦做出选择或放置插入点，就应该回到“设计”视图的“标准”模式下进行编辑。诸如调整大小之类的可视操作在“扩展表格”模式中不会产生预期效果。

如果要退出扩展表格模式，可以执行以下操作之一：

- 单击文档窗口顶部“扩展表格模式”右侧的“退出”。
- 将鼠标放置在任一单元格中，单击鼠标右键，在弹出的快捷菜单中执行“表格”|“扩展表格模式”命令。

6.5 利用表格布局页面

Dreamweaver 2021 提供了多种对网页进行布局的方法，利用表格设计网页布局是其中常用的一种。

本节将通过一个简单的例子介绍使用表格进行页面布局的方法。

（1）新建一个 HTML 页面。

（2）切换到“插入”面板中的“HTML”面板，单击表格图标，在弹出的对话框中设置表格的行为 1，列为 2，宽为 850 像素，然后单击“确定”按钮插入表格。

（3）选中表格，在属性面板上的“对齐”下拉列表中选择“居中对齐”，使表格在页面上居中。

（4）选中第一行第二列的单元格，在属性面板上设置其宽度为 280 像素，单元格内容水平“右对齐”，垂直“底部”对齐，然后执行“插入”|“图像”命令，在单元格中插入一张图片。效果如图 6-53 所示。

（5）将光标定位在第一行第一列的单元格中，单击属性面板上的“拆分单元格”按钮，在弹出的对话框中将单元格拆分为五行一列。

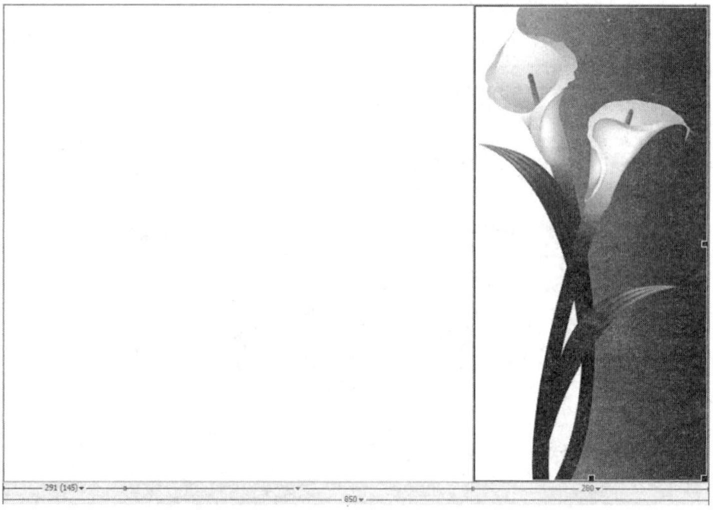

图 6-53　在单元格中插入图片

（6）将光标定位在拆分后的第一行单元格中，输入文本“welcome”。切换到 HTML 属性面板，在“格式”下拉列表中选择“标题 1”；切换到 CSS 属性面板，单击“居中对齐”按钮，然后设置大小为 24，单元格高度为 70。

（7）将光标定位在拆分后的第二行单元格中，输入文本“财经”，单元格高度为 45。然后在属性面板上设置单元格水平对齐方式为“左对齐”，垂直“居中”对齐。

（8）将光标定位在拆分后的第三行单元格中，单击属性面板上的“拆分单元格”按钮，在弹出的对话框中将单元格拆分为两列。在拆分后的第一列的单元格中插入一幅图片，水平和垂直对齐方式均为“居中”。此时的效果如图 6-54 所示。

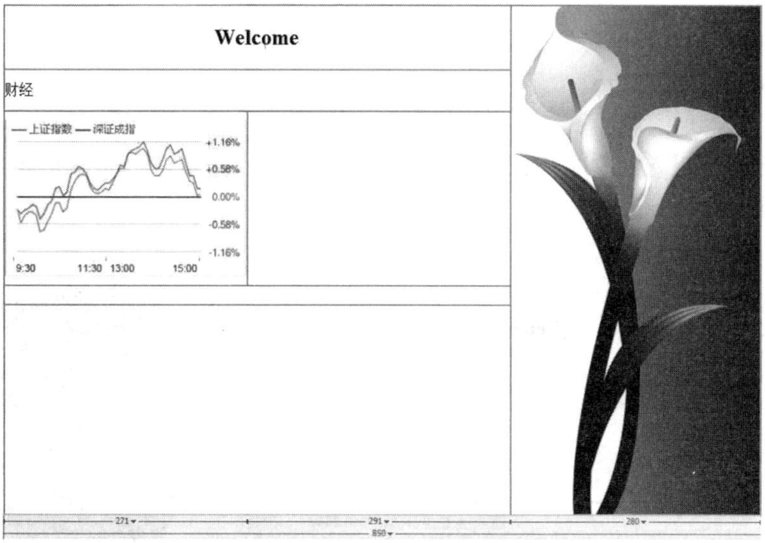

图 6-54　在单元格中插入图片

（9）将光标定位在拆分后的第三行第二列的单元格中，设置单元格内容水平和垂直对齐方式均为“居中”，执行“插入”|“表格”命令，插入一个七行四列的表格，并在属性面板上设置其宽度为 100%，边框粗细为 0。

（10）将嵌套表格的第三行单元格合并为一行，设置单元格内容水平“左对齐”，垂直“居中”对齐。然后在其中输入文本，并添加链接，此时的效果如图 6-55 所示。

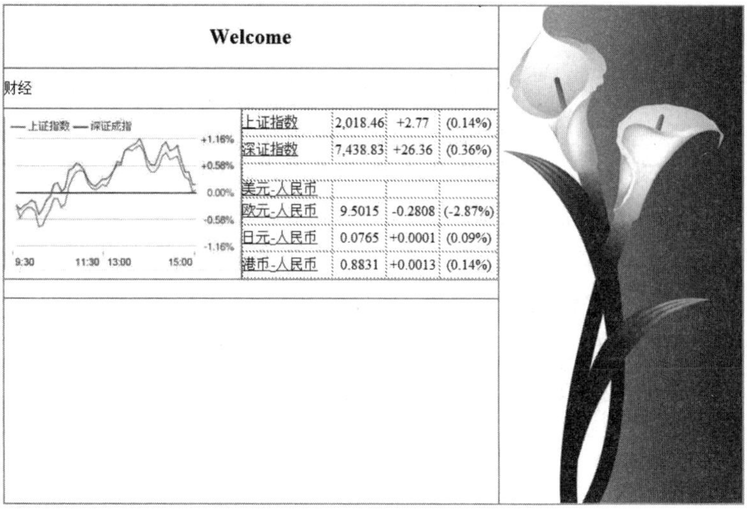

图 6-55　页面效果

（11）同样的方法拆分其他表格，并在单元格中插入相应的内容。打开“CSS 设计器”面板，定义 CSS 规则.fontstyle：

```
.fontstyle {
    line-height: 150%;
```

```
        padding-left: 10px;
        padding-right: 10px;
    }
```

选中单元格中键入的文本，在属性面板上的“类”下拉列表中选择.fontstyle，最终的页面效果如图 6-56 所示。

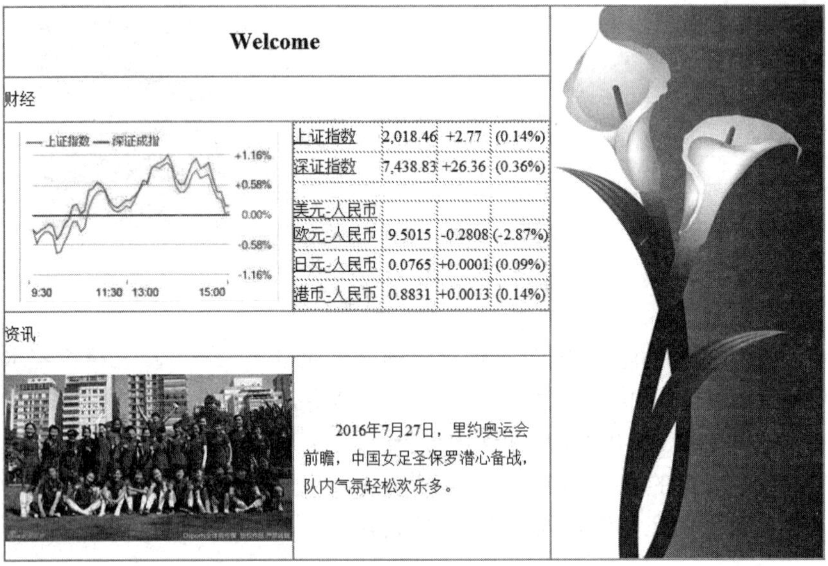

图 6-56　页面效果

（12）保存页面。在浏览器中预览页面效果。

6.6　动手练一练

1．制作一个如图 6-57 所示的表格。
2．制作一个如图 6-58 所示的表格。
3．在 Dreamweaver 2021 中对图 6-58 所示表格进行排序。
4．把图 6-58 所示表格数据导出到文本文件中，数据以逗号分隔。

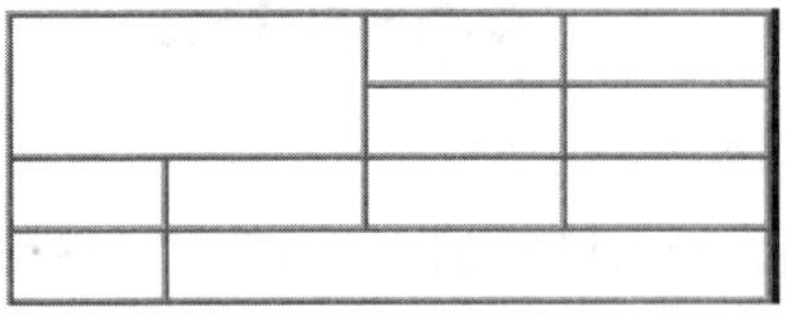

图 6-57　练习 1

姓名	工号	年龄	工资
张三	98056	26	3600
李四	98231	23	2900
王五	97864	34	3300
朱八	99001	19	1800

图 6-58　练习 2

6.7 思考题

1. 粘贴单元格时有什么注意事项？
2. “标准”模式下的单元格和“扩展”模式下的表格有何异同？

第 7 章　行为

本章导读

本章介绍行为的基本知识及使用方法。内容包括：行为、事件的基本知识；绑定行为；设置和修改行为属性；安装第三方行为；详细介绍 Dreamweaver 2021 各个内置行为的使用方法，包括调用 JavaScript 代码、jQuery 特效、打开浏览器窗口、设置状态条文本、显示-隐藏元素等行为。使用行为制作网页特效，可使网页动起来，令页面更加丰富多彩。

学习要点

- 行为和事件的概念与关系
- 应用行为创建交互
- Dreamweaver 2021 的内置行为

7.1 使用行为创建交互

“行为”是 Dreamweaver 2021 提供的一种实现页面交互控制的机制。要使网页更丰富多彩，就要使用行为来感知外界的信息并做出相应的响应。Dreamweaver 2021 提供了丰富的内置行为，这些行为只需进行简单直观的设置，不需要编写任何代码，就可以实现一些强大的交互性与控制功能。用户还可以从互联网上下载一些第三方提供的行为来使用。

7.1.1 认识行为

利用行为可以实现用户与网页之间的交互，通过在网页中触发一定的事件来引发一些相应的动作。

行为由一个事件（Event）和一个动作（action）组成。事件通常由浏览器确定，比如单击鼠标左键事件、鼠标经过事件和文件下载事件等。动作通常由一段 JavaScript 代码组成，通过在网页中执行这段代码，就可以完成相应的任务，比如打开新的浏览窗口、播放声音或弹出信息等。行为代码是客户端 JavaScript 代码，即它运行于浏览器中，而不是服务器上。Dreamweaver 本身提供了很多常用内置行为，而且会把 JavaScript 代码添加在页面中，不需要用户编写。当然，也可以对现有的代码进行手工修改，使之更符合需要。

单个事件可以触发多个不同的动作，这些动作发生的顺序可以在 Dreamweaver 中指定，从而达到需要的效果。

7.1.2 “行为”面板

在 Dreamweaver 中，使用“行为”面板添加和控制行为。如果有必要，还可以直接打开 HTML，在其中进行必要的修改。

若要打开“行为”面板，执行“窗口”|“行为”命令。打开的“行为”面板如图 7-1 所示。

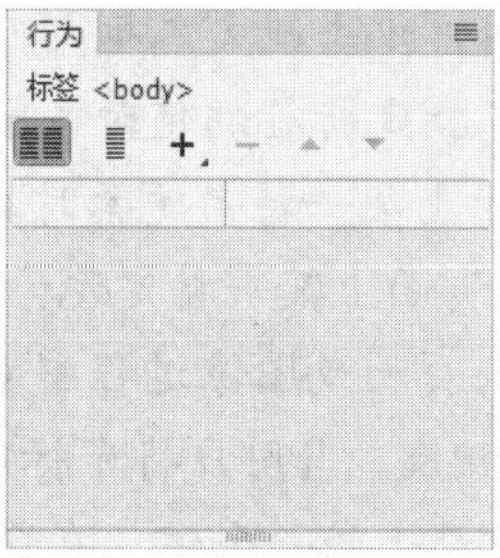

图 7-1 “行为”面板

该面板中各个部分功能如下：

- ➢ ：仅显示附加到当前文档的事件。
- ➢ ：在行为列表中按字母升序列出可应用于当前选中标签的所有事件。
- ➢ ：单击该按钮，弹出行为列表，列表中包含可以附加到当前所选元素的动作。对当前不能使用的动作，以灰色显示，没有变灰的行为表示可以使用。选择一个动作时，会打开对应的参数对话框。

- ：单击该按钮可以删除当前选择的行为。
- 和：用于在行为列表中移动选定的动作，改变动作执行的顺序。给定事件的动作是以特定的顺序执行的。

7.1.3 认识事件

在“行为”面板上，单击“显示设置事件”按钮下方的空白行，将弹出如图 7-2 所示的下拉列表，其中包含可以应用于指定页面元素的所有事件。

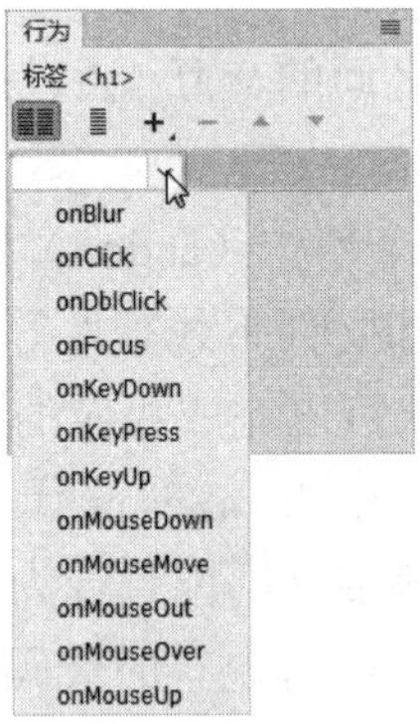

图 7-2　事件下拉列表

根据所选对象的不同，显示的事件也有所不同。如果未显示预期的事件，则应检查是否选择了正确的网页元素或标签。一个对象可以有多个触发事件，当网页访问者与页面进行交互时（如单击某个链接），浏览器生成事件，调用引起动作发生的 JavaScript 函数。没有用户交互也可以生成事件，例如设置页面每 10s 自动重新载入。

下面简要介绍网页制作过程中常用的事件：

- onBlur：当指定的元素不再是用户交互行为的焦点时，触发该事件。例如，光标原停留在文本框中，当用户单击此文本框之外的对象时，触发该事件。
- onChange：当用户改变了指定标签的值时，触发该事件。
- onClick：当用户单击页面上某一特定元素时，触发该事件。
- onDblClick：当用户双击页面上某一特定元素时，触发该事件。
- onError：当浏览器在载入页面或图像过程中发生错误时，触发该事件。
- onFocus：与 onBlur 事件相反，当用户将光标定位在指定的焦点时，触发该事件。
- onKeyUp：当用户按下键盘上的一个键，在释放该键时，触发该事件。
- onKeyDown：当用户按下键盘上的一个键，无论是否释放该键都会触发该事件。
- onKeyPress：当用户按下键盘上的一个键，然后释放该键时，触发该事件。该事件可以看作是 onKeyUp 和 onKeyDown 两个事件的组合。
- onLoad：当一幅图像或页面完成载入之后，触发该事件。
- onMouseUp：当按下的鼠标按钮被释放时，触发该事件。
- onMouseDown：当用户按下鼠标左键尚未释放时，触发该事件。

- onMouseOver：当用户将鼠标指针移开指定元素的范围时，触发该事件。
- onMouseOut：该事件会在鼠标指针移出指定的对象时发生。
- onMouseMove：鼠标指针在指定对象上移动时触发该事件。
- onReset：当一个表单中的数据被重置时，触发该事件。
- onScroll：当用户利用滚动条或箭头键上下滚动显示内容时，触发该事件。
- onSelect：当用户从文本框中选取文本时，触发该事件。
- onSubmit：当用户提交表单时，触发该事件。
- onUnload：当用户离开页面时，触发该事件。

7.2 应用行为

本节简要介绍在 Dreamweaver 中使用行为创建交互的一些基本操作。

7.2.1 安装第三方行为

Dreamweaver 很有用的一个功能就是它的扩展性，即它为精通 JavaScript 的用户提供了编写 JavaScript 代码的机会，这些代码可以扩展 Dreamweaver 的功能。如果要创建行为，就必须精通 HTML 和 JavaScript 语言，也可以通过在互联网上下载第三方行为实现。

若要从 Adobe 站点下载和安装新行为，可以执行以下操作：

（1）打开“行为”面板并单击“添加行为”按钮+，在弹出菜单中执行“获取更多行为”。这时会自动启动浏览器，连接到 Adobe 的官方站点。

（2）在产品列表中选择 Dreamweaver，即可打开对应的页面，显示所有适用于 Dreamweaver 的插件和延伸功能，如图 7-3 所示。

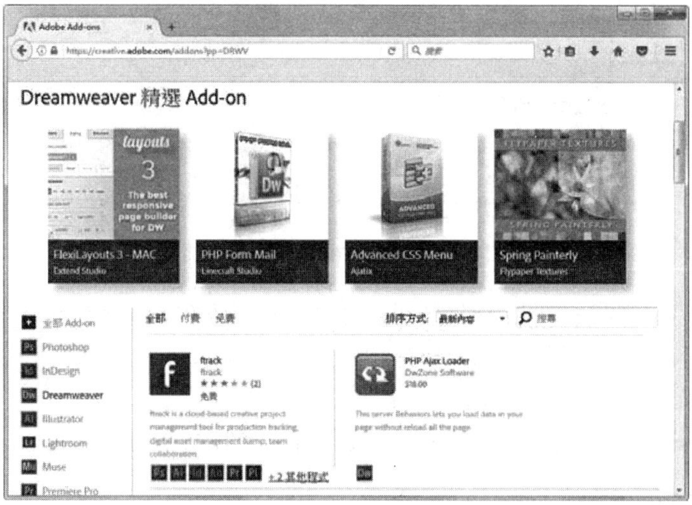

图 7-3 Dreamweaver 插件列表

（3）单击要下载的插件，将显示该插件的详细说明页面，包括兼容的版本和预览效果，如图 7-4 所示。

（4）单击“免费”或“尝试”或“购买”按钮，即可下载并安装指定的插件。此时页面上显示“已取得”，如图 7-5 所示。

图 7-4　插件详细信息

图 7-5　获取插件

（5）单击“检视我的 Add-on”按钮，可以查看已下载、安装的插件，如图 7-6 所示。在这里，用户可以查看怎样使用下载的插件。

（6）重新启动 Dreamweaver 2021。

使用 Extension Manager 也可以下载安装插件，具体操作可查阅 Adobe 的相关资料。

7.2.2　绑定行为

行为可以绑定到整个文档（即附加到 body 标签）、链接、图像、表单元素或多种其他 HTML 元素中的任何一种，但是不能将行为绑定到纯文本。诸如<p>和<span>等标签不能在浏览器中生成事件，因此无法从这些标签触发动作。

可以为每个事件指定多个动作。动作按它们在“行为”面板的动作列表中列出的顺序发生。绑定行为的操作步骤如下：

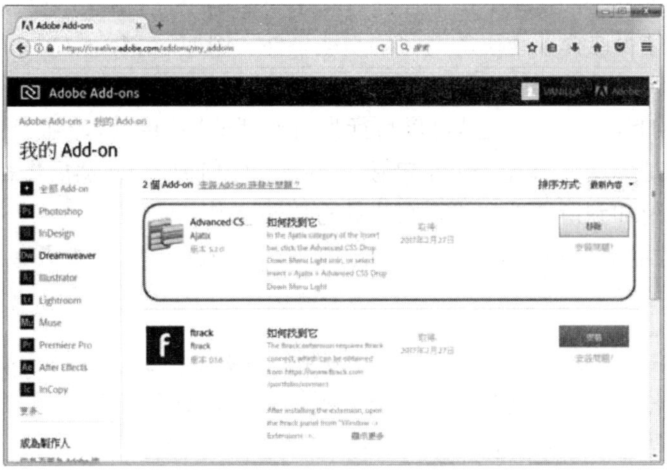

图 7-6 查看已下载安装的插件

（1）执行“窗口”|“行为”命令，打开“行为”面板。

（2）在页面上选择一个元素，例如图像或链接等非纯文本元素。

（3）单击“添加行为”按钮+，从弹出式菜单中选择一个行为，如图 7-7 所示。“行为”面板的标题栏中会显示选中对象的 HTML 标记。

（4）选择一个动作后，将弹出一个对话框，显示该动作的参数和说明。

（5）为动作设置参数，然后单击“确定”按钮关闭对话框。

（6）触发该动作的默认事件显示在事件栏中。如果这不是所需的触发事件，可以单击事件名称后面的下拉箭头，从事件弹出式菜单中选择需要的事件，如图 7-8 所示。

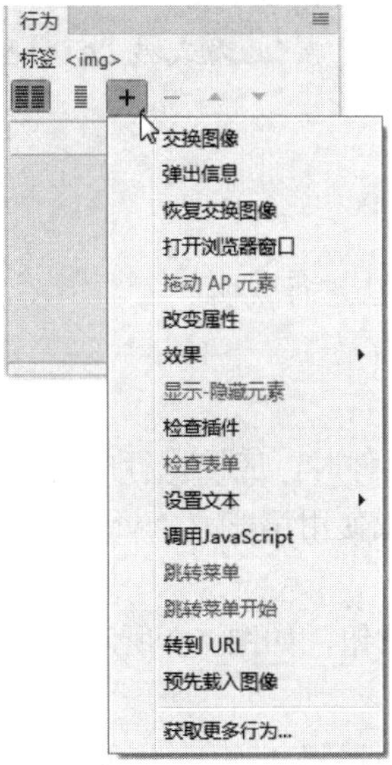

图 7-7 选择行为

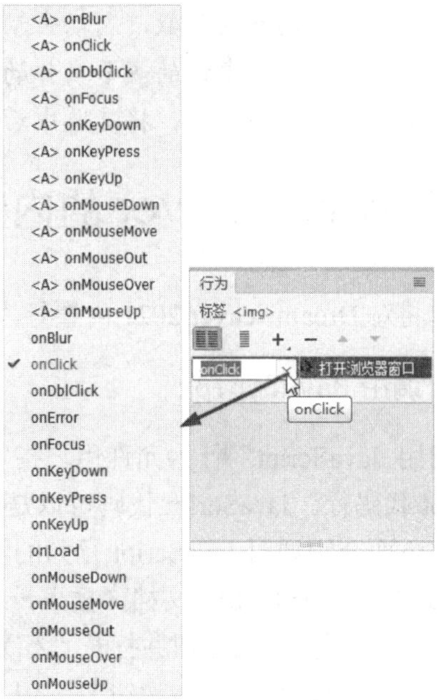

图 7-8 选择事件

根据所选对象的不同，显示在事件弹出式菜单中的事件将有所不同。如果未显示预期的事件，则检查是否选择了正确的对象。一些事件（例如 onMouseOver）在其前面显示有 <A>，代表此事件仅用于链接。

行为不能附加到纯文本，但是可以将行为附加到链接。因此，若要将行为附加到文本，最简单的方法就是为文本添加一个空链接（不指向任何内容），然后将行为附加到该链接上。若要将行为附加到所选的文本，可以执行以下操作：

（1）在属性面板上的“链接”文本框中输入 javascript:;。一定要包括冒号和分号。

提示： 也可以在“链接”文本框中改用特殊符号“#”。使用特殊符号的问题在于当访问者单击该链接时，某些浏览器可能跳到页面的顶部。而单击 JavaScript 空链接不会在页面上产生任何效果，因此 JavaScript 方法通常更可取。

（2）在文本仍处于选中状态时打开“行为”面板。

（3）从“行为”弹出菜单中选择一个行为，输入该行为的参数，然后选择一个触发该行为的事件。

7.2.3 修改行为

在附加了行为之后，可以更改触发行为的事件、添加或删除行为以及更改动作的参数。修改行为的操作步骤如下：

（1）执行“窗口”｜“行为”命令，打开“行为”面板。

（2）在页面上选择一个绑定有行为的对象。

（3）按需要执行以下操作：

- 若要编辑动作的参数，则双击动作名称，然后在弹出的对话框中更改参数。
- 若要更改给定事件的多个动作的顺序，选择某个动作后单击▲或▼按钮。
- 若要删除某个行为，将其选中后单击“删除行为”按钮−或按 Delete 键。

7.3 Dreamweaver 的内置行为

本节将对 Dreamweaver 2021 内置行为的具体使用方法进行说明。

7.3.1 调用 JavaScript

“调用 JavaScript”行为允许用户指定当发生某个事件时，应该执行的自定义函数或 JavaScript 代码行。JavaScript 代码可以是用户自己编写或使用第三方 JavaScript 库中提供的代码。下面介绍调用 JavaScript 行为的步骤。

（1）新建一个 HTML 文档，插入一个表单和一个按钮，如图 7-9 所示。

（2）选中页面上的按钮并打开“行为”面板。

（3）单击“添加行为”按钮+，从行为弹出菜单中选择“调用 JavaScript”命令，弹出“调用 JavaScript”对话框。

（4）在文本框中输入要执行的代码：alert("欢迎使用 Dreamweaver CC！")，如图 7-10

所示。

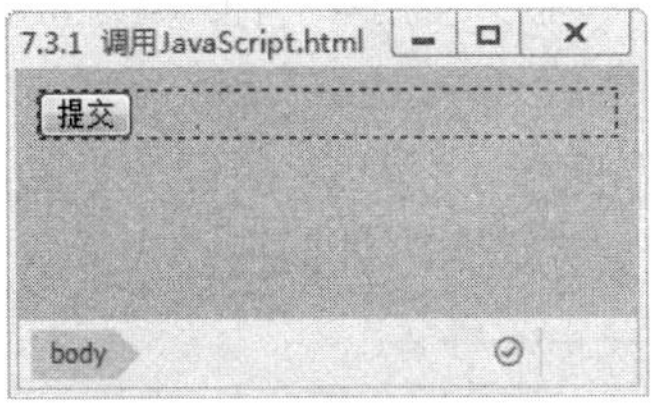

图 7-9　插入表单按钮

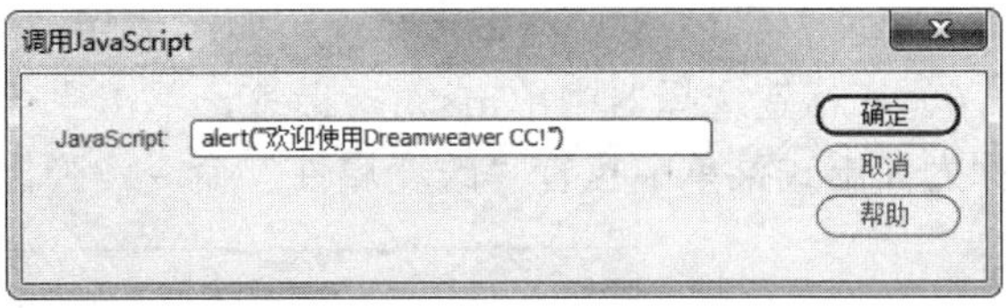

图 7-10　“调用 JavaScript”对话框

（5）单击“确定”按钮关闭对话框。此时“行为”面板显示如图 7-11 所示，Dreamweaver 默认为该行为指定 onClick 事件，即单击鼠标时触发行为。

至此实例制作完毕，在浏览器中预览效果。单击“提交”按钮，即可弹出一个对话框，如图 7-12 所示。

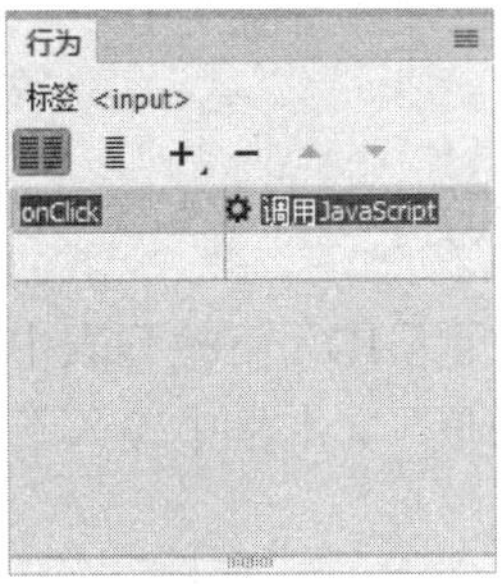

图 7-11　添加行为后的“行为”面板

图 7-12　“调用 JavaScript”行为的效果

7.3.2　改变属性

“改变属性”行为的作用是动态地改变指定对象的属性值。下面介绍改变属性的步骤。

（1）打开“HTML”插入面板，然后单击“Div”图标，打开如图 7-13 所示的“插入 Div”对话框。

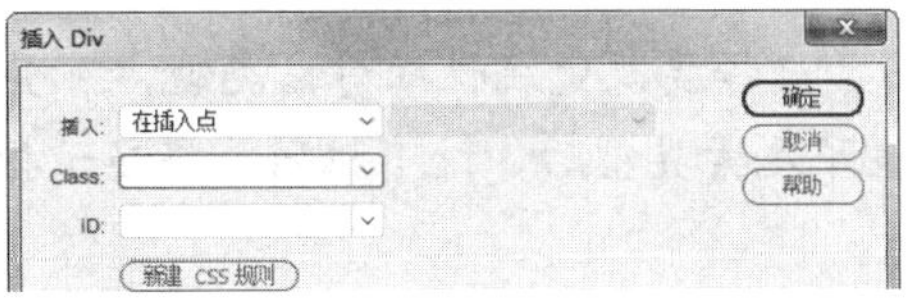

图 7-13　“插入 Div”对话框

（2）在“插入”下拉列表框中选择“在插入点”，在“ID”文本框中输入标签的名称，本例输入 dd。然后单击对话框底部的“新建 CSS 规则”按钮，弹出“新建 CSS 规则”对话框。

（3）在“选择器类型”下拉列表中选择“标签”，在“选择器名称”下拉列表中选择 div，然后单击“确定”按钮打开对应的规则定义对话框。

（4）在对话框左侧的分类列表中选择“区块”，设置文本对齐方式为“居中对齐”，然后单击“确定”按钮。

（5）在“设计”视图中删除 div 标签中的占位文本，输入文字，并在属性面板上设置文本的格式为“标题 1”，居中对齐。如图 7-14 所示。

（6）在标签选择器中单击<div>标签，单击“行为”面板上的“添加行为”按钮+，并从行为弹出式菜单中执行“改变属性”命令，弹出“改变属性”对话框。

图 7-14　在 div 标签中插入文字

（7）在“元素类型”下拉列表中选择 DIV，在“元素 ID”下拉列表中选择 DIV "dd"，在“属性”区域选择属性 backgroundColor，并在“新的值”文本框中输入新的颜色值#FF0，各项参数具体设置如图 7-15 所示。

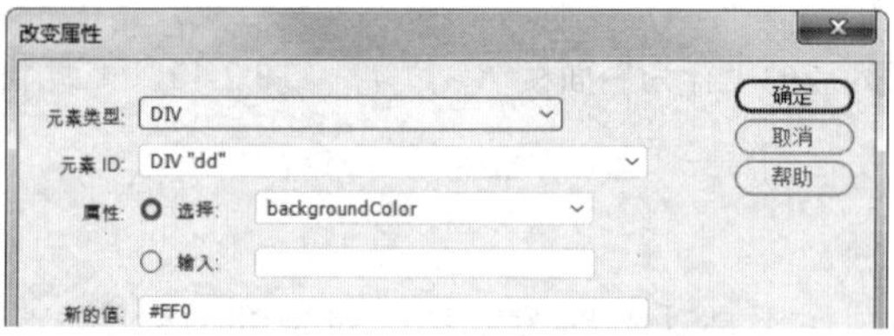

图 7-15　“改变属性”对话框

各项参数说明如下：

- “元素类型”：用于选择要改变属性的对象类型，有 LAYER、DIV、SPAN 等。
- “元素 ID”：设置了元素类型后，该下拉列表将显示指定类型元素所有可以改变属性的对象。
- “选择”：选中此项，则可以从后面的下拉列表中选择一项要改变的属性。
- “输入”：选中此项，就可以直接在后面的编辑框中输入要改变的对象属性。
- “新的值”：设置上一步中指定属性的新属性值。

（8）单击“确定”按钮关闭对话框，并在“行为”面板上为行为指定触发事件为 onMouseOver。

（9）保存文件，打开浏览器进行测试。在浏览器中将鼠标指针移到“Welcome”上时，指定的 DIV 元素背景将变为黄色，如图 7-16 所示。

7.3.3　检查插件

如果在网页中设置了某些插件，应通过“检查插件”行为检查用户的浏览器中是否安装了这些插件。如果用户安装了指定的插件，则跳转到一个网页中；如果没有安装，则不进行跳转或跳转到另一个网页。如果不进行检查，当用户没有安装指定插件时，就无法浏览网页中的相关内容。“检查插件”行为就是根据浏览器安装插件的情况打开指定的网页。

图 7-16　改变属性后的效果

使用“检查插件”动作的步骤如下：

（1）选择一个对象并打开“行为”面板。

（2）单击“添加行为”按钮，从行为弹出式菜单中选择“检查插件”命令，弹出“检查插件”对话框，如图 7-17 所示。

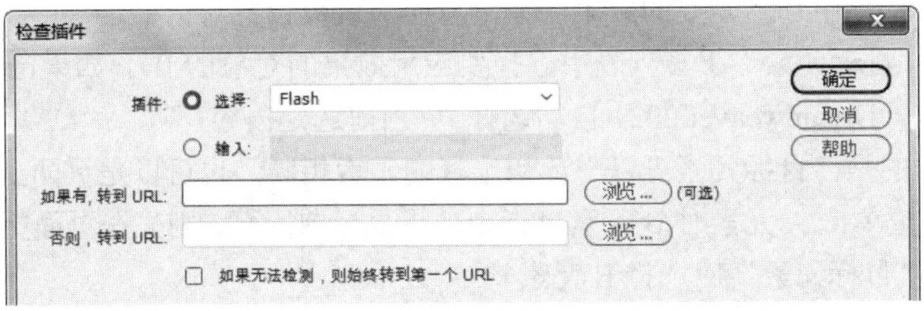

图 7-17　“检查插件”对话框

（3）对该对话框中的各个选项进行设置。各选项的功能介绍如下：

- “选择”：选中此项，可以从后面的插件下拉列表中选择一种插件。
- “输入”：选中此项，可以直接在文本框中输入插件的类型，类型只能是 Flash、Shockwave、LiveAudio、Windows Media Player、QuickTime 等 5 种类型插件中的一种。
- “如果有，转到 URL”：如果找到前面指定的插件类型，则跳转到后面文本框中指定的网页。
- “否则，转到 URL”：如果没有找到指定的插件类型，则跳转到后面文本框中指定的网页。若要让不具有该插件的访问者留在当前页上，则将此域留空。
- “如果无法检测，则始终转到第一个 URL”：选择该项后，如果不能检查插件，则跳转到第一个 URL 地址指定的网页。

Macintosh 的 Internet Explorer 中不能实现插件检测。Windows 的 Internet Explorer 中也检测不到大多数插件。

（4）单击“确定”按钮，然后为行为选择所需的触发事件。

7.3.4 jQuery 效果

jQuery 是一个优秀的、轻量级的 JavaScript 框架，其宗旨是——WRITE LESS,DO MORE（写更少的代码，做更多的事情）。它兼容 CSS3 和各种浏览器（IE 6.0+，FF 1.5+，Safari 2.0+，Opera 9.0+），能够使 HTML 页面保持代码和 html 内容分离，使用户更方便地处理 HTML 页面、实现动画效果，为网站提供 AJAX 交互。

jQuery 效果可以修改元素的不透明度、缩放比例、位置和样式属性（如背景颜色）。Dreamweaver 2021 内置了 12 种精美的 jQuery 效果，可直接应用于 HTML 页面上几乎所有的元素，轻松地向页面元素添加视觉过渡。由于这些效果都基于 jQuery，因此当用户单击应用了效果的对象时，只有对象本身会进行动态更新，而不会刷新整个 HTML 页面。

如果要向某个元素应用 jQuery 效果，该元素必须处于选定状态，或者具有一个有效的 ID。如果该元素未选中，且没有有效的 ID 值，则需要在 HTML 代码中添加一个 ID 值。对页面元素应用 jQuery 效果的一般步骤如下：

（1）选择要应用效果的内容或布局对象，也可以直接进入下一步。

（2）单击“行为”面板中的“添加行为”按钮+，从弹出菜单中选择“效果”，并在“效果”子菜单中选择需要的效果，弹出对应的参数设置对话框。

（3）在“目标元素”下拉列表中选择要应用效果的对象的 ID。如果已经在页面上选中了一个对象，Dreamweaver 2021 自动选择“<当前选定内容>”。

需要注意的是，目标元素可以与最初选择的元素相同，也可以是页面上的其他对象。例如，如果希望单击 A 元素时 B 元素以指定效果显示或隐藏，则先在页面上选中 A 元素，添加效果时，“目标元素”应选择 B 元素。

（4）设置对话框中的其他内容。

（5）根据需要，可以按以上步骤添加多个 jQuery 效果。

与其他行为一样，可以将多个效果与同一个对象相关联以产生有趣的结果。设置了多重效果后，这些效果按照在“行为”面板中的显示顺序执行。若要更换效果执行的顺序，可以使用“行为”面板顶部的▲或▼按钮。

下面简要介绍 Dreamweaver 2021 内置的 jQuery 效果的功能和参数设置。

- Blind（遮帘）：模拟百叶窗效果，向上或向下滚动百叶窗来隐藏或显示元素。
  - 在“效果持续时间”文本框中指定效果完成时间，默认为 1000ms。
  - 在“可见性”下拉列表框中选择指定对象应用效果后的显示状态：隐藏、显示或在隐藏与显示之间切换。
  - 在“方向”下拉列表中，指定百叶窗滚动的方向。
- Bounce（弹跳）：模拟弹跳效果，向上、向下、向左或向右跳动来隐藏或显示指定元素。
  - 在“方向”下拉列表中，指定弹跳的方向。
  - 在“距离”文本框中指定弹跳的最大位移。
  - 在“次”文本框中设置弹跳的次数。
- Clip（剪辑）：通过垂直或水平方向夹剪元素来隐藏或显示元素。

Chapter 07

- Drop（降落）：通过单个方向滑动的淡入淡出来隐藏或显示一个元素。
- Fade（淡入/淡出）：使元素显示或渐隐。
  - 在“可见性”下拉列表框中选择指定对象应用效果后的显示状态：隐藏、显示或在隐藏与显示之间切换。
- Fold（折叠）：模拟百叶窗效果，向上或向下折叠来隐藏或显示元素。
  - 在“水平优先”列表中指定折叠时是否先进行水平方向的折叠。要注意显示的时候与隐藏的时候顺序相反。
  - 在“大小”文本框中设置被折叠元素的尺寸。
- Highlight（高亮）：更改元素的背景颜色。
  - 在“颜色”右侧的颜色井中选择高亮显示的颜色。
- Puff（膨胀）：通过在缩放元素的同时隐藏元素创建膨胀特效。
- Pulsate（跳动）：通过跳动来隐藏或显示元素。
- Scale（缩放）：使元素变大或变小。
  - 在“目标元素”菜单中选择要应用效果的对象 ID。
  - 在“效果持续时间”文本框中指定效果持续的时间，单位为毫秒。
  - 在“可见性”下拉列表框中选择指定对象应用效果后的显示状态：隐藏、显示或在隐藏与显示之间切换。
  - 在“方向”下拉列表框中指定缩放的方式。
  - 在“原点 X”和“原点 Y”下拉列表框中指定缩放中心点。
  - 在“百分比”下拉列表框中设置指定对象要缩放的百分比。
- Shake（晃动）：模拟晃动元素的效果。
  - 在“方向”下拉列表框中指定晃动的方向。
  - 在“距离”文本框中指定移动的位移。
  - 在“次”文本框中设置晃动的次数。
- Slide（滑动）：向上、向下、向左或向右移动元素，以显示或隐藏元素。
  - 在“可见性”下拉列表框中选择指定对象应用效果后的显示状态。
  - 在“方向”下拉列表框中指定滑动的方向。
  - 在“距离”文本框中指定滑动的位移。

注意：

应用 jQuery 效果后，系统会在“代码”视图中将对应的代码行添加到文件中。其中的一行代码用来标识实现 jQuery 效果所需的依赖文件 jquery-1.11.1.min.js 和 jquery-ui-effects.custom.min.js，不要从代码中删除该行，否则这些效果将不起作用。

7.3.5 转到 URL

“转到 URL”行为用于在网页满足特定的触发事件时，跳转到特定的 URL 地址，使用指定的方式显示指定的网页。

使用“转到 URL”行为的步骤如下：

（1）选择一个对象，并打开“行为”面板。

（2）单击“行为”面板上的“添加行为”按钮+，并从行为弹出式菜单中执行“转到 URL”命令，弹出“转到 URL”对话框，如图 7-18 所示。

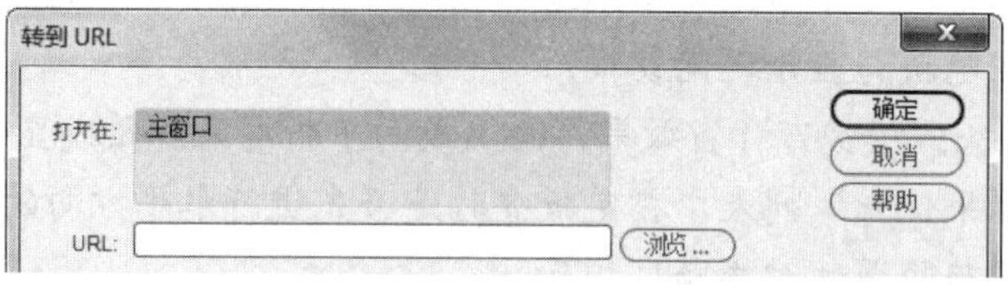

图 7-18　“转到 URL”对话框

- “打开在”：选择网页打开的窗口。默认窗口为“主窗口”，即浏览器的主窗口。
- “URL”：指定要打开的网页。

（3）单击“确定”按钮，然后为行为选择所需的触发事件。

7.3.6　打开浏览器窗口

“打开浏览器窗口”行为用于在一个新的窗口中显示指定的网页。同时，还允许用户编辑浏览窗口的大小、名称、状态栏、菜单栏等属性。

使用“打开浏览器窗口”行为的步骤如下：

（1）选择一个对象并打开“行为”面板。

（2）单击“行为”面板上的“添加行为”按钮+，从行为弹出式菜单中执行“打开浏览器窗口”命令，弹出“打开浏览器窗口”对话框，如图 7-19 所示。

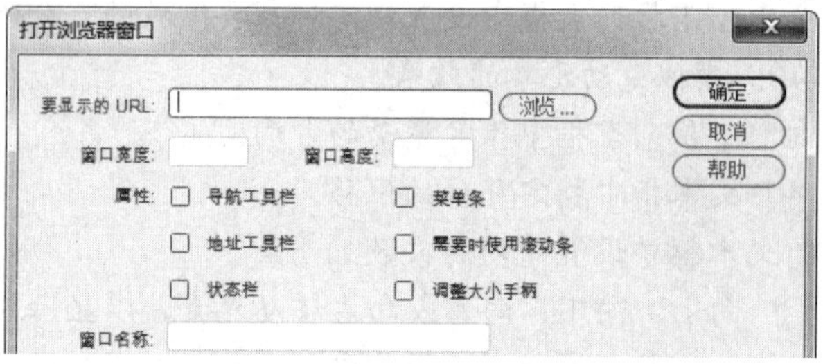

图 7-19　“打开浏览器窗口”对话框

（3）对该对话框中的各个参数进行设置。各个参数的功能如下：

- “要显示的 URL”：可以在文本框中直接输入网页的地址，也可以单击“浏览”按钮打开一个文件选择窗口，从中选择一个文件。
- “窗口宽度”：用于设置打开的浏览器窗口的宽度。
- “窗口高度”：用于设置打开的浏览器窗口的高度。
- “属性”：用于设置打开的浏览器窗口的一些显示属性，它有 6 个选项，可以选中其中的一个或多个显示特性。

“导航工具栏”选项表示显示导航按钮；“菜单条”选项表示显示菜单条；“地址工具栏”选项表示显示地址栏；“需要时使用滚动条”选项表示根据内容的多少自动添加滚动条；“状态栏”选项表示显示状态栏；“调整大小手柄”选项表示显示调整尺寸的手柄。

- “窗口名称”：为打开的浏览器窗口指定名称。

（4）单击“确定”按钮，然后为行为选择所需的触发事件。

7.3.7 弹出信息

“弹出信息”行为显示一个带有指定消息的 JavaScript 警告对话框。由于该对话框只有一个“确定”按钮，因此使用此行为可以显示信息，而不能提供选择。

使用“弹出信息”行为的步骤如下：

（1）选择一个对象，并打开“行为”面板。

（2）单击“行为”面板上的“添加行为”按钮+，在行为弹出式菜单中选择“弹出信息”命令，显示“弹出信息”对话框，如图 7-20 所示。

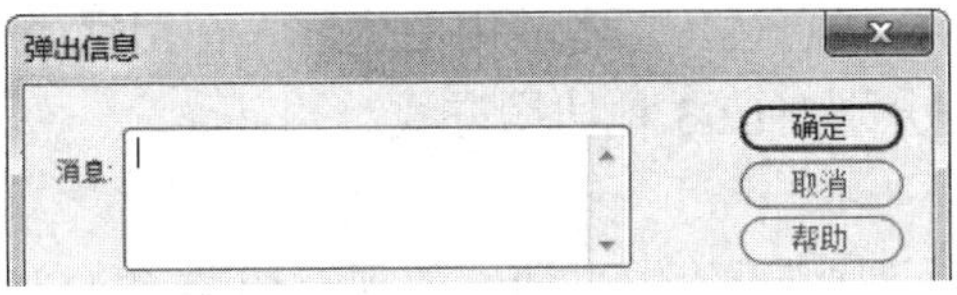

图 7-20　“弹出信息”对话框

（3）在“消息”文本框中输入需要的消息。

（4）单击“确定”按钮，然后为行为选择触发事件。

提示： 弹出的 JavaScript 警告对话框的外观由访问者的浏览器决定，用户不能控制。如果希望对消息的外观进行更多的控制，可考虑使用“打开浏览器窗口”行为。

7.3.8 预先载入图像

“预先载入图像”行为用于将不能立即显示在页面上的图像（例如将通过行为或 JavaScript 换入的图像）载入浏览器缓存中，可有效地防止下载速度导致的图像显示延迟。

使用“预先载入图像”行为的步骤如下：

（1）选择一个对象，并打开“行为”面板。

（2）单击“行为”面板上的“添加行为”按钮+，在行为下拉菜单中选择“预先载入图像”命令，弹出“预先载入图像”对话框，如图 7-21 所示。

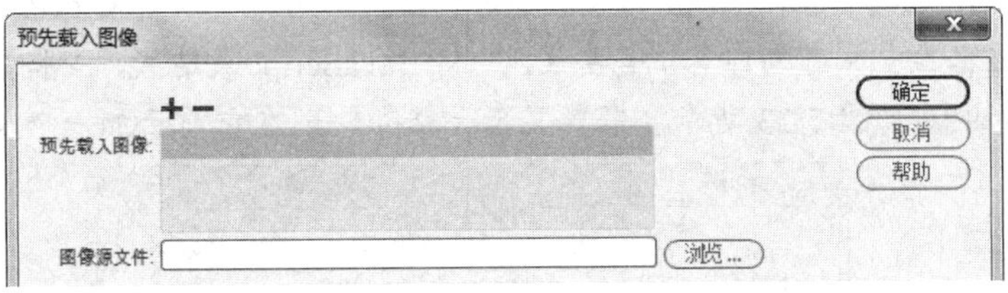

图 7-21　“预先载入图像”对话框

（3）单击“图像源文件”文本框右侧的“浏览”按钮，选择要预先载入的图像文件，或直接输入图像的路径和文件名。

（4）单击对话框顶部的“添加项”按钮+，将图像添加到“预先载入图像”列表中。

（5）重复第（3）步和第（4）步添加其他要预先载入的图像。

（6）若要从“预先载入图像”列表中删除某个图像，在列表中选择该图像，然后单击“删除项”按钮 ━ 。

（7）单击“确定”按钮，然后为行为选择所需的事件。

> **提示：** 如果在添加下一个图像之前没有单击“添加项”按钮，则列表中上次选择的图像将被“图像源文件”文本框中新输入的图像替换。

7.3.9 设置文本

该动作可以设置容器、状态栏、文本域中的内容，在用适当的事件触发后，显示新的内容。它有 3 个子菜单，分别对应 3 种切换方式。

1．设置容器的文本

“设置容器的文本”行为用于设置页面上的现有容器（可以包含文本或其他元素的任何元素）的内容和格式进行动态变化，但保留容器的属性（包括颜色）。当指定的事件触发后，在指定窗口中显示新的内容，该内容可以包括任何有效的 HTML 源代码。

使用“设置容器的文本”行为的步骤如下：

（1）选择一个容器对象（如 div），并打开“行为”面板。

（2）单击“行为”面板上的“添加行为”按钮 + ，在弹出的下拉菜单中选择“设置文本”｜“设置容器的文本”命令，弹出“设置容器的文本”对话框，如图 7-22 所示。

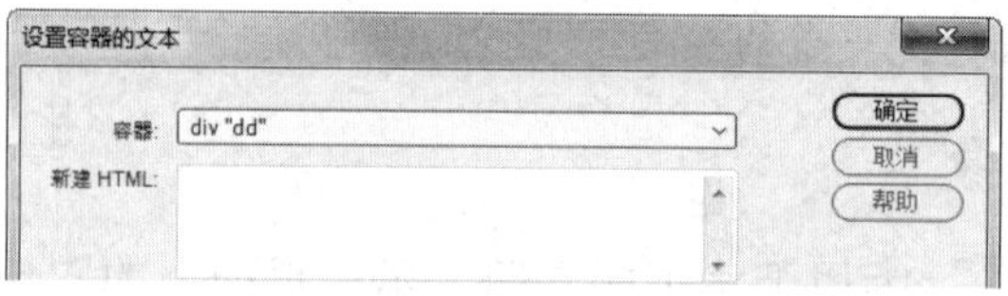

图 7-22　“设置容器的文本”对话框

（3）设置对话框中的各个选项。各个参数的功能如下：

- “容器”：用于指定内容进行动态变化的容器。
- “新建 HTML”：用于设置当前容器新加入的内容。在该文本框中可输入任何有效的 HTML 语句、JavaScript 函数调用、属性、全局变量或其他表达式，这些内容将替换该容器中原有的内容。若要嵌入一个 JavaScript 表达式，应将其放置在大括号（{}）中，如图 7-23 所示。若要显示大括号，则在它前面加一个反斜杠（\{）。

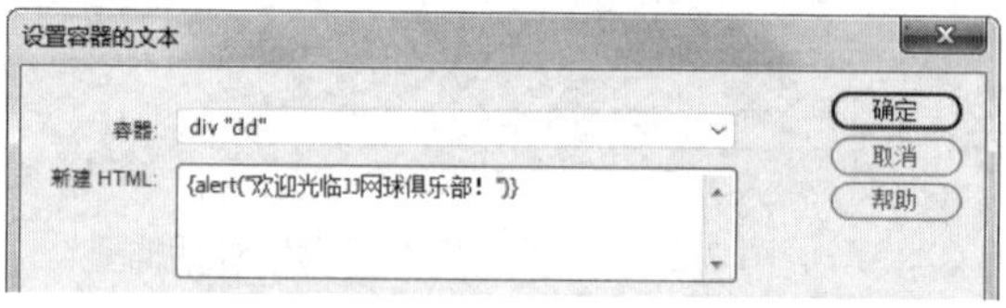

图 7-23　嵌入 JavaScript

（4）单击“确定”按钮，然后为行为选择触发事件。

2．设置状态栏文本

“设置状态栏文本”行为用于设置指定的事件触发后，在状态栏显示的信息。“设置状态栏文本”行为的作用与“弹出消息”行为的作用很相似，不同的是使用“弹出消息”行为显示文本，访问者必须单击“确定”按钮才可以继续浏览网页中的内容；而在状态栏中显示的文本信息不会影响访问者浏览网页。

通常情况下，当浏览者将鼠标移动到超级链接上时，在状态栏中显示链接的地址。使用“设置状态栏文本”行为可以改变这种默认设置，与 onMouseOver 或 onLoad 事件配合使用，可以使网页更加丰富多彩。

使用“设置状态栏文本”行为的步骤如下：

（1）选择一个对象，并打开“行为”面板。

（2）单击“行为”面板上的“添加行为”按钮，在弹出的下拉菜单中选择“设置文本”｜“设置状态栏文本”命令，弹出“设置状态栏文本”对话框，如图 7-24 所示。

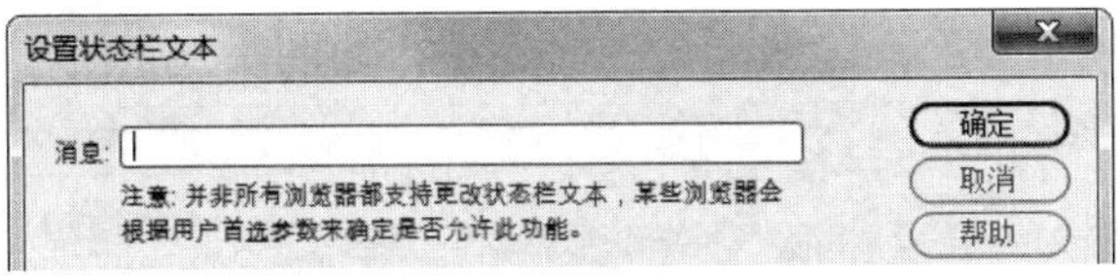

图 7-24 “设置状态栏文本”对话框

（3）在“消息”文本框中输入需要显示的信息。

（4）单击“确定”按钮，然后为行为选择触发事件。

3．设置文本域文字

“设置文本域文字”行为用于使文本域的内容进行动态变化。当指定的事件触发时，在指定的文本域中显示新的内容。使用本行为之前必须先选中一个文本域对象。

使用“设置文本域文字”行为的步骤如下：

（1）选择一个对象，并打开“行为”面板。

（2）单击“行为”面板上的“添加行为”按钮，在弹出的下拉菜单中选择“设置文本”｜“设置文本域文字”命令，弹出“设置文本域文字”对话框，如图 7-25 所示。

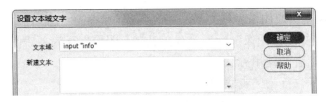

图 7-25 “设置文本域文字”对话框

（3）对该对话框中的各个选项进行设置。各个参数的功能如下：

- “文本域”：用于设置内容进行动态变化的文本域，可从右边的下拉列表中选择一个文本域。
- “新建文本”：用于指定在文本域中显示的新内容。在该文本框中可输入任何的 HTML 语句以及 JavaScript 代码，这些内容将代替文本域中原有的内容。若嵌入一个 JavaScript 表达式，要将其放置在大括号（{}）中。

（4）单击“确定”按钮，然后为行为选择触发事件。

7.3.10 显示-隐藏元素

“显示-隐藏元素”行为用于显示、隐藏或恢复一个或多个已命名的网页元素的默认可见性。此行为通常用于用户与页面进行交互时显示信息，例如，当用户将鼠标指针滑过一个人物的图像时，可以显示一个包含有该人物的姓名、性别、年龄等详细信息的页面元素。还可用于创建预先载入页面元素，即一个最初挡住页面内容的较大页面元素，在所有页组件都载入完成后该页面元素隐藏。

使用“显示-隐藏元素”行为的步骤如下：

（1）选择一个对象，并打开“行为”面板。

（2）单击“行为”面板上的“添加行为”按钮+，在弹出的下拉菜单中选择“显示-隐藏元素”命令，弹出“显示-隐藏元素”对话框，如图 7-26 所示。

图 7-26 “显示-隐藏元素”对话框

（3）对该对话框中的各个选项进行设置。各个参数的功能如下：

- “元素”：用于选择要设置可见性的元素。
- “显示”：使指定的元素在页面上可见。
- “隐藏”：使指定的元素在页面上不可见。
- “默认”：按默认值决定元素是否可见，一般为可见。

（4）单击“确定”按钮，然后为行为选择所需的触发事件。

7.3.11 交换图像/恢复交换图像

“交换图像/恢复交换图像”行为通过更改<img>标签的 src 属性将一个图像与另一个图像进行交换。“恢复交换图像”行为只有在“交换图像”行为之后使用才有效，前者很简单，在此只介绍后者的使用方法。

使用“交换图像”行为的步骤如下：

（1）选择一个对象，并打开“行为”面板。

（2）单击“行为”面板上的“添加行为”按钮，在弹出的下拉菜单中选择“交换图像”命令，弹出“交换图像”对话框，如图 7-27 所示。

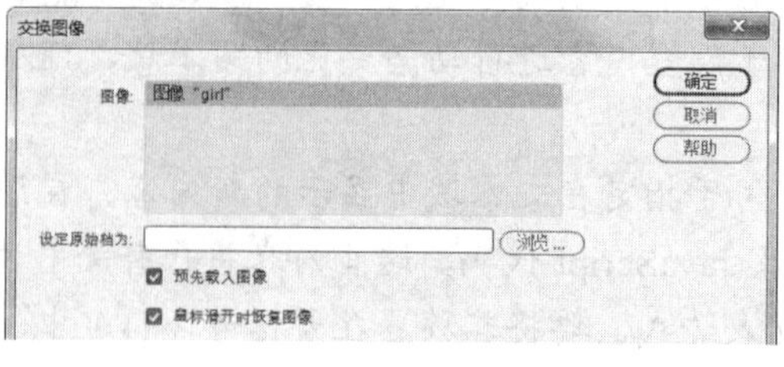

图 7-27 “交换图像”对话框

（3）对该对话框中的各个选项进行设置。各个参数的功能如下：

- “图像”：该列表框中显示了当前文档窗口中所有的图像名，可以从该列表中选择一幅要应用行为的图像。
- “设定原始档为”：指定替换图像。可直接在该文本框中输入图像的文件名，也可单击“浏览”按钮，打开图像文件选择窗口，浏览并选择一个图像文件。

注意：

由于只有 src 属性受此行为的影响，所以应该换入一个与原图像尺寸（高度和宽度）相同的图像。否则换入的图像显示时会被压缩或扩展，以使其适应原图像的尺寸。

- “预先载入图像”：变换的图像在打开网页时加载到计算机的缓冲区中。读者要注意，“交换图像”行为自动预先载入“图像”列表中所有高亮显示的图像。

（4）单击“确定”按钮，然后为行为选择所需的触发事件。

7.3.12 检查表单

“检查表单”行为用于检查指定文本域的内容，以确保输入了正确的数据类型。将此行为附加到表单，可以防止表单提交到服务器后，指定的文本域含有无效的数据。使用 onBlur 事件将此行为附加到单个文本域，在填写表单时对表单对象的值进行检查；或使用 onSubmit 事件将其附加到表单，在单击提交按钮时，同时对多个文本域进行检查。

使用“检查表单”动作的步骤如下：

（1）选择一个文本域对象，并打开“行为”面板。

（2）单击“行为”面板上的“添加行为”按钮+，在弹出的下拉菜单中选择“检查表单”命令，弹出“检查表单”对话框，如图 7-28 所示。

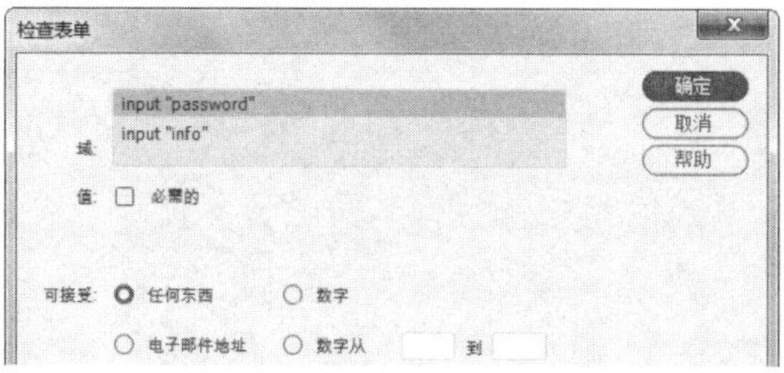

图 7-28 “检查表单”对话框

（3）对该对话框中的各个选项进行设置。各个参数的功能如下：

- “域”：该列表框中列出了当前页面中所有可用的表单元素，在这里可以指定要检查的表单元素。
- “必需的”：选中此项，则表单对象必须填有内容，不能为空。
- “任何东西”：选中此项，则该表单对象不能为空，但不需要包含任何特定类型的数据。如果没有选中“必需的”选项，则该选项就无意义了，也就是说它与该域上未附加“检查表单”行为一样。
- “数字”：选中此项，则检查该域是否只包含数字。
- “电子邮件地址”：选中此项，则检查该表单对象内是否包含一个@符号。

➢ “数字从”：选中此项，则表单对象内只能输入指定范围的数字。

（4）单击“确定”按钮，然后为行为选择所需的触发事件。

7.4 动手练一练

1．在文档中插入一幅图像，并为图像添加空链接，然后为图像绑定“调用 JavaScript”行为。当鼠标移到图像上时，弹出对话框提示“这是空链接”。

2．新建一个 HTML 文件，在文档中添加一个表单，以及姓名文本域、密码文本域、电子邮件文本域和电话文本域等。利用“检查表单”行为，对各表单对象进行有效性验证。要求姓名和密码不能为空，电话号码只能输入数字，电子邮件地址必须为有效地址（即 XXX@XXX.XXX格式）。

7.5 思考题

1．在网页中插入一张图片或键入一段文本后，为什么不能使用“显示-隐藏元素”行为？

2．“设置容器的文本”行为和“设置文本域文字”行为有什么区别？分别适用于什么情况？

第 8 章　Web 标准布局

本章导读

本章介绍 Web 标准布局的基本知识和 CSS 版式布局。内容包括：CSS 样式表的组成和层叠顺序、CSS 盒模型、CSS 设计器的组成、使用 CSS 设计器以可视化方法创建 CSS 规则、常用的 CSS 属性，创建和编辑 CSS 布局块等内容。并简要介绍常用的一列布局、两列布局和三列布局的创建方法。希望通过本章的学习，读者能利用 Xhtml+CSS 创建符合 Web 标准的网页。

学 习 要 点

- Web 标准布局的概念
- CSS 样式表的组成
- CSS 设计器
- CSS 布局块
- 常用的 CSS 版式布局

8.1 Web 标准布局的概念

在前面的章节中学习网页制作时，总是先考虑网页外观怎么设计，考虑图片、字体、颜色和布局方案等所有表现在页面上的内容，然后用 Photoshop 或者 Fireworks 绘制出来并切割成小图，最后再通过编辑 HTML 将所有设计还原表现在页面上。但随着移动通信技术和网络技术的发展，HTML 应该不仅仅只能在计算机屏幕上阅读，用 Photoshop 精心设计的页面还应该在 PDA、移动电话和屏幕阅读机上正常显示。

本节将从传统的表格布局（table）跨入到 Web 标准布局。使用 Web 标准设计网页，页面的表现层（即外观）并不是最重要的，最终用户在访问网页时的体验才是优先要考虑的。事实上，一个由 web 标准布局且结构良好的 HTML 页面可以通过 CSS 在任何网络设备上（包括手机、PDA 和计算机）上以任何外观呈现，而且用 Web 标准布局构建的网页还可以简化代码，加快显示速度。

用 Web 标准设计网站，首先要转变观念，抛弃传统的表格布局方式，采用 HTML 标签布局，并且使用层叠样式表单（CSS）实现页面的外观，给网站浏览者更好的体验。

注意：

很多网页制作者习惯将 Web 标准称为 Div+CSS，让很多初学者误认为 Web 标准就是使用 Div 定位，这样容易导致 Div 的滥用。合理利用每个 HTML 标签，才是 Web 标准设计的一个准则。

8.2 CSS 基础

CSS 是 Cascading Style Sheets（层叠样式表单）的简称，更多的人把它称作样式表。顾名思义，它是一种设计网页样式的工具。借助 CSS 的强大功能，网页可以在设计者丰富的想象力下千变万化。

8.2.1 CSS 概述

CSS 是一种对文本进行格式化操作的高级技术，从一个较高的级别上对文本进行控制。使用 CSS 设置页面格式时，内容与表现形式是相互分离的。页面内容位于自身的 HTML 文件中，而定义页面内容表现形式的 CSS 规则位于外部样式表或 HTML 文档的另一部分（通常为<head>部分）。

使用 CSS 可以非常灵活并很好地控制页面的外观，从精确的布局定位到特定的字体和样式等，不仅可以控制一篇文档中的样式，而且采用外部链接的方式，还可以控制多篇文档的样式。与 HTML 样式不同，对 CSS 样式的定义进行修改时，所有应用该样式的格式也会自动发生改变。

Dreamweaver 2021 提供了对 CSS 样式创作的完美支持，使用“CSS 设计器”面板可以可视化方式详细显示 CSS 框模型属性，包括布局、文本格式、边框和背景，并能自定义 CSS 属性。利用 CSS 启用/禁用功能，开发人员可以直接在“CSS 设计器”面板中禁用或重新启用部分 CSS 属性，不必直接在代码中做出更改，就可直接查看页面效果。此外，Dreamweaver 2021 还能识别现有文档中已定义的 CSS 样式，方便用户对现有文档进行修改。

借助 HTML5，Dreamweaver 2021 支持对 CSS3 代码提示，可在实时视图中快速编辑 CSS3 属性并预览效果；通过与 CEF3 2357 集成，可在实时视图中呈现 CSS3 3D 过渡、动画和变形。

8.2.2 CSS 样式表的组成

样式表由样式规则组成，规定浏览器如何呈现一个文档。将样式规则加入到 html 文档中有多种方法，最简单的方法是使用 html 的 style 标记，这些规则放置于文档的 head 部分，包含网页的样式规则。

CSS 样式表每个规则的组成包括一个选择器（通常是一个 html 的元素，例如 body、p 或 em）和该选择器接受的样式。定义一个元素可使用多种属性，每个属性带一个值，共同描述选择器呈现的方式。样式规则组成如下：

选择器 {属性 1: 值 1; 属性 2: 值 2}

单一选择器的复合样式声明应该用分号隔开。以下代码定义了 h1 和 h2 元素的颜色和字体大小属性：

```
<head>
<title>第一个 CSS 例子</title>
<style type="text/css">
h1 { font-size: x-large; color: red }
h2 { font-size: large; color: blue }
</style>
</head>
```

上述的样式表规定浏览器用加大、红色字体显示一级标题；用大号、蓝色字体显示二级标题。

为了减少样式表的重复声明，组合的选择器声明是允许的。例如，文档中所有的标题可以通过组合给出相同的声明：

```
h1, h2,h3,h4, h5, h6 { color: red; font-family: sans-serif }
```

下面分别介绍样式表的各个组成部分：

1．选择器

选择器是指向特别样式的元素。根据声明的不同，可把选择器分为 4 类：

（1）标签：单个 html 元素作为选择器。例如：

```
p{text-indent: 3em}
```

其中，选择器是 p。

（2)类：为样式规则命名的选择器。一个 html 元素的选择器可以有不同的 class（类），因而允许同一元素有不同样式。例如，希望文本在不同段落使用不同的颜色显示，可以定义以下样式：

```
p.red { color: red }
p.green { color: green }
```

以上的例子建立了 red 和 green 两个类，供不同的段落使用。各标签的 class 属性用于在 html 中指明元素使用的样式类，例如：

```
<p class=red>段文本</p>
```

则段内文本使用 p.red 类样式。

类的声明也可以没有相关元素，例如：

```
.cn01 { font-size: small }
```

在这个例子中，名为.cn01 的类可以被用于任何元素。

（3）复合内容：复合内容选择器是一个用空格隔开的两个或多个单一选择器组成的字符串。这些选择器可以指定一般属性，并且由于层叠顺序的规则，它们的优先权比单一的选择器大。例如：

```
p em { background: red }
```

这个例子中关联选择器是 p em。这个值表示段落中的强调文本会是红色背景；而标题的强调文本则不受影响。

（4）ID：ID 选择器用于特别地定义每个元素的成分。ID 选择器名称前要有指示符"#"。例如，ID 选择器可以如下指定：

```
#myid{ text-indent: 3em }
```

使用 ID 选择器的方式如下：

```
<p id=myid>文本缩进 3em</p>
```

2．属性

通过设置选择器的属性指定样式。属性包括颜色、边界和字体等。

3．值

值是一个属性接受的指定。例如，属性“颜色”能接受值 red。

4．注释

样式表里面的注释使用与 C 语言编程中一样的约定方法指定。例如：

```
/* COMMENTS CANNOT BE NESTED */
```

5．伪类和伪元素

伪类和伪元素是特殊的类和元素，能自动地被支持 CSS 的浏览器识别。例如 visited links（已访问的链接）和 active links（可激活链接）描述了两个定位锚（anchors）的类型。伪元素指元素的一部分，例如段落的第一个字母。伪类和伪元素规则的形式如下：

```
伪类{ 属性: 值 }
伪元素{ 属性: 值 }
```

一般的类可以与伪类和伪元素一起使用，如下：

```
选择符.类: 伪类 { 属性: 值 }
选择符.类: 伪元素 { 属性: 值 }
```

常用的伪类和伪元素有：

（1）定位锚伪类

伪类可以指定 a 元素以不同的方式显示链接（links）、已访问链接（visited links）、图像变换链接（hover links）和活动链接（active links）。对应的伪类为 a:link、a:visited、a:hover、a:active。例如：

```
a:link { color: red }
a:active { color: blue; font-size: 125% }
a:visited { color: green; font-size: 85% }
```

（2）首行伪元素

通常报纸上的文章在文本的首行都会以粗体而且全部大写展示。首行伪元素可以用于任何块级元素(例如 p、h1 等)。以下是一个首行伪元素的例子：

```
p:first-line{font-variant: small-caps;font-weight: bold}
```

（3）首字母伪元素

首个字母伪元素用于产生加大和下沉效果。一个首字母伪元素可以用于任何块级元素。例如：

```
p:first-letter{font-size: 300%; float: left}
```

则段落中首字母会比普通字体加大 3 倍。

8.3 CSS 设计器

在 Dreamweaver 2021 中以可视化方式格式化网页元素时，会自动生成相应的 CSS 样式，以后要再次使用相同的样式，只需选中对象后，在属性面板的“目标规则”下拉列表中选择需要的 CSS 样式即可。

执行“窗口”|“CSS 设计器”命令，或单击属性面板上的“CSS 设计器”按钮，即可打开“CSS 设计器”面板，如图 8-1 所示。

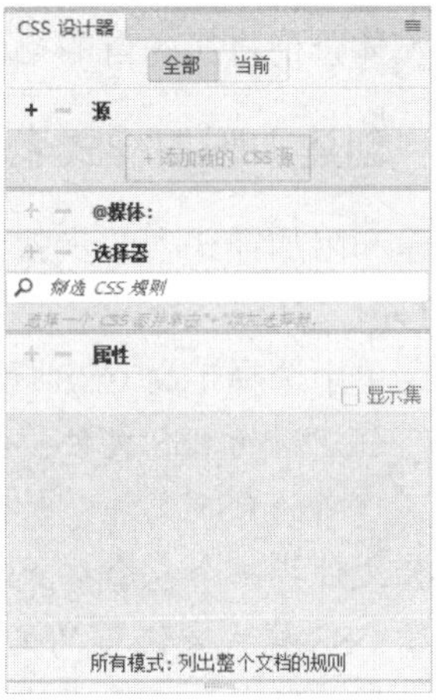

图 8-1 “CSS 设计器”面板

在 Dreamweaver 2021 中，全部 CSS 功能合并在一个面板集合中，通过选项卡式控件协助用户以简便、直观的方式设置 CSS 属性。

利用“CSS 设计器”面板可以跟踪影响当前所选页面元素的 CSS 规则和属性，或影响整个文档的规则和属性，还可以在不打开外部样式表的情况下“可视化”地创建、修改 CSS 样式和规则，并设置属性和媒体查询。

注意：

可以使用 Ctrl+Z 组合键撤销（或使用 Ctrl+Y 还原）在“CSS 设计器”面板中执行的所有操作。所做的更改会自动反映在“实时视图”中，且相关 CSS 文件也会自动刷新。为了让用户察觉到相关文件已更改，受影响文件的选项卡将在一段时间内（约 8 秒）突出显示。

下面简要介绍“CSS 设计器”面板的组成：

- 全部：“全部”模式。此模式列出当前文档中的所有 CSS、媒体查询和选择器，对“设计”或“实时”视图中的选定内容不敏感。这意味着选择页面上的元素时，关联的选择器、媒体查询不会在 CSS 设计器中高亮显示。通常使用此选项创建 CSS、选择器或媒体查询。
- 当前：“当前”模式。此模式列出当前文档的“设计”或“实时”视图中所有选定元素的已计算样式。在“代码”视图中将此模式用于 CSS 文件时，将显示处于“焦点”状态的选择器的所有属性。通常使用此模式来编辑与文档中所选元素关联的选择器的属性。
- 源：列出与文档相关的所有 CSS 样式表。使用此窗格可以创建 CSS，并将其附加到文档，或定义文档中的样式。
- @媒体：列出所选源中的全部媒体查询。如果不选择特定 CSS，则显示与文档关联的所有媒体查询。
- 选择器：列出所选源中的全部选择器。如果同时还选择了一个媒体查询，则会为该媒体查询缩小选择器列表范围。如果没有选择 CSS 或媒体查询，则显示文档中的所有选择器。
- 属性：显示可为指定的选择器设置的属性。

CSS 设计器是上下文相关的。这意味着，对于任何给定的上下文或选定的页面元素，用户都可以查看关联的选择器和属性。而且，在 CSS 设计器中选中某个选择器时，关联的源和媒体查询将在各自的窗格中高亮显示。

8.3.1 创建和附加样式表

创建和附加样式表的步骤如下：

（1）在“CSS 设计器”面板的“源”窗格中，单击“添加 CSS 源”按钮+，在弹出的下拉菜单中选择定义 CSS 规则的方式：

- 创建新的 CSS 文件：创建新 CSS 文件并将其附加到文档。选择该项，将弹出“创建新的 CSS 文件”对话框，如图 8-2 所示。

CSS 文件指一个包含样式和格式规范的外部文本文件。对一个 CSS 文件进行编辑后，所有与该 CSS 样式表链接的文档都会进行相应的更新。

- 附加现有的 CSS 文件：将现有 CSS 文件附加到文档。选择该项，将弹出“使用现有的 CSS 文件”对话框，如图 8-3 所示。
- 在页面中定义：直接在文档内定义 CSS。

（2）单击“浏览”按钮

，指定 CSS 文件的名称。如果要创建 CSS，还要指定保存新文件的路径。

（3）指定 CSS 文件与当前文档的联系方式：链接或导入。

两者的区别在于，“导入”会将 CSS 文件的信息带入当前文档；而“链接”则只读取和传送信息，不会转移信息。虽然“导入”和“链接”都可以将外部 CSS 样式表中的所有样式调用到当前文档中，但“链接”可以提供的功能更多，适用的浏览器也更多。

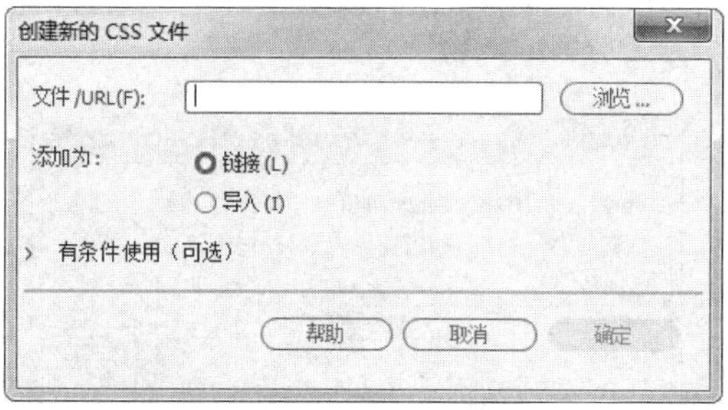

图 8-2 “创建新的 CSS 文件”对话框

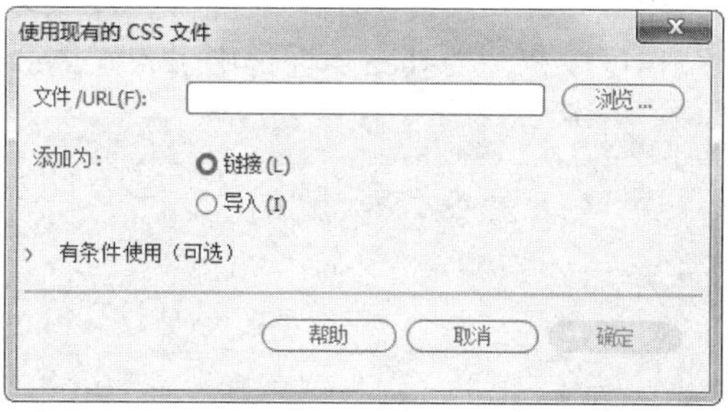

图 8-3 “使用现有的 CSS 文件”对话框

（4）单击“确定”按钮关闭对话框。

8.3.2 定义媒体查询

媒体查询是 CSS3 的重要内容之一，可以根据客户端的介质和屏幕大小，提供不同的样式表或者只展示样式表中的一部分。通过响应式布局，可以达到只使用单一文件提供多平台的兼容性。在 Dreamweaver 2021 中定义媒体查询的操作步骤如下：

（1）打开“CSS 设计器”面板，在“源”窗格中单击要定义媒体查询的 CSS 源。

（2）在“@媒体”窗格中单击“添加媒体查询”按钮+，弹出“定义媒体查询”对话框，如图 8-4 所示，其中列出了 Dreamweaver 支持的所有媒体查询条件。

（3）根据需要选择“条件”，确保为选择的所有条件指定有效值。否则，无法成功创建相应的媒体查询。熟悉代码的用户也可以直接在代码区域书写不同设备的代码，例如：

```
@media screen and (min-width: 600px) { /* style sheet for screen */ }
@media screen and (max-width: 599px) { /* style sheet for screen */ }
```

通过代码添加媒体查询条件时，“定义媒体查询”对话框中只显示受支持的条件，但“代码”文本框会完整地显示代码（包括不支持的条件）。如果不同的代码段有冲突或者重叠，则按照 CSS 原本的代码优先级排序。

（4）如果要添加条件，将鼠标移到条件下拉列表框上，右侧将显示“添加条件”和“移除条件”按钮。单击“添加条件”按钮，即可添加条件，且两个条件间显示“AND”，如图 8-5 所示。通过 AND 使用媒体查询语句，可以对屏幕大小进行判断，生成响应式布局。

注意：

目前对多个条件只支持 AND 运算。如果单击“实时”视图中的某个媒体查询，则视口切换以便与选定的媒体查询相匹配。若要查看全尺寸的视口，则在“@媒体”窗格中单击“全局”。

定义媒体查询后，在页面中声明一个媒体属性可以用@import 或@media 引入，如下所示：

```
@import url(voice.css) speech;
@media screen and (min-width:600px) {
/* style sheet for screen */
}
```

也可以在文档<head>标记中引入媒体：

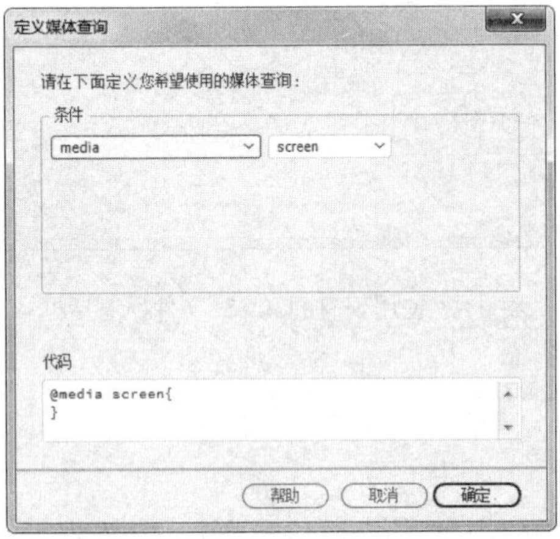

图 8-4 “定义媒体查询”对话框

图 8-5 添加条件

<link rel="stylesheet" type="text/css" media="screen and (min-width: 600px)" href="foo.css">

从上面的代码可以看出，@import 和@media 的区别在于，前者引入外部的样式表（voice.css）用于媒体类型，后者直接引入媒体属性。@import 的使用方法是@import 加样式表文件的 URL 地址再加媒体类型，可以多个媒体共用一个样式表，媒体类型之间用逗号分隔。@media 用法则是把媒体类型放在前面。

通过媒体类型，可以对不同的设备指定特定的样式，从而实现更丰富的界面。Dreamweaver 2021 中默认的媒体类型如图 8-6 所示：

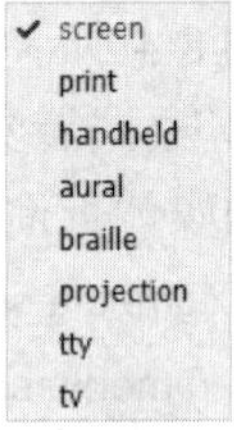

图 8-6 媒体类型列表

- screen：指计算机屏幕。
- print：指用于打印机的不透明介质。
- handheld：指手持式显示设备（小屏幕，单色）。
- aural：指语音电子合成器。
- braille：盲文系统，指有触觉效果的印刷品。
- projection：指用于显示的项目。
- tty：固定字母间距的网格的媒体，比如电传打字机。
- tv：指电视类型的媒体。

提示：媒体类型名称区分大小写，主流平台的浏览器都可以正确支持。但对 CSS3 中新增的媒体查询，部分浏览器可能无法解读。通常使用 only 关键字进行剔除。例如：

<link rel="stylesheet" href="example.css" media="only screen and (color)">

添加了 only 关键字后，支持媒体查询语句的浏览器依然正常解析。不支持媒体查询语句但能正确读取媒体类型的设备，由于先读取到 only 而不是 screen，将忽略这个样式。不支持媒体查询的 IE 不论是否有 only，都直接忽略样式。

8.3.3 定义 CSS 选择器

（1）打开“CSS 设计器”面板，在“源”窗格中选择要定义 CSS 选择器的源，或在“@媒体”窗格中选择某个媒体查询。

（2）在“选择器”窗格中单击“添加选择器”按钮 **+**。根据在文档中选择的元素，CSS 设计器会自动确定并提示使用相关选择器（最多三条规则）。

在这里，用户可执行下列一个或多个操作：

- 使用向上或向下箭头键选择需要的选择器。
- 键入选择器名称以及选择器类型的指示符自定义选择器。例如，如果要指定 ID，在选择器名称之前添加前缀“#”。
- 若要搜索特定选择器，可以使用窗格顶部的搜索框。
- 若要重命名选择器，单击选择器，然后键入所需的名称。
- 若要重新整理选择器，使用鼠标将选择器拖至所需位置。
- 若要将选择器从一个源移至另一个源，则将选择器拖至“源”窗格中所需的源上。
- 若要复制所选源中的选择器，则右键单击选择器，在弹出的快捷菜单中选择需要的复制命令，如图 8-7 所示，可以复制所有样式或仅复制一个选择器中的布局、文本和边框等特定类别的样式到其他选择器中。

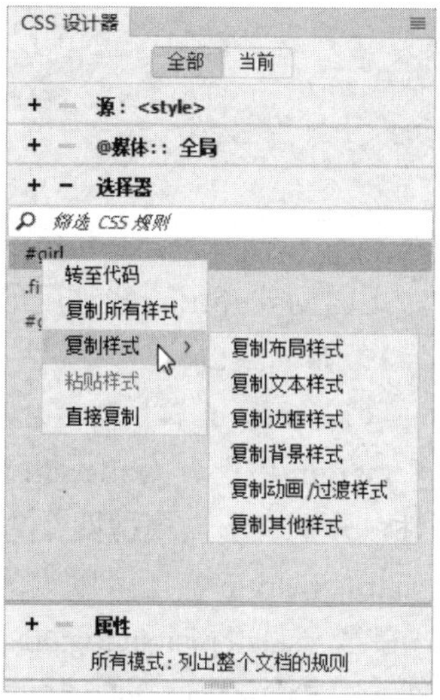

图 8-7　选择复制样式

- 若要复制选择器并将其添加到媒体查询中，则右击该选择器，将鼠标悬停在“复制到媒体查询中”上，然后选择该子菜单中的媒体查询。

注意：

只有选定的选择器的源包含媒体查询时，“复制到媒体查询中”选项才可用。无法从一个源将选择器复制到另一个源的媒体查询中。

8.3.4 设置 CSS 属性

默认情况下，只能查看已设置的属性。如果要查看为选择器指定的所有属性，取消勾选“显示集”复选框即可。

CSS 属性分为布局、文本、边框、背景和更多等几个类别，并在“属性”窗格顶部以直观的图标表示，如图 8-8 所示。

图 8-8　设置 CSS 属性

（1）在“属性”窗格顶部单击属性类别图标，进入相应的属性选项卡。

（2）单击“属性”窗格中属性右侧显示的所需选项。

Dreamweaver 2021 使用两套图标表示“未设置/已删除”和“停用”状态，被覆盖的属性使用删除线格式表示。如果要自定义属性，在输入属性值时，将显示代码提示，如图 8-9 所示。

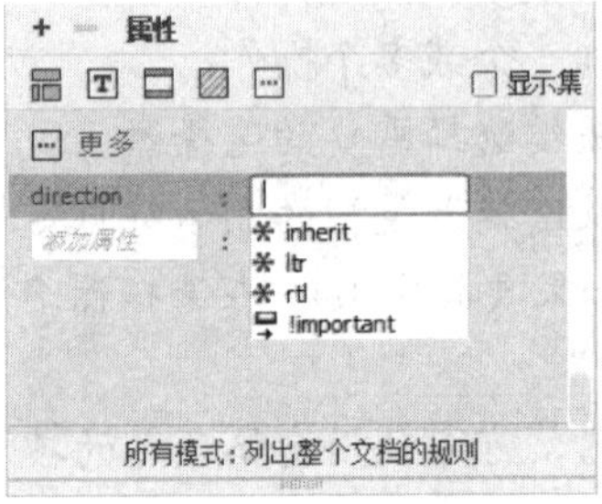

图 8-9　属性值提示

下面简要介绍一些常用的 CSS 属性和值。

1．布局（Layout）属性

（1）margin 属性

margin 属性分为 margin-top、margin-right、margin-bottom、margin-left 和 margin 五个属性，分别表示盒模型四个方向的外边距，它的属性值是数值单位，可以是长度、百分比或 auto，margin 甚至可以设为负值，实现容器与容器之间的重叠显示，使用示例：

```
#side { margin-top:6px;}
h1 { margin-right: 12.5%;}
```

margin 还有一个简写方法，就是直接用 margin 属性，四个值之间用空格隔开，顺序是“上右下左”，例如：

```
body { margin: 5px 10px 2px 10px;}
```

上面的代码等同于：

```
body {
margin-top:5px;
margin-right:10px;
margin-bottom:2px;
margin-left:10px;
}
```

当然 margin 属性的值也可以不足四个，例如：

```
#side { margin: 2px;} /*所有的 margin 都设为 2px */
#side { margin: 1px 5px;} /*上下 margin 为 1px，左右 margin 为 5px */
#side { margin: 0px 2px 3px;} /*上 margin 为 0，左右 margin 为 2px，下 margin 为 3px*/
```

（2）padding 属性

padding 属性用于描述盒模型的内容与边框之间的距离，与 margin 属性类似，它也分为上、右、下、左和简写方式 padding。使用示例：

```
#container {padding-left:20px; }
```

padding 属性与 margin 类似，不再赘述。

（3）position 属性

position 属性用于指定元素的位置类型，各个属性值的含义如下：

- absolute：屏幕上的绝对位置。位置将依据浏览器左上角开始计算。绝对定位使元素可以覆盖页面上的其他元素，并可以通过 z-index 来控制它的层级次序。
- relative：屏幕上的相对位置。相对定位时，移动元素会导致它覆盖其他元素。

注意：

父容器使用相对定位，子元素使用绝对定位后，子元素的位置不再相对于浏览器左上角，而是相对于父窗口左上角。

- static：固有位置，是 position 属性的初始值。

相对定位和绝对定位需要配合 top、right、bottom、left 来指定具体位置。此外，这四个属性同时只能使用相邻的两个，不能既使用 top 又使用 bottom，或同时使用 right 和 left。使用示例：

```
#menu { position: absolute; left: 100px; top: 0px; }
#menu ul li {position:relative; right: 100px; bottom: 0px; }
```

（4）float 和 clear 属性

在 CSS 中，任何元素都可以浮动。浮动元素会生成一个块级框，而不论它本身是何种元素。设置元素浮动后应指明一个宽度，否则它会尽可能地窄；当可供浮动的空间小于浮动元素时，它会跑到下一行，直到拥有足够放下它的空间。

float 属性有三个值 left、right、none，用于指定元素将飘浮在其他元素的左方或右方，或不浮动。使用示例：

```
#side { height: 300px; width: 120px; float: left; }
```

相反地，使用 clear 属性将禁止元素浮动。其属性值有：left、right、both、none，初始值为 none。使用示例：

```
clearfloat {clear:both; font-size: 1px;line-height: 0px;}
```

（5）overflow 属性

在规定元素的宽度和高度时，如果元素的宽度或高度不足以显示全部内容，就要用到 overflow 属性。overflow 的属性值含义如下：

- visible：增大宽度或高度，以显示所有内容。
- hidden：隐藏超出范围的内容。
- scroll：在元素的右边显示一个滚动条。
- auto：当内容超出元素宽度或高度时，显示滚动条，让高度自适应。

使用示例：

```
.nav_main { height:36px; overflow:hidden;}
```

（6）z-index 属性

在 CSS 中允许元素重叠显示，这样就有一个显示顺序的问题，z-index 属性用于描述元素的前后位置。

z-index 使用整数表示元素的前后位置，数值越大，就会显示在相对越靠前的位置，适用于使用 position 属性的元素。z-index 初始值为 auto，可以使用负数。

2．文本和背景属性

（1）font-family 属性

font-family 用于指定网页中文本的字体。取值可以是多个字体，字体间用逗号分隔。

使用示例：

```
body,td,th{font-family: Georgia, Times New Roman, Times, serif;}
```

（2）font-style 属性

font-style 属性用于设置字体风格，取值可以是 normal（普通）、italic（斜体）或 oblique（倾斜）。使用示例：

```
p{font-style: normal;}
h1{font-style: italic;}
```

（3）font-size 属性

font-size 属性用于设置字体显示的大小。这里的字体大小可以是绝对大小（xx-small、x-small、small、medium、large、x-large、xx-large）、相对大小（larger、smaller）、绝对长度（使用的单位为 pt-磅和 in-英寸）或百分比，默认值为 medium。使用示例：

```
h1{font-size: x-large;}
h2{font-size: 18pt;}
li{font-size: 90%;}
stong{font-size: larger;}
```

（4）font 属性

font 属性用作不同字体属性的略写，可以同时定义字体的多种属性，各属性之间以空格间隔。使用示例：

```
p{font: italic bold 16pt 华文宋体;}
```

（5）color 属性

color 颜色属性用于指定一个元素的颜色。使用示例：

```
h1{color:black;}
h3{color: #ff0000;}
```

为了避免与用户的样式表之间的冲突，背景和颜色属性应该始终一起指定。

（6）background-color 属性

background-color 背景颜色属性用于设置一个元素的背景颜色，取值可以是颜色代码或 transparent（透明）。使用示例：

```
body{background-color: white;}
h1{background-color: #000080;}
```

为了避免与用户的样式表之间的冲突，无论是否指定了背景颜色，背景图像都应该被指定。在大多数情况下，background-image:none 都是适用的。网页制作者也可以使用略写的背景属性，通常会比背景颜色属性获得更好的支持。

（7）background-image 属性

background-image 背景图像属性用于设置一个元素的背景图像。使用示例：

```
body{ background-image: url(/images/bg.gif);}
```

考虑那些不加载图像的浏览者，定义背景图像时，应同时定义一个类似的背景颜色。

（8）background-repeat 属性

background-repeat 属性用来描述背景图片的重复排列方式，取值可以是 repeat（沿 X 轴和 Y 轴两个方向重复显示图片）、repeat-x（沿 X 轴方向重复图片）和 repeat-y（沿 Y 轴方向重复图片）。使用示例：

```
body {
  background-image:url(pendant.gif);
  background-repeat: repeat-y;
}
```

（9）background 属性

background 背景属性用作不同背景属性的略写，可以同时定义背景的多种属性，各属性之间以空格间隔。使用示例：

```
P{background: url(/images/bg.gif) yellow;}
```

（10）line-height 属性

line-height 行高属性可以接受一个控制文本基线之间的间隔值。取值可以是 normal、数字、长度或百分比。当值为数字时，行高由元素字体大小的量与该数字相乘所得。百分比的值相对于元素字体的大小而定。不允许使用负值。行高也可以由带有字体大小的字体属性产生。使用示例：

```
p{line-height:120%;}
```

3．边框属性

border 属性用于描述盒模型的边框。border 属性包括 border-width、border-color 和 border-style，这些属性下面又有分支，下面分别进行简要介绍。

border-width 属性用于设置边框宽度，又分为：border-top-width、border-right-width、border-bottom-width、border-left-width 和 border-width 属性，值用长度（thin/medium/thick）或长度单位表示。与 margin 属性类似，border-width 为简写方式，顺序为上、右、下、左，值之间用空格隔开。使用示例：

```
img {
      border-width: 0px;
}
```

border-style 属性用来设置对象边框的样式，它的属性值为 CSS 规定的关键字，平常看不到 border 是因为其初始值为 none。属性值的名称和代表意义简要介绍如下：

- none：无边框。
- dotted：边框为点线。
- dashed：边框为长短线。
- solid：边框为实线。
- double：边框为双线。
- groove、ridge、inset 和 outset：显示不同效果的 3D 边框（根据 color 属性）。

border-color 属性用来显示边框颜色，分为 border-top-color、border-right-color、border-bottom-color、border-right-color 和 border-color 属性，属性值为颜色，可以用十六进制表示，也可用 RGB()表示，border-color 为快捷方式，顺序为上、右、下、左，值之间用空格隔开。使用示例：

```
img {
  border-color: #EC7B37;
}
```

如果要同时设置边框的以上三种属性，可以使用简写方式 border，属性值之间用空格隔开，顺序为“边框宽度 边框样式 边框颜色”，例如：

```
#layout {
  border: 2px solid #EC7B37;
}
```

还可以用 border-top、border-right、border-bottom、border-left 分别作为上、右、下、左的快捷方式，属性值顺序与 border 属性相同。

8.3.5 CSS 样式的应用

下面以一个例子演示 CSS 样式在格式化文本中的应用。本例要实现的效果是，在文档中建立一个链接，用 CSS 样式控制链接文本字体为隶书、无下划线、蓝色，如图 8-10 左图所示；当光标移动到链接文本上方时，文本字体变大，且颜色变成红色，效果如图 8-10 右图所示。

图 8-10 实例效果

本例制作步骤如下：

（1）新建一个 HTML 文件，打开“页面属性”对话框，设置字体为“隶书”，大小为 36，并设置背景图像。然后在“设计”视图中输入“CSS 控制链接文本格式”。

（2）选中文本，在属性面板中的“链接”文本框中随意输入若干字符，这样文本将成为一个超链接，如图 8-11 所示。

（3）选中文本，执行“窗口”｜“CSS 设计器”命令。在“CSS 设计器”面板中单击“添加 CSS 源”按钮，在弹出的下拉菜单中选择“在页面中定义”；单击“选择器”窗格上的“添加选择器”按钮+，输入选择器名称为 a:link，如图 8-12 所示。

（4）在“属性”窗格单击“文本”图标，设置文本颜色为蓝色，字体为隶书，字号为 36px，无下划线，如图 8-13 所示。

（5）设置完成后，可以在“设计”视图中实时预览应用样式的效果。

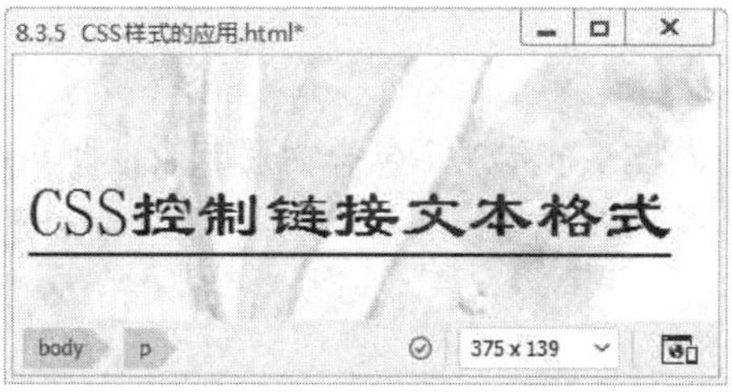

图 8-11　普通链接效果

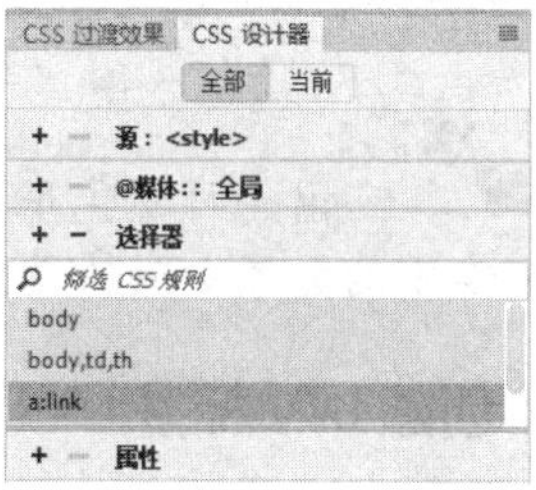

图 8-12　添加选择器

（6）选中文本，打开“CSS 设计器”面板，单击“选择器”窗格上的“添加选择器”按钮+，设置选择器名称为 a:hover。

（7）在“属性”窗格单击“文本”图标，设置文本颜色为红色，字体为隶书，字号为 48px，无下划线，如图 8-14 所示。

图 8-13　定义 a:link 的属性

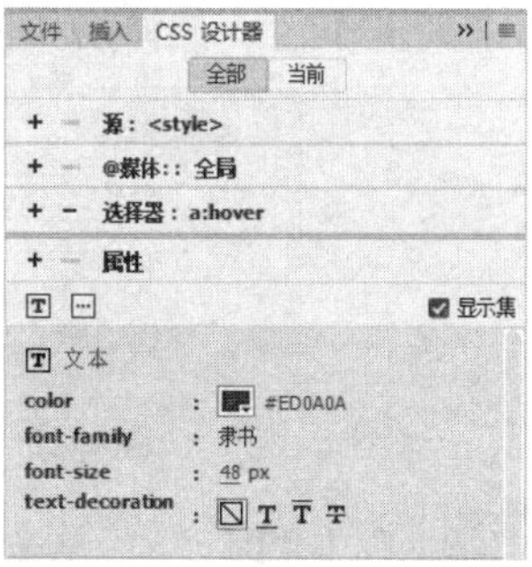

图 8-14　定义 a:hover 的属性

至此，实例制作完成，可以按下 F12 键进行测试了。当光标移动到链接文本上方时，文本字体变大并且颜色变成红色；光标移开时，链接文本恢复为蓝色和较小字体显示。

8.4　CSS 布局块

CSS 布局与传统表格（table）布局最大的区别在于：传统表格（table）布局的定位都是采用表格，通过表格的间距或者用无色透明的 GIF 图片来控制布局版块的间距；用 CSS 布局主要用块元素（如 Div、header、navigation 等）定位，通过 margin、padding、border 等属性控制版块的间距，而布局块的样式则通过“ID 选择器”来定义。

CSS 布局块是一个 HTML 页面元素，可以将它定位在页面上的任意位置。更具体地说，CSS 布局块是不带 display:inline 的 Div 标签，或者是包括 display:block、position:absolute 或 position:relative CSS 声明的任何其他页面元素。下面是几个在 Dreamweaver 中被视为 CSS 布局块的元素的示例：

- Div 标签
- 指定了绝对或相对位置的图像
- 指定了 display:block 样式的 a 标签
- 指定了绝对或相对位置的段落

注意：

出于可视化呈现的目的，CSS 布局块不包含内联元素（也就是代码位于一行文本中的元素）或段落之类的简单块元素。

8.4.1 创建 Div 标签

本节将介绍 Web 标准中常用的一种 CSS 布局块——Div 标签的创建方法。

Div 标签用于定义网页内容中的逻辑区域，通常被称为“块”。使用 Div 标签可以将内容块居中，创建列效果以及创建不同的颜色区域等。可以通过插入 Div 标签并应用 CSS 定位样式创建页面布局。

在 Dreamweaver 2021 中创建 Div 标签的操作步骤如下：

（1）在“文档”窗口的“设计”视图中，将插入点放置在要显示 Div 标签的位置。

（2）执行下列操作之一，弹出如图 8-15 所示的“插入 Div”对话框：

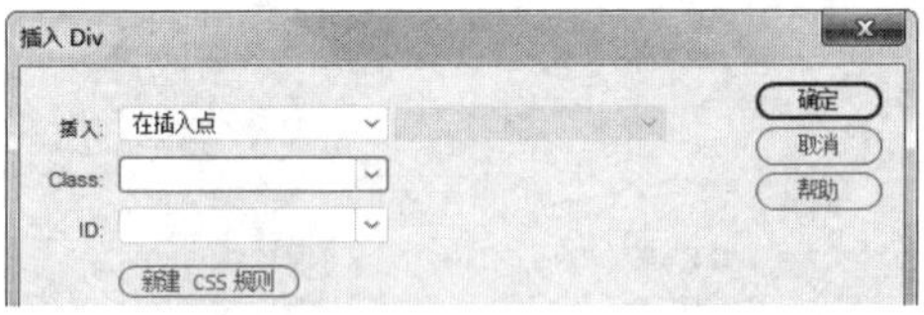

图 8-15 “插入 Div”对话框

- 执行“插入”|“Div”菜单命令。
- 执行“插入”|“HTML”|“Div”菜单命令。
- 在“插入”面板的“HTML”类别中，单击“Div”按钮。

（3）在“插入 Div”对话框中设置插入点、要应用的类、ID。

- 插入：用于选择 Div 标签的插入位置。如果选择“在标签开始之后”或“在标签结束之前”，则还要选择已有的标签名称。
- 类（Class）：指定要应用于标签的类样式。如果附加了样式表，则该样式表中定义的类将出现在列表中。
- ID：指定用于标识 Div 标签的唯一名称。如果附加了样式表，则该样式表中定义的 ID 将出现在列表中，且不会列出文档中已存在的块的 ID。
- 新建 CSS 规则：打开如图 8-16 所示的“新建 CSS 规则”对话框。

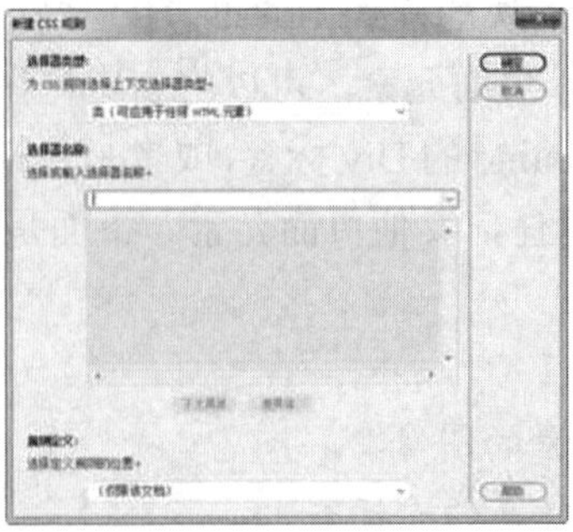

图 8-16 “新建 CSS 规则”对话框

（4）单击“确定”按钮关闭对话框。

Div 标签以一个框的形式出现文档中，并带有占位文本，如图 8-17 左图所示。将鼠标指针移到该框的边缘上时，Dreamweaver 会高亮显示该框，如图 8-17 右图所示。

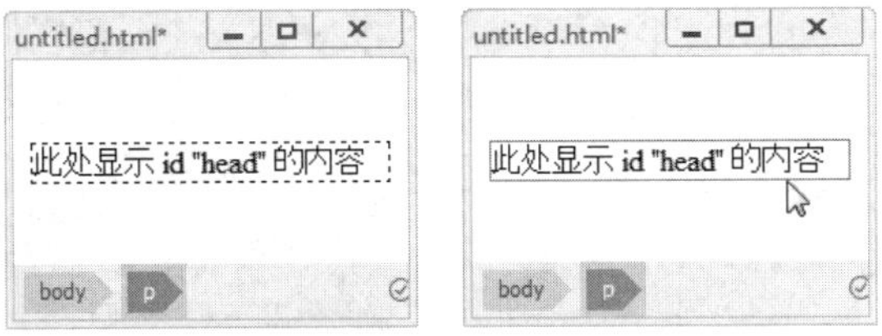

图 8-17 创建 Div 标签

8.4.2 编辑 Div 标签

插入 Div 标签之后，就可以在“CSS 设计器”面板中查看和编辑应用于 Div 标签的规则，或向它添加内容了。操作步骤如下：

（1）编辑 Div 标签，首先要选中 Div 标签。执行以下操作之一选择 Div 标签：

- 单击 Div 标签的边框。
- 在 Div 标签内单击，然后按两次 Ctrl+A（Windows）或 Command+A（Macintosh）。
- 在 Div 标签内单击，然后从文档窗口底部的标签选择器中选择 Div 标签。

（2）在 Div 标签中添加内容。方法如下：先选中 Div 标签中的占位符文本，然后在它上面键入内容，或按 Delete 键删除 Div 标签中的占位符文本，然后像在页面中添加内容那样添加内容。如图 8-18 所示。

（3）打开“CSS 设计器”面板查看规则。执行“窗口”|“CSS 设计器”命令打开“CSS 设计器”面板，应用于 Div 标签的规则显示在面板中。如果没有为当前选中的 Div 标签定义 CSS 规则，则显示为空。

（4）根据需要编辑 CSS 规则。例如，要定义如图 8-18 所示的 Div 标签宽 450px，高 150px，边框为 1px 深灰色实线，且在页面上水平居中，可以定义如下的规则：

```
#content {
    width: 450px;
    height: 150px;
    border: 1px solid #666666;
    margin-right: auto;
    margin-left: auto;
}
```

对应的 CSS 设计器面板如图 8-19 所示，页面最终效果如图 8-20 所示。

通过阅读以上代码，细心的读者会发现，上面的代码使用 CSS 的左、右外边距属性解决水平居中的问题。在 IE6 及以上版本和标准的浏览器当中，当设置一个盒模型的外边距属性均为 auto（margin:auto;）时，可以使盒模型在页面上居中。

图 8-18　在 Div 标签中添加内容

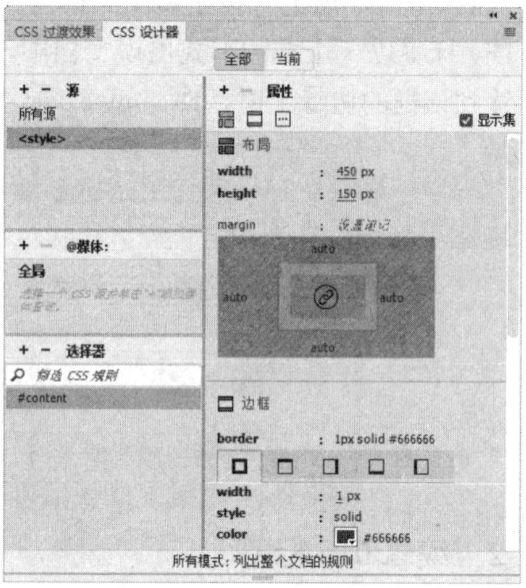

图 8-19　设置 CSS 属性

图 8-20　CSS 布局块效果

8.4.3　可视化 CSS 布局块

Dreamweaver 提供了多个可视化助理，协助用户查看 CSS 布局块。例如，在设计时可以为 CSS 布局块启用外框、背景和框模型。将鼠标指针移动到布局块上时，也可以查看显示有选定 CSS 布局块属性的工具提示。

Dreamweaver 2021 默认情况下在“设计”视图中显示 Div 标签的外框，且当鼠标指针移到 Div 标签外框上时高亮显示，如图 8-21 所示。

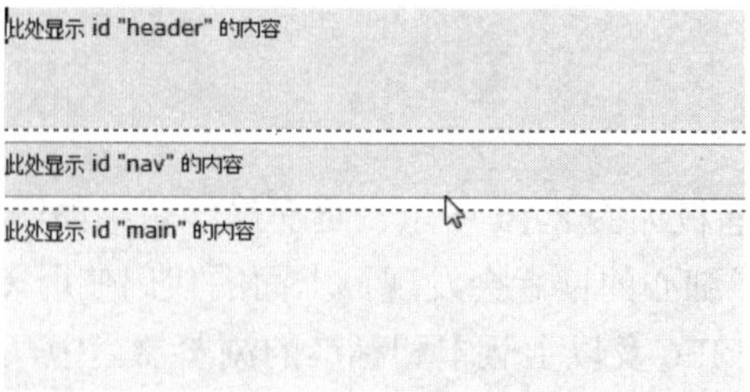

图 8-21　Div 标签的外框

如果不希望在页面上显示 CSS 布局块外框，可以执行“查看”|“设计视图选项”|“可视化助理”|“CSS 布局外框”菜单命令取消显示，如图 8-22 所示。

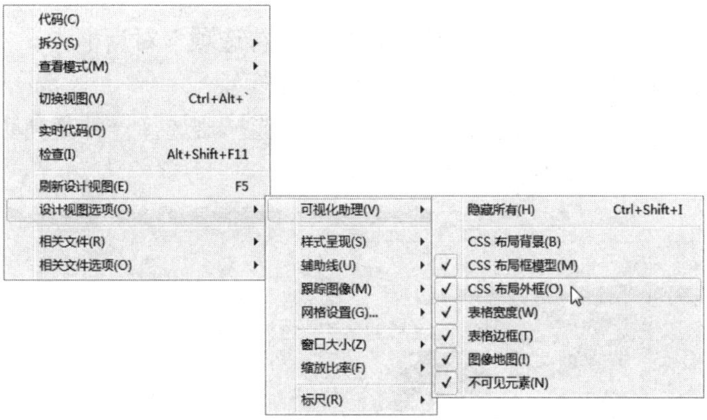

图 8-22　取消显示 CSS 布局外框

下面简要介绍一下如图 8-22 所示的 CSS 布局块可视化助理列表的含义。

- CSS 布局背景：显示各个 CSS 布局块的临时指定背景颜色，并隐藏通常出现在页面上的其他所有背景颜色或图像，如图 8-23 所示。

图 8-23　显示 CSS 布局背景

注意：

每次启用可视化助理查看 CSS 布局块背景时，Dreamweaver 使用一个算法自动为每个 CSS 布局块分配一种不同的背景颜色，帮助用户区分不同的 CSS 布局块。用户无法自行指定布局背景颜色。

- CSS 布局框模型：显示所选 CSS 布局块的框模型（即填充和边距）。如图 8-24 所示，设置了如图 8-23 所示的 ID 为 head 的布局块上下左右填充 10px，上下边距为 10px，左右边距为 5px 的效果。
- CSS 布局外框：显示页面上所有 CSS 布局块的外框。取消显示 CSS 布局外框后的效果如图 8-25 所示。

图 8-24　显示 CSS 布局框模型

图 8-25　取消显示 CSS 布局外框

如果要更改 Div 标签的高亮颜色或禁用高亮显示功能，可以打开“首选项”对话框进行设置，步骤如下：

（1）选择“编辑”|“首选项”命令，打开“首选项”对话框。

（2）在左侧的“分类”列表中选择“标记色彩”。

（3）单击“鼠标滑过”颜色框，并使用颜色选择器选择一种高亮颜色（或在文本框中输入高亮颜色的十六进制值），如图 8-26 所示。

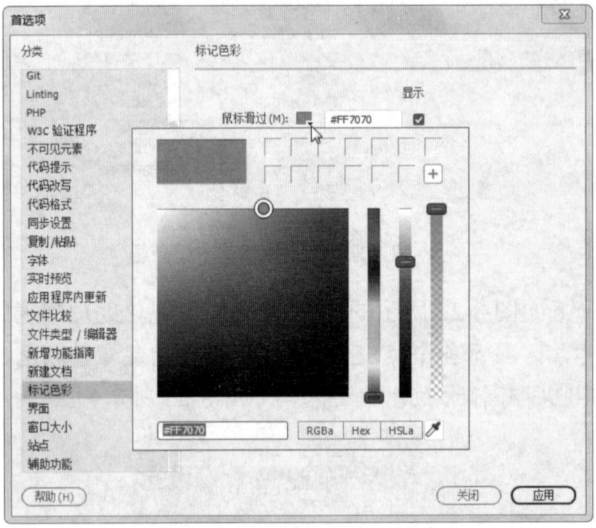

图 8-26　设置高亮颜色

若要启用或禁用高亮显示功能，选中或取消选中“鼠标滑过”右侧的“显示”复选框。

注意：

这些选项会影响当指针滑过时 Dreamweaver 会高亮显示的所有对象，例如表格。

8.5　常用 CSS 版式布局

前面几节介绍了 CSS 布局块的创建，以及利用 CSS 规则定位布局块的方法。本节将介绍网页制作中常见的几种 CSS 布局版式。综合运用前几节的知识点，再通过本节的学习，读者能从原来的表格布局跨入到 web 标准布局，使用 Web 标准制作出常见的页面。

8.5.1　一列布局

一列布局常用于显示正文内容的页面，示意图如图 8-27 所示。

制作步骤如下：

（1）新建一个 HTML 页面，并在页面中插入一个 Div 标签，命名为 head。

（2）打开“CSS 设计器”面板，单击“添加 CSS 源”按钮，在弹出的下拉列表中选择“在页面中定义”命令。然后单击“添加选择器”按钮，输入选择器名称#head。

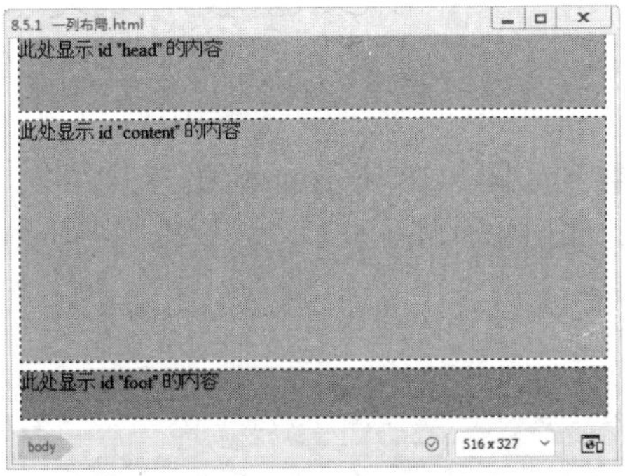

图 8-27　一列布局示意图

（3）切换到“属性”面板的“布局”类别，设置宽度为 500px，高度为 60px，左右边距均为 auto，下边距为 8px；为便于观察效果，切换到“背景”类别，设置背景颜色为 #ADDD17。

切换到“代码”视图，可以看到如下的代码：

```
<style type="text/css">
#head {
    width: 500px;
    height: 60px;
    background-color: #ADDD17;
    margin-bottom: 8px;
    margin-right: auto;
    margin-left: auto;
}
</style>
```

（4）按照以上三步的方法，插入两个 div 标签 content 和 foot，然后定义 CSS 规则 #content 和#foot，分别用于设置 div 标签 content 和 foot 的外观。代码如下：

```
#content {
    width: 500px;
    height: 200px;
    background-color: #FFB5B5;
    margin-bottom: 8px;
    margin-right: auto;
    margin-left: auto;
}
#foot {
    width: 500px;
    height: 40px;
    background-color: #31DBAE;
    margin-right: auto;
```

```
        margin-left: auto;
    }
```

此时预览页面，可以看到如图 8-28 所示的效果。细心的读者可能会发现，div 标签与页面的左、上显示有边距，即使指定 div 标签的左、上边距为 0，仍显示有空白。事实上，这是 body 标签的默认边距。

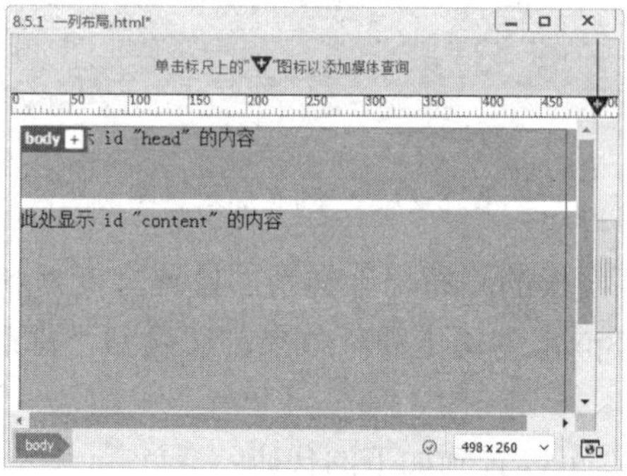

图 8-28　一列固定宽度布局效果

（5）打开 CSS 设计器，添加选择器 body，设置边距为 0，代码如下：

```
body {
    margin: 0px;
}
```

此时预览页面，可以看到 div 标签 head 与页面顶端没有空白了。如图 8-27 所示。

如果希望页面内容的显示宽度随浏览器的宽度改变而改变，可以使用自适应宽度的 div 标签。使用过表格布局的用户应该会想到使用宽度的百分比。例如以下代码：

```
<style type="text/css">
#head {
    width: 80%;
    height: 60px;
    background-color: #ADDD17;
    margin: 0px auto 8px;
}
</style>
```

提示： 如果不设置盒模型的宽度，它默认是相对于浏览器显示的，即自适应宽度。例如：

```
#content {
        height: 200px;
        background-color: #FFB5B5;
}
```

8.5.2　两列布局

本小节以常见的左列固定、右列宽度自适应为例，介绍两列布局的创建方法。

（1）按照上一节的方法，在页面中插入两个 div 标签，分别命名为#nav 和#content。

```
<div id="nav">此处显示 id "nav" 的内容</div>
<div id="content">此处显示 id "content" 的内容</div>
```

由于 div 为块状元素，默认情况下占据一行的空间，因此插入的两个布局块上下排列。要想让下面的 div 移到右侧，就需要借助 CSS 的浮动属性 float 来实现。

（2）打开“CSS 设计器”面板，单击“添加 CSS 源”按钮，在弹出的下拉列表中选择“在页面中定义”命令。然后单击“添加选择器”按钮，输入选择器名称#nav。

（3）切换到“属性”面板的“布局”类别，设置宽度为 120px，高度为 200px。为便于观察效果，切换到“背景”类别，设置背景颜色为#FFCCFF。

切换到“代码”视图，可以看到如下代码：

```
<style type="text/css">
  #nav {
     width: 120px;
     height: 200px;
     background-color: #FFCCFF;
     float: left;
  }
</style>
```

此时的布局效果如图 8-29 所示。可以看到第二个 Div 标签已移到右侧。

（4）在 CSS 设计器中创建规则#content，定义 div 标签 content 的外观。代码如下：

```
#content {
     height: 200px;
     width: 240px;
     background-color: #99FFFF;
}
```

此时预览页面，效果如图 8-30 所示。布局块 content 的实际显示宽度只有 120px，而不是指定的 240px。这是因为绝对定位元素的位置依据浏览器左上角开始计算，布局块 content 的一部分与 nav 重叠。接下来设置边距定位布局块。

图 8-29　浮动效果

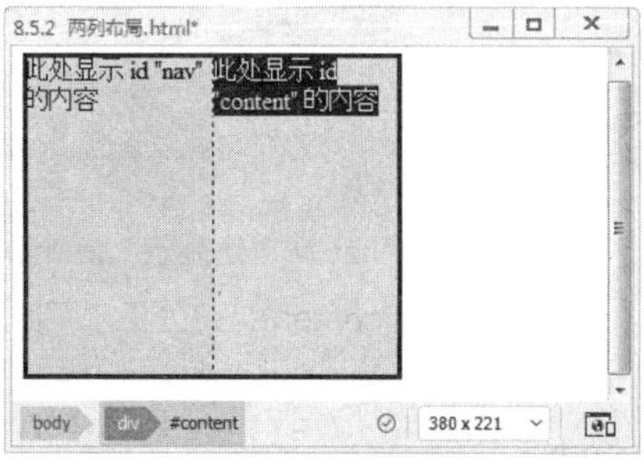

图 8-30　页面效果

（5）打开 CSS 设计器，设置布局块 content 的左边距为 120px，代码如下：

```
#content {
```

```
        height: 200px;
        width: 240px;
        background-color: #99FFFF;
        margin-left: 120px;
    }
```

此时的页面效果如图 8-31 所示。

图 8-31　页面效果

通常页面内容都居中显示，接下来的步骤使两列布局居中。在上一节介绍了一列居中的方法，可以使用同样的方法将两列放置在一列中，使布局居中。

（6）切换到“代码”视图，选中两个 Div 的代码，然后执行“插入”｜“Div”菜单命令，在弹出的对话框中指定 Div 标签为 main，即可将两个 Div 标签放入一个父标签中。

（7）定义规则#main，指定布局块宽度为 360px，左、右边距为 auto，相关代码如下所示：

```
<style type="text/css">
……
#main {
    margin: 0px auto;
    width: 360px;
}
</style>
……
<body>
    <div id="main">
        <div id="nav">此处显示  id "nav"  的内容</div>
        <div id="content">此处显示  id "content"  的内容</div>
    </div>
</body>
```

8.5.3　三列布局

常用的三列布局结构是左列和右列固定，中间列固定宽度，或根据浏览器宽度自适应。

创建步骤如下：

（1）按照上一节的方法，在页面中插入三个 Div 标签，分别命名为#left、#content和#right。

```
<div id="left">此处显示  id "left" 的内容</div>
<div id="right">此处显示  id "right" 的内容</div>
<div id="content">此处显示  id "content" 的内容</div>
```

（2）打开“CSS 设计器”面板，单击“添加 CSS 源”按钮，在弹出的下拉列表中选择“在页面中定义”命令。然后单击“添加选择器”按钮，输入选择器名称#left。切换到“属性”面板的“布局”类别，设置宽度为 120px，高度为 400px，向左浮动。为便于观察效果，切换到“背景”类别，设置背景颜色为#99FF99。

（3）按上一步同样的方法定义 CSS 规则#right，宽度为 200px，高度为 400px，向右浮动，背景颜色为#99FF99。

从上一节的例子可以看出，要让中间的布局块按指定宽度显示，应设置左、右边距。

（4）按上一步同样的方法定义 CSS 规则#content，高度为 400px，左边距为 125px，右边距为 205px，背景颜色为#99FFFF。

此时的页面效果如图 8-32 所示，布局块之间的间距为 5px。如果拖动文档窗口的右边框，可以看到中间列的宽度随窗口宽度的变化而变化。

图 8-32　中间列自适应宽度的效果

如果将中间列的宽度设置为固定宽度（例如 380px），此时拖动页面的右边框，可以看到，当页面宽度超出三个布局块的宽度和时，content 和 right 之间的间距会随页面宽度的增加而增加，如图 8-33 所示。

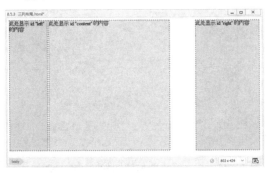

图 8-33　中间列固定宽度的页面效果

接下来，将三列放置在一列中，使布局居中，并设置固定宽度。

（5）切换到“代码”视图，选中 3 个 Div 的代码，然后执行“插入”｜“Div”菜单命令，在弹出的对话框中指定 Div 标签为 main，即可将 3 个 Div 标签放入一个父标签中。

（6）定义规则#main，指定布局块宽度为 710px，左、右边距为 auto，相关代码如下所示：

```
……
<style type="text/css">
……
#content {
        height: 400px;
        margin-left: 125px;
        background-color: #99FFFF;
        margin-right: 205px;
        width: 380px;
}
#main {
        margin: 0 auto;
        width: 710px;
}
</style>
……
<body>
<div id="main">
   <div id="left">此处显示  id "left" 的内容</div>
   <div id="right">此处显示  id "right" 的内容</div>
   <div id="content">此处显示  id "content" 的内容</div>
</div>
</body>
```

此时的页面效果如图 8-34 所示。

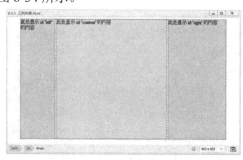

图 8-34　加入父标签后中间列固定的页面效果

8.6 显示/隐藏布局块

上网时常遇到这样的网页：页面上只显示一张图片，当光标移动到图片上时，就会显示一个隐藏的布局块，而光标从图片上移开时，布局块又被隐藏起来。这是比较常用的处理技巧，会非常节约版面空间。例如：当光标移动到图 8-35 所示的左上角图片上时，隐藏的布局块显示，如图 8-36 所示。光标离开该图片时布局块隐藏。

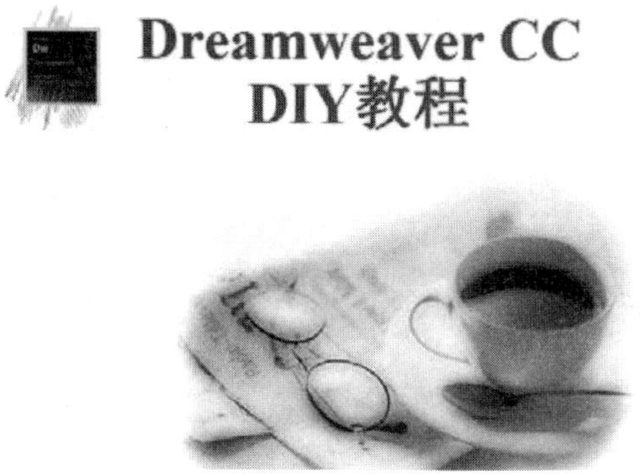

图 8-35　显示效果 1

图 8-36　显示效果 2

实现此例的操作步骤如下：

（1）启动 Dreamweaver 2021，新建一个 HTML 文档，并设置背景图像。

（2）打开“CSS 设计器”面板，单击“添加 CSS 源”按钮，在弹出的下拉菜单中选择“在页面中定义”命令。单击“添加选择器”按钮，输入选择器名称 body，然后切换到 CSS 设计器的“属性”面板，选择“背景”分类，设置背景图像 no-repeat，背景位置（X）为“right”，背景位置（Y）为“bottom”，如图 8-37 所示。此时的页面效果如图 8-38

所示。

图 8-37　CSS 属性设置

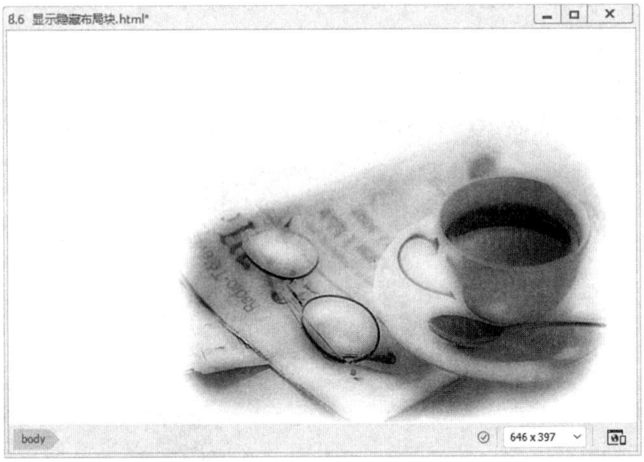

图 8-38　页面效果

（3）在文档窗口中插入一个一行二列的表格，表格宽度为 600px，并在属性面板中设置“对齐”方式为“居中对齐”。然后设置单元格内容水平和垂直对齐方式均为“居中”，在第一行第一列的单元格中插入图片。

（4）在第二列单元格中输入文本“Dreamweaver DIY 教程”，打开“CSS 设计器”面板，选中源<style>。单击“添加选择器”按钮，输入选择器名称 h1，然后切换到 CSS 设计器的“属性”面板，选择“文本”分类，设置字体大小为 56，颜色为“＃F00”（红色）。选中文本，在属性面板的 HTML 类别中指定“格式”为“标题 1”。此时的页面效果如图 8-39 所示。

图 8-39　定义文本效果

（5）将光标定位在表格右侧，执行“插入”|“Div”菜单命令，在弹出的对话框中指定 ID 为 content，在表格下方插入一个 Div 标签。此时在设计视图中的效果如图 8-40 所示。

图 8-40　插入 Div

（6）删除 Div 中的占位文本，然后输入需要的文本内容。选中文本“前言”，打开“CSS 设计器”面板，选中源<style>。单击“添加选择器”按钮，输入选择器名称 h2，然后切换到 CSS 设计器的“属性”面板，选择“文本”分类，设置字体大小为 36，颜色为“#000”（黑色），文本居中对齐。选中文本，在属性面板的 HTML 类别中指定“格式”为“标题 2”。此时的页面效果如图 8-41 所示。

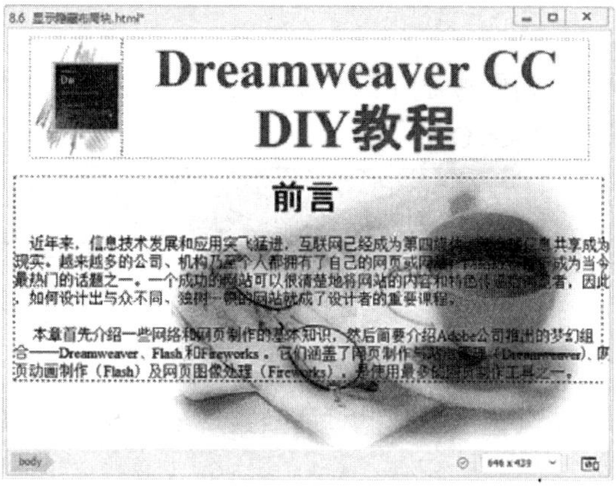

图 8-41　输入文本并格式化

（7）打开“CSS 设计器”面板，选中源<style>。单击“添加选择器”按钮，输入选择器名称#content，然后切换到 CSS 设计器的“属性”面板，选择“布局”分类，设置宽为 600px，上、下边距为 0，左、右边距为 auto，可见性为 hidden，即在页面中隐藏布局块 content。

此时，在“设计”视图中可以看到 content 布局块的显示效果，如图 8-42 左图所示；但切换到“实时视图”，可以看到该布局块已隐藏，如图 8-42 右图所示。

（8）在“设计”视图中单击左上角的图片，或单击文档窗口中状态栏上的 HTML 标识符<img>，表示选择该图片，执行“窗口”|“行为”命令，打开“行为”面板。

（9）单击“行为”面板上的“添加行为”按钮，从弹出的下拉菜单中执行“显示-隐藏元素”命令，弹出“显示-隐藏元素”对话框。

（10）在“显示-隐藏元素”对话框中单击“显示”按钮，如图 8-43 所示。单击“确定”按钮，返回文档窗口。

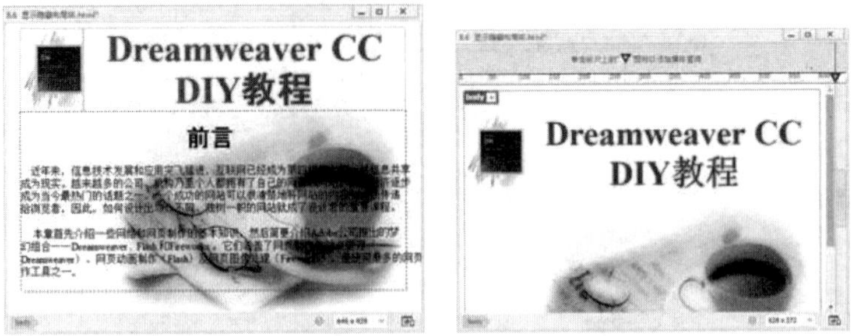

图 8-42 页面效果

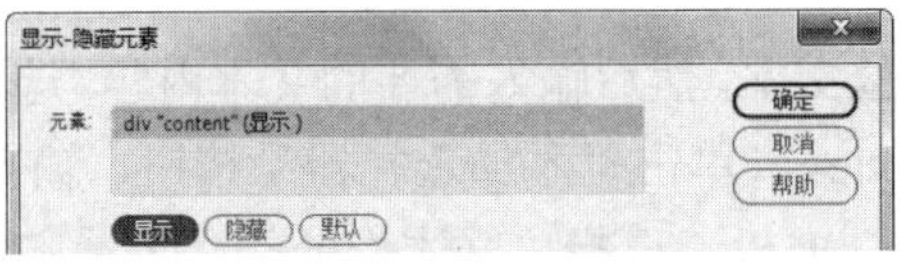

图 8-43 显示布局块 content

（11）在“行为”面板中单击事件下拉列表按钮，从弹出的事件列表菜单中选择 OnMouseOver。

（12）同样的方法，为图像添加第二个“显示-隐藏元素”行为，将元素隐藏，如图 8-44 所示，事件选择 OnMouseOut。

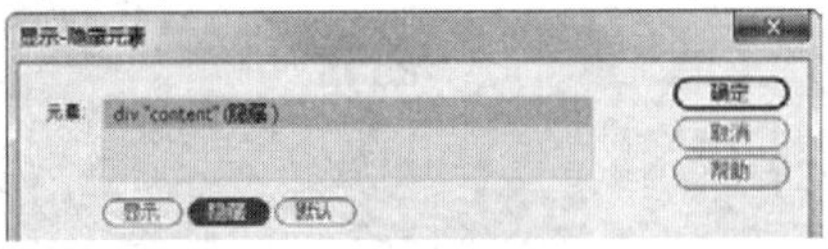

图 8-44 隐藏布局块 content

（13）保存文件。在浏览器中预览页面效果，如图 8-35 和图 8-36 所示。

8.7 动手练一练

1．在文档窗口中插入多个大小不同的 Div 标签，然后将这些布局块调整到大小一致、间隔相同。

2．利用 Div+CSS 技术实现图片交换，即网页中放一张图像，当光标移到图像上时，此图像被隐藏的同时显示另一张图像。

3．用 CSS 样式控制段落中文本行高为原来的 120%。

8.8 思考题

1．使用 Div+CSS 怎样创建两列布局？

2．利用 CSS 属性怎样实现图文混排？

第 9 章　表单的应用

本章导读

本章介绍表单的基础知识及使用方法。内容包括：创建表单，添加各种表单对象并设置属性。这些表单对象包括文本域、单选框、复选框、文件域、按钮、图像域、列表/菜单、隐藏域、HTML5 表单输入类型，以及表单的简单处理等。其中文本域、单选框、复选框、按钮是表单常用的基本对象，要重点掌握。

学习要点

- 创建表单
- 插入表单对象
- 设置表单对象的属性
- 处理表单

9.1 创建表单

在网站上注册时，填写的内容是由表单实现的。使用表单可以收集来自用户的信息，建立网站与浏览者之间沟通的桥梁。获取用户购物订单，收集、分析用户的反馈意见，做出科学合理的决策，是一个网站成功的重要因素。有了表单，网站不仅是信息提供者，同时也是信息收集者，信息由被动提供转变为主动收集。表单是交互式网站的基础，在网页中得到广泛应用。

9.1.1 表单概述

表单中包含多种对象，或者称作控件，例如可以用文本框输入文字，用按钮发送命令等。所有这些控件与 Windows 各种应用程序中的控件非常相似。

要完成从用户处收集信息的工作，仅仅使用表单是不够的。一个完整的表单应由两个重要部分组成：一是描述表单的 HTML 源码，即表单对象，用于在网页中进行描述，接受用户信息；二是用于处理用户在表单中输入信息的服务器端应用程序，也可以是客户端的脚本，如 CGI、JSP、ASP 等。

使用 Dreamweaver 2021 可以创建带有文本域、密码域、单选按钮、复选框、弹出式菜单、按钮等表单对象的表单。还可以通过使用文本编辑器编写脚本或应用程序来验证用户输入信息的正确性，例如可以检查某个不能为空的文本域是否包含了一个特定的值。

此外，Dreamweaver 2021 集成了轻量级的 JavaScript 框架 jQuery。利用 Adobe 一系列预制的表单组件，用户可以轻松快捷地以可视方式设计、开发和部署动态用户界面，在减少页面刷新的同时，提高交互性，并提升速度。

9.1.2 插入表单

“表单”插入面板如图 9-1 左图所示，隐藏标签后的完整面板如图 9-1 右图所示。

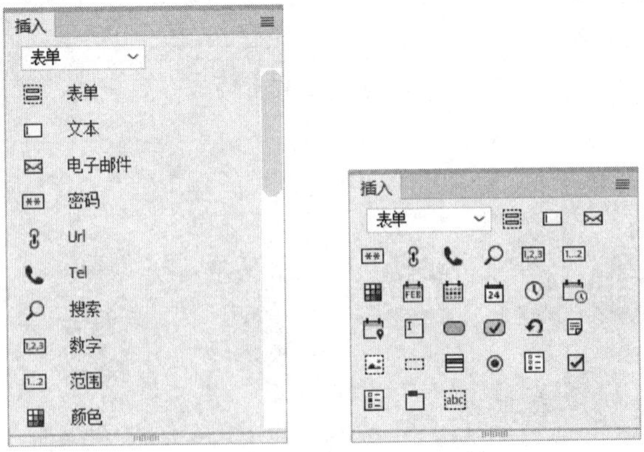

图 9-1 “表单”面板

在插入表单项之前，必须在文档中插入表单。在“设计”视图中，将光标置于要插入表单的位置，执行“插入”|“表单”|“表单”命令，或者单击“表单”插入面板中的“表

单”按钮，添加表单对象。最终的创建效果如图 9-2 所示。

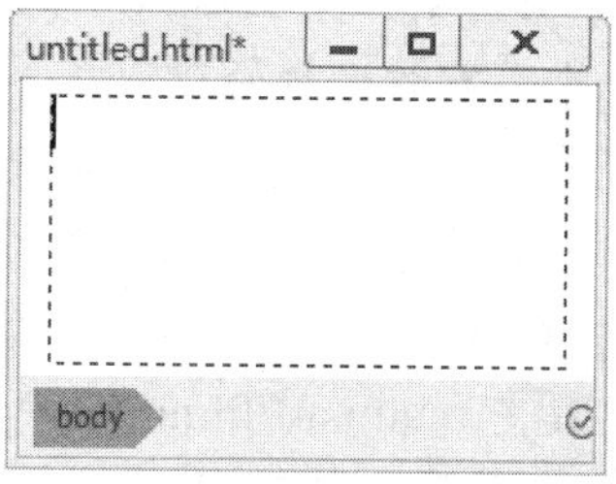

图 9-2　表单边框

提示：创建一个表单后，页面中会出现一个红色的点线轮廓，如图 9-2 所示。如果看不到轮廓，执行“查看”|“设计视图选项”|“可视化助理”|“不可见元素”命令。

表单标记可以嵌套在其他 HTML 标记中，其他 HTML 标记也可以嵌套在表单中。然而，一个表单不能嵌套在另一个表单中。

9.1.3　设置表单属性

表单的属性设置可以通过属性面板得以实现。创建表单后，选中表单，即可打开表单属性面板，如图 9-3 所示。

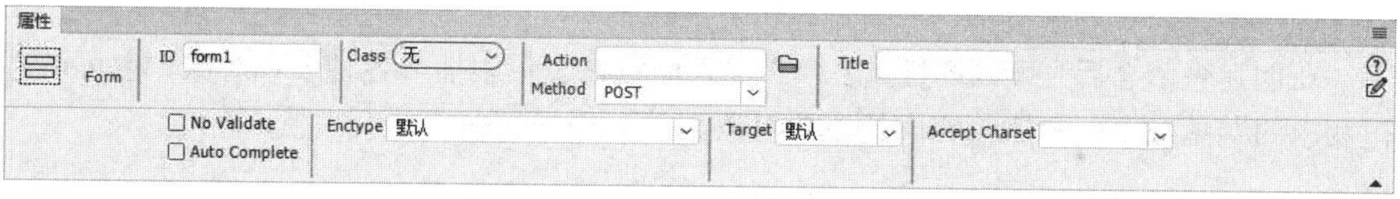

图 9-3　表单属性面板

表单的属性面板中各参数简要介绍如下：

“ID”：用于对表单命名以进行识别。只有为表单命名后，表单才能被 JS 或 VBS 等脚本语言引用或控制。

- “Class（类）”：用于为表单及表单元素指定样式。
- “Action（动作）”：注明用来处理表单信息的脚本或程序所在的 URL。
- “Title（标题）”：指定表单的额外信息，在浏览器中显示为工具提示。
- “Method（方法）”：选择将表单数据传输到服务器的方法。“POST”方法将在 HTTP 请求中嵌入表单数据，将表单值以消息方式送出；“GET”方法将要提交的表单值作为请求该页面的 URL 的附加值发送；“默认”方法使用浏览器的默认设置将表单数据发送到服务器。通常，默认方法为 GET 方法。

提示：不要使用 GET 方法发送长表单。URL 的长度限制在 8192 个字符以内。如果发送的数据量太大，数据将被截断，从而导致意外的或失败的处理结果。而且在发送机密用户名和密码、信用卡号或其他机密信息时，用 GET 方法传递信息不安全。

- “Target（目标）”：在目标窗口中显示调用程序所返回的数据。如果命名的窗口尚未打开，则打开一个具有该名称的新窗口。
- “Accept Charset（字符集）”：指定用于表单提交的字符编码。
- “Enctype（编码类型）”：指定对提交给服务器进行处理的数据使用的 MIME 编码类型。application/x-www-form-urlencode 通常与 POST 方法协同使用。如果要创建文件上传域，则指定 multipart/form-data MIME 类型。
- “No Validate (不验证)”：禁用表单验证，即提交表单时不验证 form 或 input 域。
- “Auto Complete（自动完成）”：在表单项中键入字符时，将显示可自动完成输入的候选项列表。

Auto Complete 属性是 HTML5 表单属性，适用于<form>标签，以及 text、search、url、telephone、email、password、datepickers、range 和 color 类型的<input>标签。

注意：

在 Dreamweaver 2021 中，可以设置的属性包括 HTML5 规范中列出的所有属性。所有这些属性并非都存在于“属性”面板中，可以在代码视图中添加不存在于面板中的属性。

9.2 表单对象

在创建表单之后，可以通过“表单”插入面板在表单中插入各种表单对象，也可以通过相应的菜单在表单中插入相应的表单对象。

9.2.1 文本字段

1．插入“文本字段”

“文本字段”即网页中供用户输入文本的区域，可以接受任何类型的文本、字母或数字。

下面通过一个简单示例介绍在文档中插入单行文本域、多行文本域、密码域的具体操作，最终的创建效果如图 9-4 所示。

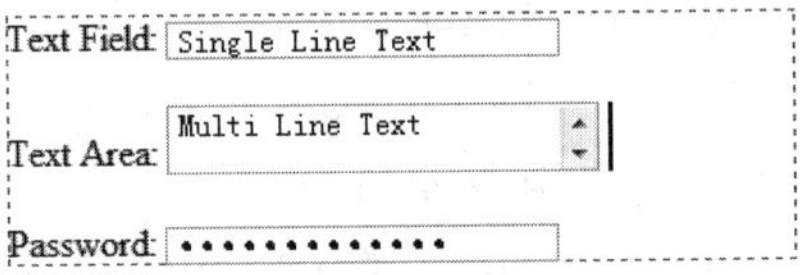

图 9-4　插入文本域效果

（1）执行“插入”|“表单”|“表单”命令，或者单击“表单”插入面板中的“表单”按钮，添加表单。

（2）将光标置于表单中，执行“插入”|“表单”|“文本”命令，或单击“表单”插入面板中的“文本”按钮，即可向表单中添加一个文本域。

（3）选中文本域，在属性设置面板的“value”文本框中输入“Single Line Text”。

（4）按 Enter 键回车，执行“插入”|“表单”|“文本区域”命令，或单击“表单”插入面板中的“文本区域”按钮，添加第二个文本域，在“value”文本框输入“Multi Line Text”。

（5）按 Enter 键回车，执行“插入”|“表单”|“密码”命令，或单击“表单”插入面板中的“密码”按钮，添加第三个文本域，在“value”文本框输入“Password Text”。

（6）保存文档。至此，文档创建完毕，在浏览器中预览整个页面。

2.“文本”属性

选中“文本”表单对象，可以看见其属性设置面板如图 9-5 所示，文本属性设置面板上的各项属性的功能分别介绍如下：

- Name（名称）：用于设置文本域的唯一名称。该名称可以被脚本或程序引用。名称不能包含空格或特殊字符，可以使用字母、数字、字符和下划线的任意组合。请注意，为文本域指定的名称是存储在该域的值（输入的数据）的变量名，并发送给服务器进行处理。

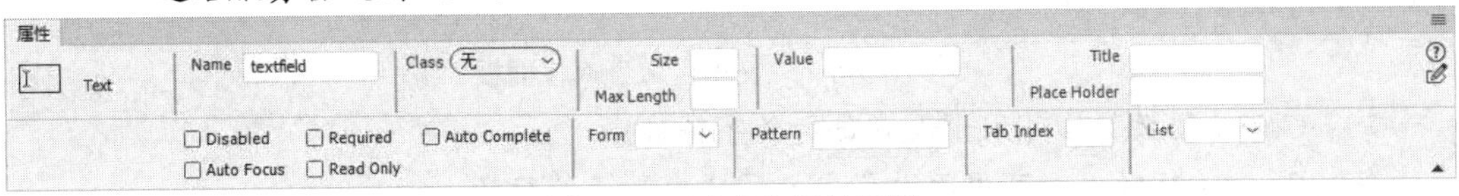

图 9-5 “文本”属性面板

- Class（类）：设置用于文本域的 CSS 样式。
- Size（字符宽度）：用于设置文本域的字符宽度，单位为字符数素。
- Max Length（允许的最大字符数）：设置文本域可以接受的最大字符数。
- Value（初始值）：用于设置文本域的初始值。
- Read Only（只读）：可用于将文本域的值设置为只读。
- Required（必填）：可用于指定在将表单提交给服务器前文本域是否必须包含数据（不能为空）。
- Disabled（禁用）：禁用文本区域。
- Auto Focus（自动聚焦）：在页面加载时，该域自动获取焦点。该 HTML5 表单元素属性适用于所有<input>标签的类型。
- Form（表单）：指定文本域所属的表单。该属性适用于所有<input>标签的类型，但必须引用所属表单的 id。

提示：如需引用一个以上的表单，应使用空格进行分隔。

- Pattern（匹配）：指定文本域内容的模式（正则表达式）。

提示：pattern 属性适用于 text、search、url、telephone、email 和 password 类型的<input>标签。

- Tab Index（Tab 键索引）：辅助功能，为表单对象指定在当前文档的 Tab 顺序。如果为一个对象设置 Tab 顺序，则须为所有对象设置 Tab 顺序。
- Title（标题）：用于设置表单元素的额外信息，在浏览器中显示为工具提示。
- Place holder：用于设置描述输入字段的预期值的提示信息。

提示：placeholder 属性适用于 text、search、url、telephone、email 和 password 类型的<input>标签。

➢ List(列表): 指定输入字段的选项列表。该属性适用于 text、search、url、telephone、email、date pickers、number、range 和 color 类型的<input>标签。

3．“文本区域”属性

选中“文本区域”，可以看见其属性设置面板如图 9-6 所示，文本属性设置面板上的各项属性的功能分别介绍如下：

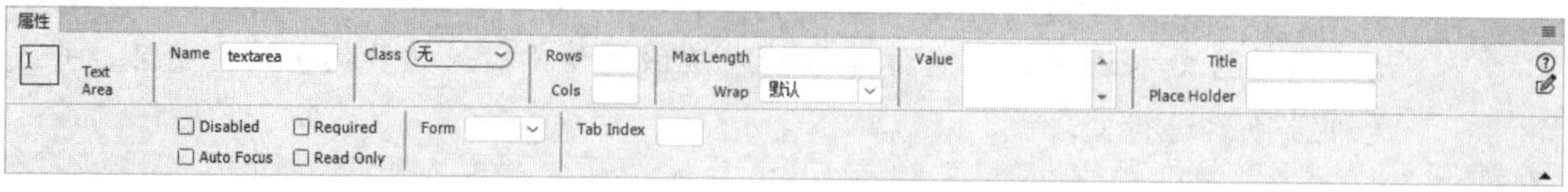

图 9-6 “文本区域”属性面板

➢ Cols（列数）：可用于设置每行的字符数。

➢ Rows（行数）：可用于设置文本区域中显示的行数。

➢ Required（必填）：可用于指定用户必须在域中输入数据（已选中），或不必在域中输入数据（未选中）。

➢ Value（初始值）：可用于指定当页面最初在浏览器中打开时要在文本区域中显示的文本。

➢ Wrap（换行）：设置多行文本的换行方式。

➢ Place Holder: 该属性提供一种提示，描述输入域期待的值。提示在输入域为空时显示出现，在输入域获得焦点时消失。

4．“密码”属性

选中“密码”表单对象，可以看见其属性设置面板如图 9-7 所示。“密码”属性设置面板上的各项属性的功能与文本属性类似，这里不再重复介绍。

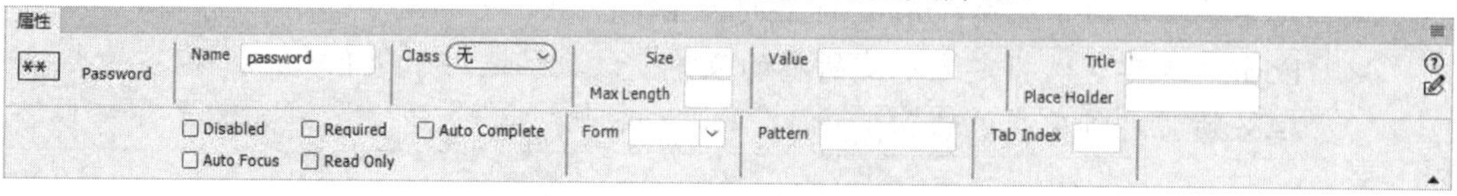

图 9-7 “密码”属性设置面板

9.2.2 单选按钮组

1．插入“单选按钮组”

单选按钮组用于在众多选项中选择其中的一项。下面通过一个简单示例介绍在文档中插入单选按钮组的具体操作，最终的创建效果如图 9-8 所示。

（1）执行“插入”|“表单”|“表单”命令，或者单击“表单”面板中的“表单”按钮，添加表单。

（2）执行“插入”|“表单” |“单选按钮组”命令，或单击“表单”面板中“单选按钮组”的图标按钮，打开“单选按钮组”对话框，如图 9-9 所示。各参数介绍如下：

➢ “名称”：用于设置单选按钮组的名称。

➢ “单选按钮”：用于设置单选按钮的“标签”和“值”。可以使用＋、－按钮添加、删除按钮；使用▲、▼调整按钮在单选按钮组中的顺序。

➢ “布局，使用”：用于指定单选按钮组的布局方式，有两种选项：“换行符（
标签）”，用换行符排版；“表格”，用表格排版，即 Dreamweaver 创建一个一列的表格，并将这些单选按钮放在左侧，将标签放在右侧。

（3）设置单选按钮组对话框中的参数，具体如图 9-9 所示。单击“确定”按钮完成单选按钮组的添加。

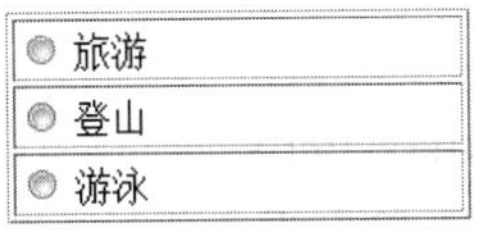

图 9-8 插入单选按钮效果

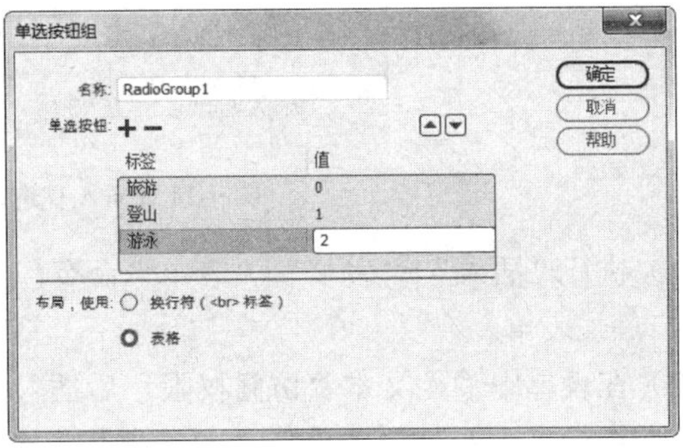

图 9-9 “单选按钮组”对话框

（4）选中单选按钮组表格，在“属性”面板上将“对齐”属性设为“居中对齐”，“边框”设置为 1。

（5）保存文档。至此，文档创建完毕，在浏览器中测试单选按钮效果。

此外，也可以通过执行“插入”|“表单”|“单选按钮”命令，或单击“表单”插入面板上的单选按钮图标，在表单中添加一个单选按钮。添加单选按钮和单选按钮组的区别在于后者成批插入，并且提供了简单排版控制，可以大大提高编辑效率。

注意：
同一组单选按钮必须设置相同的“名称”，否则起不到单选按钮组的作用。

2．单选按钮属性

选中单选按钮，可以看见如图 9-10 所示的属性设置面板，它包含了下面几项属性值：

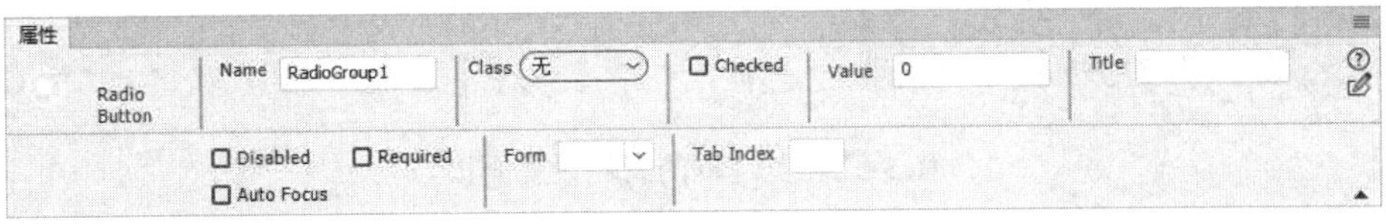

图 9-10 单选按钮的属性设置面板

➢ “Name（名称）”：用于设置单选按钮的名称。该名称可以被脚本或程序引用。
➢ “Value（值）”：用于设置该单选按钮被选中时的值，这个值将会随表单提交。
➢ “Checked（选中）”：用于设置单选按钮的初始状态是否为选中。同一组单选按钮中只能有一个按钮的初始状态为选中。

9.2.3 复选框

1．插入“复选框”

复选框供用户在提供的多个选项中选择其中的一项或多项。下面通过一个简单示例介绍在文档中插入复选按钮组的具体操作，最终的创建效果如图 9-11 所示。

图 9-11　插入复选框效果

（1）执行“插入”|“表单”|“表单”命令，或者单击“表单”插入面板上的“表单”按钮，添加表单。

（2）在表单中输入文本“访问权限”后插入换行符（Shift+Enter）。

（3）执行“插入”|“表单”|“复选框”命令，或单击“表单”插入面板上的复选框按钮，即可在表单中添加一个复选框，将标签文字“Checkbox”修改为“QQ 好友”。

（4）重复步骤（3），插入“关注友人”和“其他人使用‘密码问题’访问”两个复选框。

（5）保存文档。文档创建完毕。在浏览器中测试复选框效果。

2．复选框属性

选中任一个复选框，其属性设置面板如图 9-12 所示，它包含了下面几项属性值：

- “Name（名称）”：用于设置复选框的名称。该名称可以被脚本或程序所引用。
- “Value（值）”：用于设置该复选框被选中时的值，这个值将会随表单提交。
- “Checked（初始状态）”：用于设置复选框的初始状态是否为选中。
- “Class（类）”：用于设置应用于复选框的 CSS 样式。

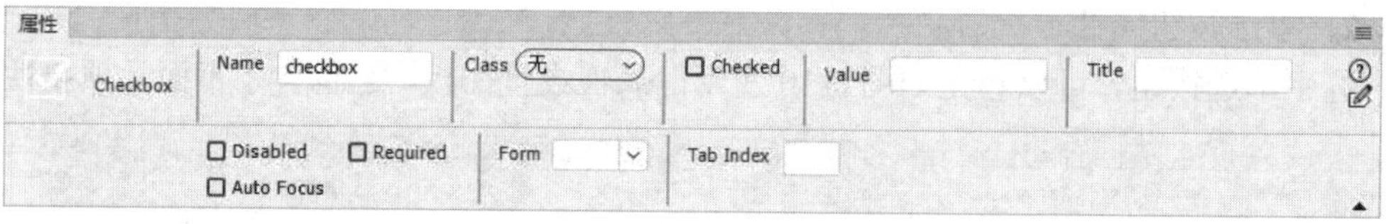

图 9-12　复选框的属性设置面板

9.2.4　文件域

1．插入“文件”

“文件域”能够在网页中建立一个文件地址的输入选择栏。要注意必须要有服务器端脚本或能处理文件提交操作的页面，才可以使用文件上传域。此外，文件域要求使用 POST 方法将文件从浏览器传输到服务器，在使用文件域之前，应与服务器管理员联系，确认允许使用匿名文件上传。

下面通过一个简单示例介绍在文档中插入文件域的具体操作，最终的创建效果如图 9-13 所示。

图 9-13　插入文件域效果

（1）执行“插入”|“表单”|“表单”命令，或者单击“表单”插入面板中的“表单”按钮，添加表单。在属性面板上将“方法”设置为 POST；“编码类型”选择 multipart/form-data；并在“动作”文本框中指定服务器端脚本或能处理上传文件的页面。

（2）执行“插入”|“表单”|“文件”命令，或单击“表单”插入面板中的“文件”图标按钮，即可在表单中添加一个文件域。

（3）保存文档。至此，文档创建完毕，在浏览器中测试文件域的效果。

2．文件属性

选中文件域，其属性设置面板如图 9-14 所示，它包含了下面几项属性值：

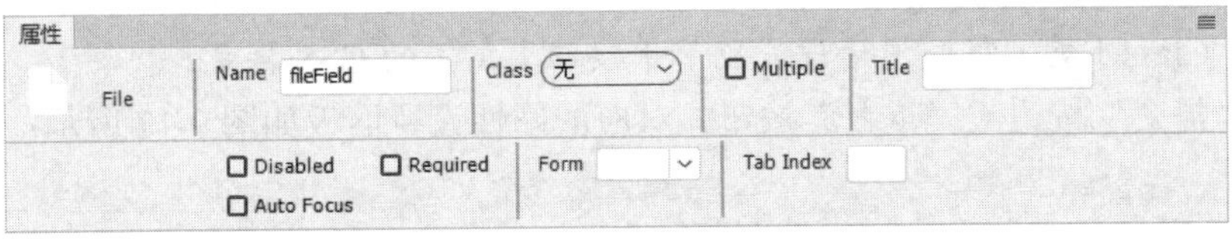

图 9-14　文件的属性设置面板

- “Name（名称）”：用于设置文件域的名称。该名称可以被脚本或程序所引用。
- “Class（类）”：用于设置应用于文件域的 CSS 样式。
- “Multiple（多选）”：选中该选项后，选择文件时允许同时选择多个文件。

9.2.5　按钮

1．插入“按钮”

表单中的按钮对象用于触发服务器端脚本处理程序。只有通过按钮的触发，才能把用户填写的信息传送到服务器端，实现信息的交互。下面通过一个简单示例介绍在文档中插入按钮的具体操作，最终的创建效果如图 9-15 所示。

图 9-15　插入按钮效果

（1）执行“插入”|“表单”|“表单”命令，或者单击“表单”插入面板中的“表单”按钮，添加表单。

（2）执行“插入”|“表单”|“提交按钮”，或单击“表单”插入面板中的“提交”

按钮图标☑，在表单中添加一个“提交”按钮。该类型的按钮通常用于提交表单，将表单数据提交给处理应用程序或脚本。

（3）单击“表单”插入面板中的“重置”按钮图标，在表单中添加一个“重置”按钮。该类型的按钮用于清除表单内容，或将表单域重置为原始值。

（4）单击“表单”插入面板中的“按钮”图标，在表单中添加一个普通按钮（或称为无动作按钮）。用户可以为该按钮指定要执行的动作。

该按钮的“值”属性默认为“提交”，在属性面板上将“值”属性修改为“按钮”。

（5）保存文档。至此，文档创建完毕。可以按 F12 键在浏览器中预览整个页面。

2．按钮属性

选中普通按钮，对应的属性设置面板如图 9-16 所示。

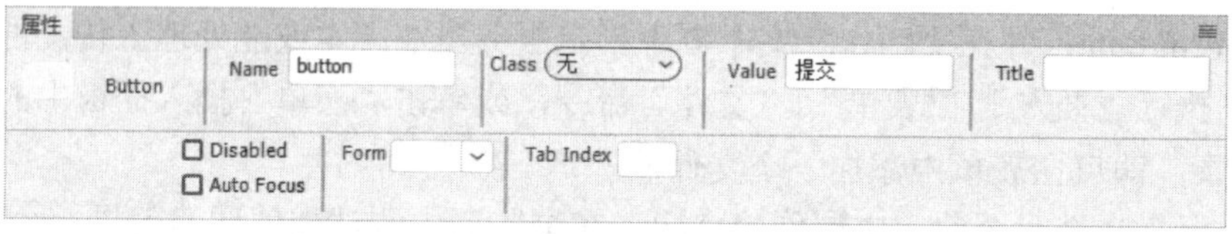

图 9-16　普通按钮的属性设置面板

- “Name（名称）”：用于设置按钮的名称。该名称可以被脚本或程序引用。
- “Class（类）”：用于设置应用于按钮上文字的 CSS 样式。

选中“提交”按钮或“重置”按钮，对应的属性设置面板如图 9-17 所示：

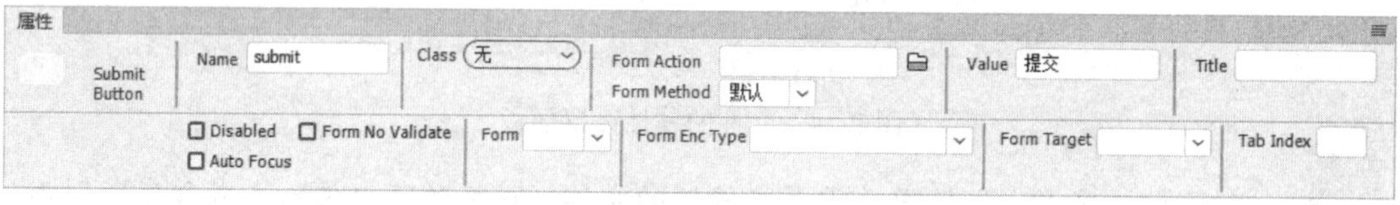

图 9-17　“提交”按钮的属性设置面板

在这里，用户不仅可以指定按钮的名称、值、应用的 CSS 样式，还可以指定表单动作和方法，按钮的初始状态、关联的表单、是否自动聚焦等属性。

9.2.6　图像按钮

1．插入“图像按钮”

“图像按钮”可以替代“提交”按钮执行将表单数据提交给服务器端程序的功能。使用图像按钮，可以使网页更美观。

下面通过一个简单示例介绍在文档中插入图像域的具体操作，以及利用图像代替“提交”按钮的技术。最终的创建效果如图 9-18 所示。

（1）执行“插入”|“表单”|“表单”命令，或者单击“表单”插入面板中的“表单”按钮，添加表单。

（2）执行“插入”|“表格”命令插入一个三行一列的表格，宽度为 300 像素，无边框。选中插入的表格，在属性面板上设置对齐方式为“居中对齐”，效果如图 9-19 所示。

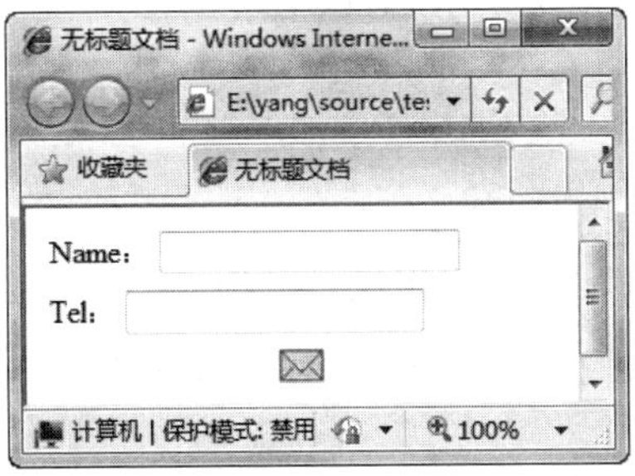

图 9-18　实例效果

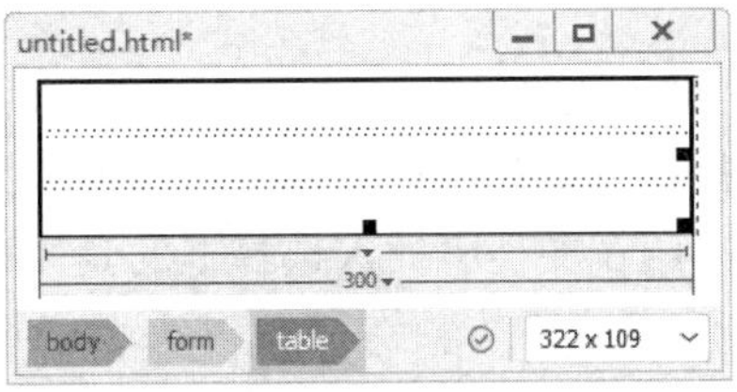

图 9-19　插入表格

（3）选中表格第一行和第二行，在属性面板上设置单元格内容水平“左对齐”，垂直“居中”对齐，然后分别在第一行和第二行相应位置插入文本域，并修改标签占位文本。

（4）选中表格第三行，设置单元格内容水平和垂直对齐方式均为“居中”。

（5）将光标定位于第三行的单元格中，执行“插入” | “表单” | “图像按钮”命令，或单击“表单”插入面板上的“图像按钮”图标，弹出“选择图像源文件”对话框。

（6）选择一个将作为按钮的图像文件，单击“确定”按钮。

此时若在浏览器中预览页面，将发现单击图像后，没有实现提交表格的功能。若要实现提交表格功能，还需要继续下面的步骤。

（7）单击文档窗口顶部的“拆分”按钮，切换到“拆分”视图。在“设计”视图中单击图像按钮，这时在“代码”视图中相关的代码背景色将显示为蓝色。

（8）在图像域代码末尾加上 value="Submit"，这时图像按钮代码如下：

<input name="imageField" type="image" src="mail.gif" width="23" height="16" border="0" value="Submit">。

（9）保存文档。至此，文档创建完毕。在浏览器中测试页面效果，单击图像时就会跳转到表单处理页面。

2．图像按钮属性

选中图像域的属性设置面板如图 9-20 所示，它包含了下面几项属性值：

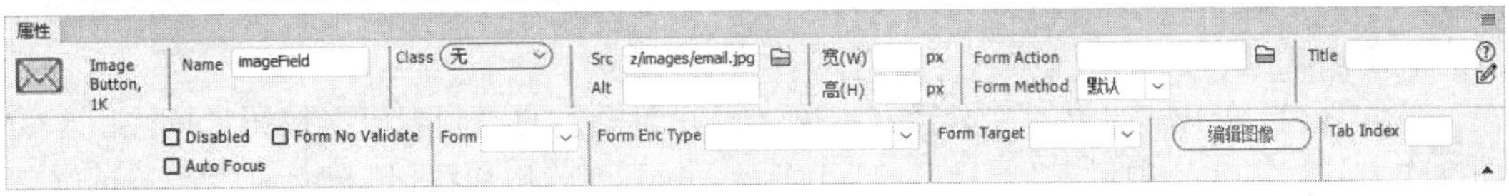

图 9-20　图像域的属性设置面板

- “Name（名称）”：用于设置图像域的名称，该名称可以被脚本或程序引用。
- “Src（源文件）”：用于设置图像的 URL 地址，用户可以单击右侧的文件夹图标，选择所需图像，也可在文本框中直接输入图像地址。
- “Form Action（动作）”：链接的动作脚本文件。
- “Alt（替换）”：用于设置图像的替换文字，当浏览器不显示图像时，会以这里的文字替换图像。
- “Class”：用于设置应用于图像域的 CSS 样式。
- “编辑图像”：启动默认的图像编辑器，并打开该图像文件进行编辑。

9.2.7 选择框

1. 插入选择框

选择框可以在网页中以列表的形式为用户提供一系列的预设选择项。下面通过一个简单示例介绍在文档中插入选择框的具体操作，最终的创建效果如图 9-21 所示。

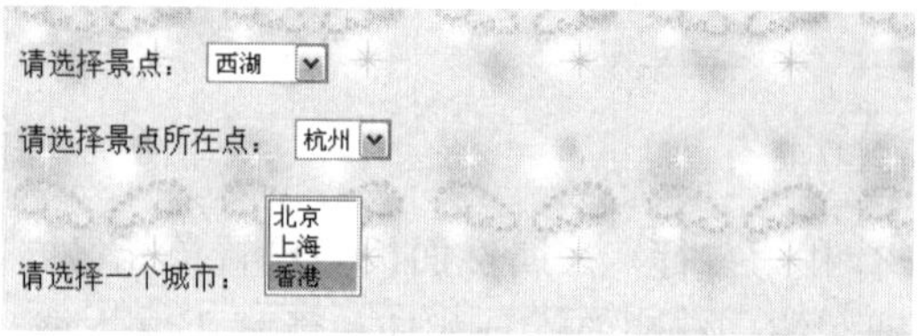

图 9-21 插入选择框效果

（1）执行“插入”|“表单”|“表单”命令，或者单击“表单”插入面板上的“表单”按钮，添加表单。

（2）执行“插入”|“表单”|“选择”命令，或单击“表单”插入面板的“选择”图标按钮，在表单中添加一个“选择”表单对象。

（3）在属性面板上单击“列表值”按钮，弹出“列表值”对话框，如图 9-22 所示。

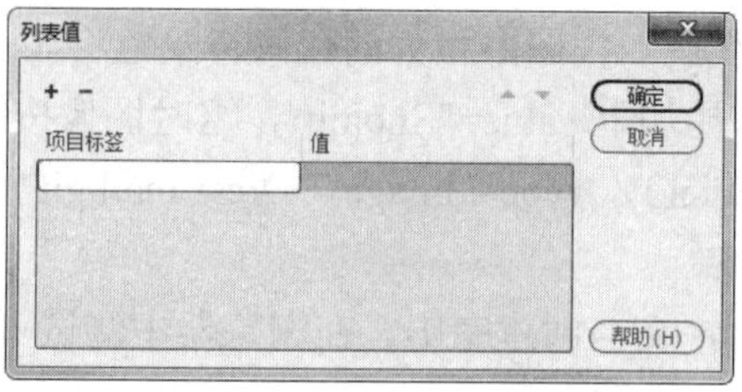

图 9-22 “列表值”对话框

（4）单击“添加项”按钮+添加 3 个项目，“项目标签”分别为：西湖、灵隐寺和龙井山。单击“确定”按钮完成列表值设置。

（5）在表单中添加第二个选择框，单击属性面板上的“列表值”按钮，依照上一步的操作方法添加 3 个项目，“项目标签”分别为：杭州、苏州和扬州。然后在“Selected（初始化时选定）”列表框中单击“杭州”。

（6）向表单添加第三个选择框，单击属性面板上的“列表值”按钮，为“选择框”对象添加 3 个项目，“项目标签”分别为北京、上海和香港。然后在“Selected（初始化时选定）”列表框单击“香港”，“Size（高度）”设置为 3。

（7）保存文档。至此，文档创建完毕，在浏览器中测试选择框的效果。

2. 选择框属性

选中一个选择框对象，其属性设置面板如图 9-23 所示，它包含了下面几项属性值：

Chapter 09

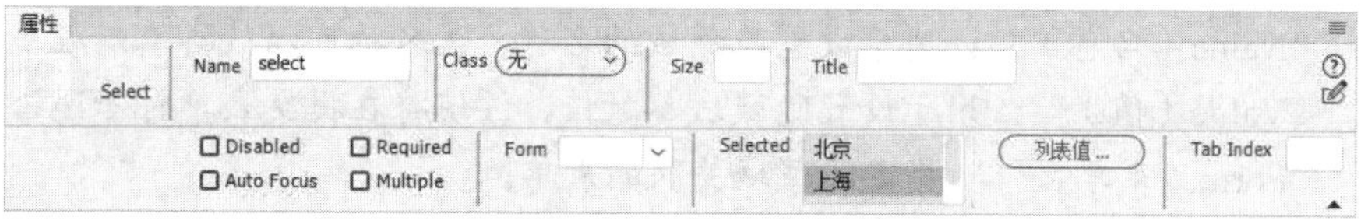

图 9-23　列表/菜单的属性设置面板

- “Size（高度）”：用于设置列表显示的行数。
- “列表值”：用于设置列表内容。单击此按钮打开“列表/菜单”条目对话框，如图 9-23 所示。在这个对话框中可以添加或修改“列表/菜单”的条目。
- “Class（类）”：用于设置应用于“列表/菜单”的 CSS 样式。
- “Required（必填）”：若选中此项，则在提交表单时必须在列表中选中一项。
- “Multiple（允许多选）”：用于设置是否允许选择多项列表值。
- “Selected（初始化时选定）”：用于设置“列表/菜单”的默认选项。

9.2.8　隐藏域

1．插入“隐藏域”

“隐藏域”是一种在浏览器中不显示的控件。利用“隐藏域”可以实现浏览器与服务器在后台隐蔽地交换信息，为表单处理程序提供一些有用的参数，而这些参数是用户不关心的，不必在浏览器中显示的。

在文档中插入“隐藏域”执行以下步骤：

（1）执行“插入”|“表单”|“表单”命令，添加表单。

（2）执行“插入”|“表单”|“隐藏”，或单击“表单”插入面板上的“隐藏”图标插入隐藏域，“设计”视图中会显示隐藏域的占位符，如图 9-24 所示。

图 9-24　插入隐藏域的效果

（3）在属性设置面板中设置隐藏域的参数值。

2．“隐藏域”属性

选中“隐藏域”图标，对应的属性设置面板如图 9-25 所示。

图 9-25　隐藏域的属性设置面板

- “Name（名称）”：用于设置隐藏域的名称，该名称可以被脚本或程序所引用。
- “Value（值）”：用于设置隐藏域参数值，该值将在提交表单时传递给服务器。
- “Form（表单）：”指定隐藏域关联的表单。

9.2.9 HTML5 表单元素

Dreamweaver 2021 提供了多个 HTML5 表单元素，比如日期、时间、电子邮件、电话号码、URL、数字、范围、搜索等，如图 9-26 所示。这些表单元素提供了很好的输入控制和验证。

注意：
目前浏览器对 HTML5 输入类型还没有完全支持，但已经可以在所有主流的浏览器中使用了，而且在不支持的浏览器上仍然可以显示为常规的文本域。

图 9-26　HTML5 表单元素

下面简要介绍这几种表单输入类型的功能。

1．电子邮件

email 类型用于输入电子邮件地址，且在提交表单时，会自动验证电子邮件域的值。在表单中插入电子邮件域之后，在“代码”视图中可以看到如下所示的代码：

```
<label for="email">Email:</label>
  <input type="email" name="email" id="email">
```

如果在电子邮件域中没有填写正确的邮件格式，则提交表单时会显示提示说明，如图 9-27 所示。

2．url

url 类型用于填写 URL 地址，在提交表单时，会自动验证 url 域的值。在表单中插入域 url 之后，在“代码”视图中可以看到如下所示的代码：

```
<label for="url">Url:</label>
<input type="url" name="url" id="url">
```

如果在 url 域中填写的 url 格式不正确，提交表单时会显示提示说明，如图 9-28 所示。

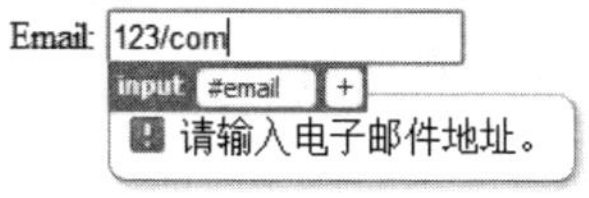

图 9-27 验证电子邮件地址

图 9-28 验证 url 地址

3．数字

number 类型用于验证输入的数值，并能指定数字的范围、步长和默认值。

如果没有填写正确的数字格式，则提交表单时会显示提示说明，如图 9-29 所示。

4．范围

range 类型用于包含一定范围内数字值的输入域，显示为滑动条，如图 9-30 所示。

图 9-29 验证数字

图 9-30 范围

5．日期选择器

在 Dreamweaver 2021 中，HTML5 拥有多个可供选取日期和时间的输入类型：

- 月（month）：用于选取月和年，如图 9-31 所示。
- 周（week）：用于选取周和年，如图 9-32 所示。

图 9-31 选取月

图 9-32 选取周

- 日期（date）：用于选取日、月和年，如图 9-33 所示。
- 时间（time）：用于选取时间（小时和分钟），如图 9-34 所示。

图 9-33 选取日期

图 9-34 选取时间

- 日期时间（datetime）：用于选取时间、日、月和年（UTC 时间）。

➢ 日期时间（当地）（datetime-local）：用于选取时间、日、月和年（本地时间），如图 9-35 所示。

6．颜色选择器

颜色选择器用于选取颜色，显示为下拉列表，如图 9-36 所示。

7．搜索

search 类型用于搜索域，如站点搜索。search 域显示为常规的文本域，如图 9-37 所示。

图 9-35　日期时间（当地）

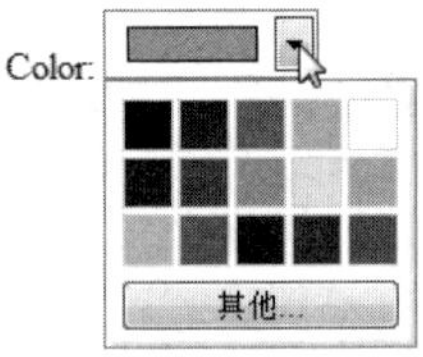

图 9-36　颜色选择器

图 9-37　搜索域

9.3　表单的处理

在文档中创建表单及其控件，并不能完成信息的交互。要想在网页中实现信息的真正交互，还必须使用脚本或应用程序来处理相应的信息。通常这些脚本或应用程序由 form 标记中的 action 属性指定。常用的脚本语言有 Java、C、VBScript、Perl 和 JavaScript 等。如果需要完成的操作比较简单，可以将所有的处理都放在客户端进行，例如使用 JavaScript 脚本处理一个简单的表单。

下面通过一个“个人资料填写”网页实例的制作，介绍表单、各种表单对象和表格的联合应用。为简单起见，表单的处理采用将内容发送到制作者邮箱的方法；采用 JavaScript 脚本语言检查表单数据的有效性。实例中的表单结构如图 9-38 所示。

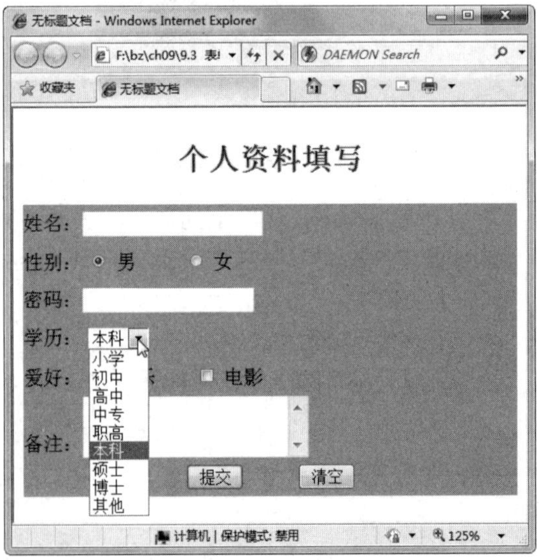

图 9-38　网页中的表单结构

（1）启动 Dreamweaver 2021，创建一个 HTML 文档。

（2）在页面中输入标题“个人资料

填写”，并新建一个 CSS 规则 h2 设置字体、颜色和对齐等属性，如图 9-39 所示。

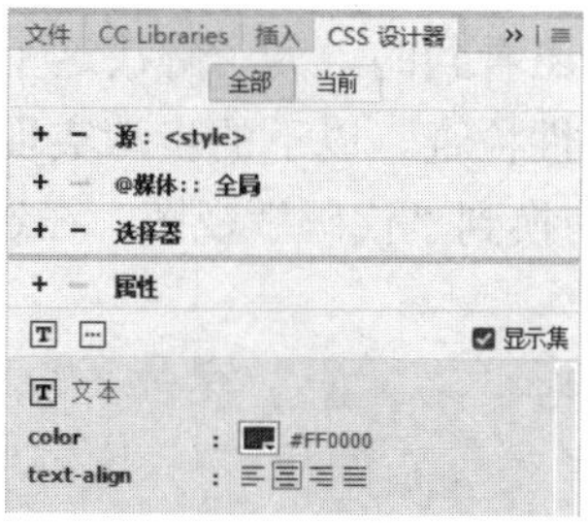

图 9-39　h2 属性设置

（3）插入一个表单。在属性面板上设置表单 ID 为 form1，Action（动作）为 mailto:webmaster@website.com，Method（方法）为 POST。

（4）为便于排版，在表单内插入一个 7 行 1 列的表格。在属性面板上设置表格的“边框”值为 0，单元格间距为 0，“对齐”方式为“居中对齐”，“背景颜色”为“#66CC99”。

（5）输入图 9-40 中的文本和各种表单对象。各对象的参数设置如下（以等号表示相应的设置值，未给出的参数采用默认值）。

➢ “姓名”文本域："Name"="name"；"Size(字符宽度)"="20"；"Max Length(最多字符数)"="20"。
➢ “男”单选按钮："Name"="sex"；勾选“Checked”复选框。
➢ “女”单选按钮："Name"="sex"；不勾选“Checked”复选框。
➢ “密码”文本框："Name"="password"；"size(字符宽度)"="20"；"Max Length(最多字符数) "="20" 。
➢ “学历”列表框："Name"="edu"；"Size"="1"；“列表值”设置如图 9-39 所示；"Selected（初始化选中）"="本科"。
➢ “音乐”复选框："Name"="music"；勾选“Checked”复选框。
➢ “电影”复选框："Name"="movie"；不勾选“Checked”复选框。
➢ “备注”文本区域："Name"="note"；"Cols"="50"；"Rows"="3"。
➢ “提交”按钮："Name"="submit"；"Value"="提交"。
➢ “清空”按钮："Name"="reset"；"Value"="清空"。

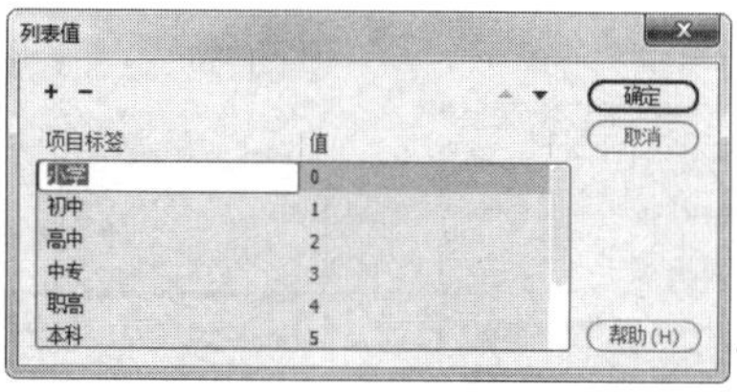

图 9-40　“列表值”对话框

至此，页面制作基本完成，可以保存文档并在浏览器中进行测试。单击网页中的提交按钮时，会弹出一个提示框。单击“确定”按钮继续发送邮件，单击“取消”按钮则不发送邮件。

通过测试会发现，在表单中不填任何数据，或填的数据无效，单击“提交”按钮仍然会发送邮件，这是网页设计者不愿看到的。为了解决这个问题，可以用 JavaScript 脚本语言对各个表单元素的值进行有效性检查。以下的步骤实现这个功能。

（6）选中“提交”按钮，切换到“代码”视图，在选中的代码后输入以下 JavaScript 程序段：

```
<script type="text/javascript">
function checkForm(){
//判断文本域 name 是否为空，如果为空，则弹出消息，并返回 false
 if(document.form1.name.value==""){
          alert("用户名不能为空！");
          return false;
     }
 //判断密码域是否为空，如果为空，则弹出消息，并返回 false
     if(document.form1.password.value==""){
          alert("密码不能为空！");
          return false;
     }
//如果都不为空，则返回 true
     return true;
}
     </script>
```

（7）选中“提交”按钮对应的代码，添加按钮响应事件 onclick="return checkForm();"。修改后的代码如下：

```
<input name="submit" type="submit" id="submit" onclick="return checkForm();" value="提交" />
```

（8）保存文档，至此制作全部完成。可以在浏览器中打开页面进行测试。

本实例最终实现姓名和密码的输入，每项最多可以输入 20 字符。当姓名和密码两者中至少有一个为空值时，单击“提交”按钮会弹出相应的错误提示对话框，如图 9-41 所示，并取消表单提交。

图 9-41　出错提示对话框

9.4 动手练一练

制作一个图 9-42 所示的“注册登记表”网页。要求使用表格技术实现表单排版，其中，带*号的内容为必填项，提交表格时，必须进行有效性检查，确保不是空值。

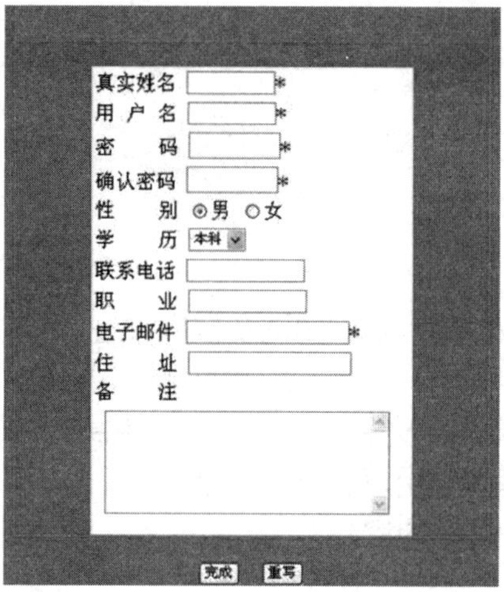

图 9-42　“注册登记表”网页

9.5 思考题

1．怎样才能使图像按钮起到“提交”按钮的作用？“图像按钮”能代替“重设表单”按钮吗？

2．用电子邮件方式处理表单有哪些优缺点？

第 10 章　模板与库

本章导读

本章介绍模板和库的基础知识及使用方法。内容包括：创建模板；定义模板的可编辑区域、重复区域和可选区域；定义嵌套模板；应用模板建立网页；修改模板并更新站点；创建并使用库等。读者应该重点掌握模板的创建和使用；可编辑区域和重复区域的区别和使用方法；库项目的建立和使用等内容。

学　习　要　点

- 创建模板与库
- 定义模板对象
- 定义嵌套模板
- 应用模板和库

10.1 模板

在建立并维护一个站点的过程中，往往需要建立大量外观及部分内容相同的网页，使站点具有统一的风格。如果逐页建立、修改会很费时、费力，效率不高，而且容易出错，整个站点的网页很难做到有统一的外观及结构。

Dreamweaver 2021 提供两种可以重复使用的部件来解决以上问题，这就是模板和库。模板和库是保持站点具有统一风格的利器，合理利用模板和库的功能，可以极大地提高工作效率。模板提供一种建立同一类型网页基本框架的方法，由可编辑区域和不可编辑区域两部分组成。不可编辑区域包含所有页面中共有的元素，即构成页面的基本框架，比如导航条、标题等；而可编辑区域是为添加可编辑的内容而设置的，可以让用户根据需要重新输入内容。这样，在站点中所有基于这个模板创建的文档的固定区域都是相同的，而可编辑区域中的内容则是不同的。在后期的网站维护中，通过改变模板的不可编辑区，可以快速地更新整个站点中所有使用了该模板的页面布局。

10.1.1 “模板”面板

执行“窗口”|“资源”命令，即可调出“资源”面板，如图 10-1 所示。

在“资源”面板左侧单击“模板”图标按钮，可切换到“模板”面板，如图 10-2 所示。

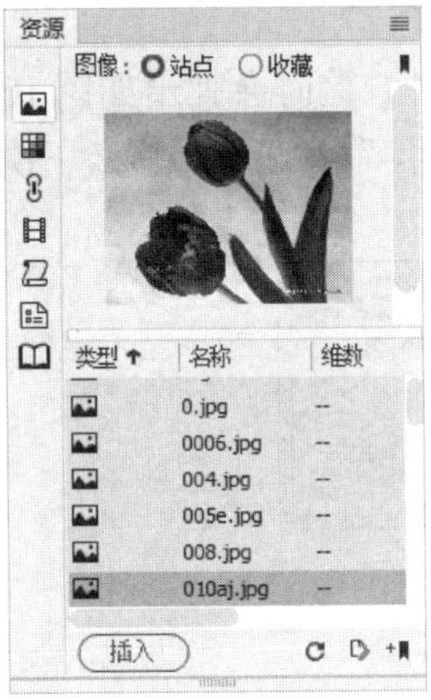

图 10-1 “资源”面板

图 10-2 “模板”面板

从图中可以看到，面板上半部分显示当前选择的模板的具体内容，下半部分则是所有模板的列表。

10.1.2 建立模板

在 Dreamweaver 2021 中，模板是一种特殊的文档，用于设计固定的页面布局。模板中有些区域是不能编辑的，称为锁定区域；有些区域则是可以编辑的，称为可编辑区域。通过编辑可编辑区的内容，可以得到与模板相似但又有所不同的新网页。

模板的制作方法与普通网页类似，只是在制作完成后应定义可编辑区域、重复区域等模板元素。下面简单介绍创建一个新的模板文件的 3 种方法。

1．方法一

（1）执行“文件”|“新建”命令，弹出“新建文档”对话框。

（2）在“类别”栏选中“新建文档”，在“文档类型”列表中选择“HTML 模板”，如图 10-3 所示。单击“创建”按钮，即可创建一个空白的模板文件。

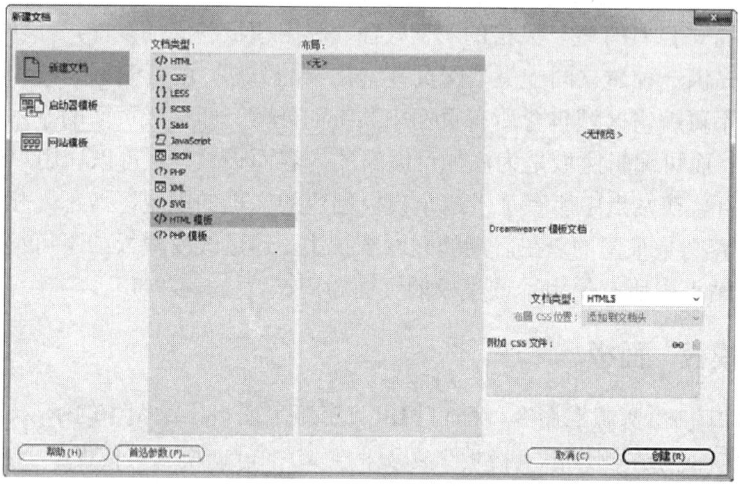

图 10-3 “新建文档”对话框

（3）执行“文件”|“保存”命令保存空模板文件，这时会弹出如图 10-4 所示的对话框，提醒本模板没有可编辑区域。若选中“不再警告我”复选框，那么下次保存没有可编辑区域的模板文件时，不再弹出此对话框。

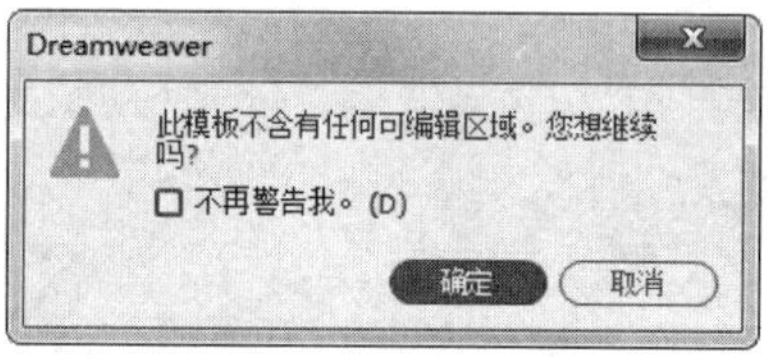

图 10-4 提示对话框

（4）单击“确定”按钮完成存档。

2．方法二

（1）在 Dreamweaver 2021 界面中选择“窗口”|“资源”命令，调出“资源”面板，单击“模板”图标按钮，切换到“模板”面板。

（2）单击“模板”面板底端的“新建模板”按钮，然后输入模板名称，如图 10-5 所示。

（3）保存文件。一个空白的模板文件就制作完成了。

3．方法三

（1）在 Dreamweaver 2021 中打开一个普通文档。

（2）执行“文件”|“另存为模板”命令，弹出“另存模板”对话框，如图 10-6 所示。

图 10-5　编辑模板文件名

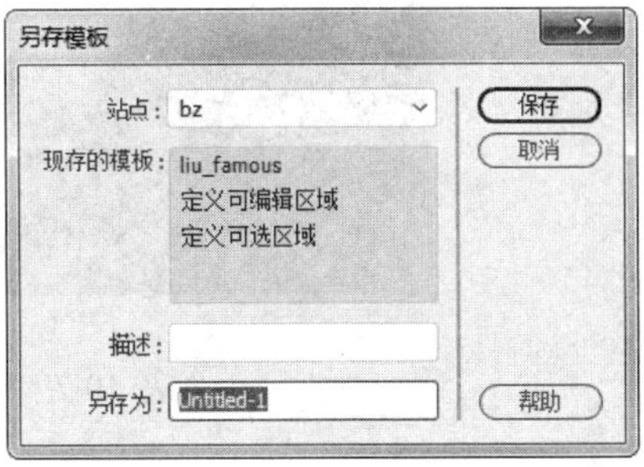

图 10-6　“另存模板”对话框

（3）在“站点”下拉列表中选择保存模板文件的站点，输入模板文件名称，然后单击“保存”按钮保存模板文件。

Dreamweaver 将模板文件保存在本地站点根文件夹中的 Templates 文件夹中，使用文件扩展名.dwt。如果 Templates 文件夹在站点中尚不存在，Dreamweaver 将在保存模板时自动创建该文件夹。

注意：

不要将文件模板移动到 Templates 文件夹之外，或者将任何非模板文件放在 Templates 文件夹中，也不要将 Templates 文件夹移动到本地站点根文件夹之外。否则，将在模板的路径中引起错误。

10.1.3　设置模板的页面属性

对模板文件所做的任何改动都将出现在基于此模板生成的网页中。例如，如果在模板文件中将链接颜色更改为深粉色，那么所有基于此模板生成的网页也都将有深粉色的链接。对于其他属性也一样，如网页标题、边距和背景图像等。

在创建模板时，右键单击“设计”视图空白处，在弹出的快捷菜单中执行“页面属性”命令，可以设置模板的页面属性。

10.1.4　定义可编辑区域

可编辑区域包含可以改变的信息。这个信息可能是文本、图像或其他的媒体，如 Flash 动画或 Java 小程序。创建一个基于模板的网页时，可以激活可编辑区域并添加新的数据，然后将网页保存为独立的 HTML 文件。文件中没有标记为可编辑区域的域在所有基于同一模板生成的网页中都将保持完全相同的状态，并且不可以任何方式进行更改。

如果要对模板中的不可编辑区域进行更改，必须打开原始的模板文件进行操作。牢记，在模板中对非可编辑区域所做的任何更改将影响站点中每一个基于此模板生成的网页。

选中可编辑区域，在属性面板中可以看到可编辑区域只有一个属性“名称”，在这里可以修改可编辑区域的名称。

下面以一个简单示例介绍创建一个模板文件的具体操作，最终效果如图 10-7 所示。

图 10-7　模板文件效果

（1）新建一个模板文件。在“设计”视图中插入一个四行二列的表格，选中第一行的单元格，单击属性面板上的“合并所选单元格”按钮合并第一行的单元格，设置单元格内容水平和垂直对齐方式均为“居中”。

（2）选中上一步合并的单元格，插入一个一行五列的表格，标题方式选择“顶部”，并输入导航文本。

（3）选中第一列中的第二行至第四行，将其合并为一个单元格，然后插入一张图片。在剩下的单元格中插入一个三行三列的表格，然后输入文字并调整表格和图像的大小。

（4）选中上一步插入的三行三列表格，执行“插入”|“模板”|“可编辑区域”命令，弹出“新建可编辑区域”对话框，如图 10-8 所示。

（5）在“名称”文本框中输入可编辑区域的名称，单击“确定”按钮，即可在文档中插入一个可编辑区域。

可编辑区在模板文件中用彩色（默认颜色为绿色）高亮度显示，在顶端有一个描述性的名字（在图 10-8 的对话框中设置），如图 10-9 所示。

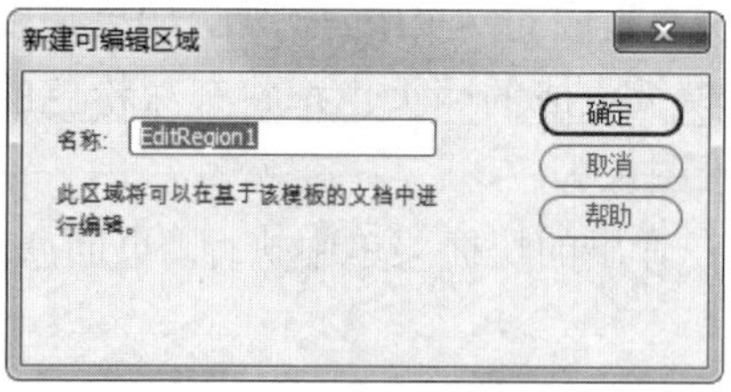

图 10-8　“新建可编辑区域”对话框

图 10-9　可编辑区域在 Dreamweaver 中的效果

（6）保存文件。至此，一个简单的模板文件就制作完成了。

10.1.5　定义重复区域

重复区域是可以根据需要，在基于模板生成的页面中复制任意次数的模板部分。重复区域通常用于表格，也可以为其他页面元素定义重复区域。

重复区域不是可编辑区域。若要使重复区域中的内容可编辑，必须在重复区域内插入可编辑区域。

定义重复区域的步骤如下：

（1）在文档窗口中选择要设置为重复区域的网页元素，或将插入点放置在文档中要插入重复区域的地方。

（2）执行“插入”|“模板”|“重复区域”命令；或在文档窗口中单击鼠标右键，在弹出的上下文菜单中执行“模板”|“新建重复区域”命令，弹出如图10-10所示的“新建重复区域”对话框。

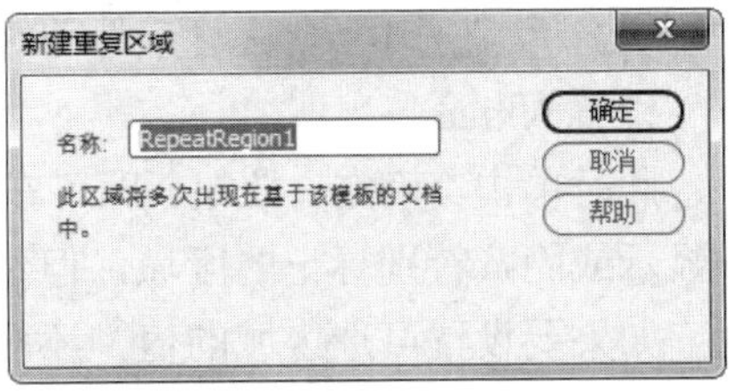

图 10-10 “新建重复区域”对话框

（3）在“名称”文本框中输入重复区域的名称。命名区域时，不要使用特殊字符，也不能对一个模板中的多个重复区域使用相同的名称。

（4）单击“确定”按钮。即可将重复区域插入到文档中。

10.1.6 定义可选区域

“可选区域”是在模板中指定为可选的部分，用于保存有可能在基于模板生成的文档中出现的内容（如可选文本或图像）。可以为模板参数设置特定值，或在模板中定义条件语句。根据定义的条件，可以在创建的文档中编辑参数，并控制可选区域是否显示。

可编辑的可选区域允许在可选区域内编辑内容。例如，如果可选区域中包括图像或文本，用户可设置该内容是否显示，并根据需要对该内容进行编辑。可选区域由条件语句控制，可以在“新建可选区域”对话框中创建模板参数和表达式，或通过在“代码”视图中键入参数和条件语句创建。

下面以一个示例介绍在模板文档中插入可选区域的具体步骤：

（1）新建一个HTML模板文件，在“设计”视图中插入一张图像，如图10-11所示。

图 10-11 插入图像

（2）选中图像，执行“插入”|“模板”|“可选区域”命令，或单击“模板”插入面板中的“可选区域”按钮，弹出“新建可选区域”对话框，如图10-12所示。

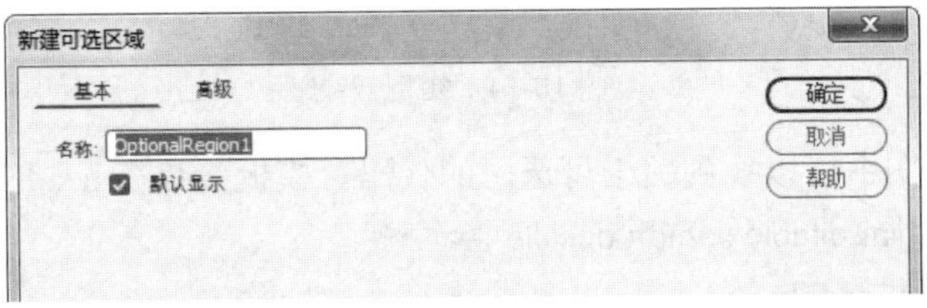

图 10-12 “新建可选区域”对话框的基本选项

对话框中各选项介绍如下：

- “名称”：用于设置可选区域的名称。
- “默认显示”：选中该项，则可选区域默认为显示，否则隐藏。

（3）取消选中“默认显示”，即默认状态下创建的可选区域在网页中是不可见的，“名称”设置为 tree。

此时单击“确定”按钮，即可在页面中插入一个不可编辑的可选区域，也就是说，可以显示或隐藏特别标记的区域，但不能编辑相应区域的内容。

如果要设置可选区域的值，还应设置“高级”选项卡。

（4）单击“高级”标签，显示高级设置选项，如图 10-13 所示。

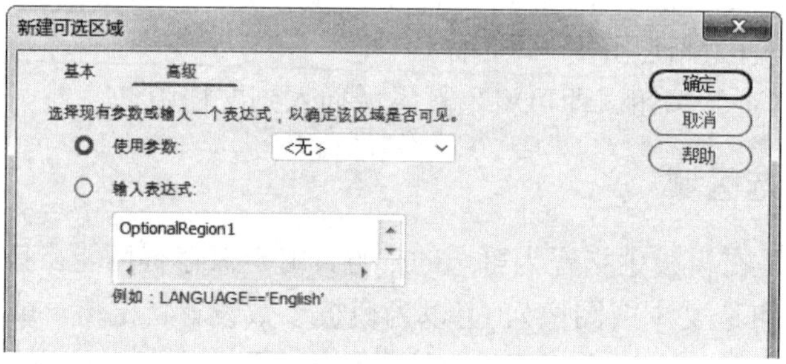

图 10-13　“新建可选区域”对话框的高级选项

对话框中各选项功能介绍如下：

- “使用参数”：指定参数控制可选区域的可见性。如果文档中定义了参数，可以在右侧的下拉列表中选择参数。
- “输入表达式”：指定表达式控制可选区域的可见性。如果表达式值为真，显示可选区域；否则隐藏可选区域。Dreamweaver 自动在输入的文本两侧插入双引号。

（5）单击“确定”按钮，即可插入可选区域，如图 10-14 所示。

图 10-14　实例效果

在“代码”视图中可以找到关于可选区的代码。模板参数在 head 部分定义：

```
<!-- TemplateBeginEditable name="doctitle" -->
<!-- TemplateEndEditable -->
<!-- TemplateBeginEditable name="head" -->
<!-- TemplateEndEditable -->
```

在插入可选区域的位置，将出现类似于以下内容的代码：

```
<!-- TemplateBeginIf cond="LANGUAGE=='English'" -->
<img src="../images/15200532594462_small.jpg" width="130" height="130" alt="pic"/>
<!-- TemplateEndIf -->
```

从模板创建的网页 head 部分也将插入模板参数部分代码。

如果要插入可编辑的可选区域，可以执行“插入”|“模板”|“可编辑的可选区域”命令。可编辑的可选区域允许用户设置是否显示区域，并能够编辑相应的区域内容。可选区域内的编辑区和可选区一样显示和隐藏。

在模板中插入可选区域之后，可以编辑该区域的设置。例如，可以更改是否默认显示内容，将参数链接到现有可选区域，或者修改模板表达式。要修改可选区域，可以重新打开“新建可选区域”对话框，方法如下：

（1）如果属性面板没有显示，执行“窗口”|“属性”命令将其打开。

（2）在“设计”视图中，单击要修改的可选区域的模板选项卡，或在“设计”视图中，单击模板区域内的内容，然后在标签选择器中单击模板标记<mmtemplate:if>。还可以在“代码”视图中，单击想要修改的模板区域的注释标记。

（3）在属性面板中单击“编辑”按钮，弹出“新建可选区域”对话框。

（4）进行修改，然后单击“确定”按钮。

如果要删除可选区域，可以在标签选择器上选中模板标记<mmtemplate:if>，然后单击鼠标右键，在弹出的快捷菜单中选择“删除标签”命令。

10.1.7 定义嵌套模板

嵌套模板是指基于一个模板设计和制作的模板。若要创建嵌套模板，必须首先保存原始模板，然后基于该模板创建新文档，最后将该文档另存为模板。在新模板中，可以在原始模板的可编辑区域中进一步定义可编辑区域。

嵌套模板对于控制共享许多设计元素的站点页面很有用，但作用有些差异。例如，原始模板中包含更宽广的设计区域，并且可以供许多站点内容编辑者使用；而嵌套模板可以进一步定义站点内特定部分页面中的可编辑区域。嵌套模板可以创建原始模板的变体，可以嵌套多个模板定义更加精确的布局。

原始模板中的可编辑区域被传递到嵌套模板，并在基于嵌套模板创建的页面中保持可编辑，除非在这些区域中插入了新的模板区域。对原始模板所做的更改在基于此原始模板创建的嵌套模板中自动更新，并在所有基于原始模板和嵌套模板的文档中自动更新。

若要基于原始模板创建一个文档创建嵌套模板，可以执行以下操作之一：

（1）在“模板”面板中选中一个模板，单击鼠标右键，从弹出的快捷菜单中执行“从模板新建”命令，如图 10-15 所示。然后执行“文件”|“另存为模板”命令，将文件保存为模板。

（2）执行“文件”|“新建”命令。在“新建文档”对话框中，单击“网站模板”选项卡，并选择包含模板的站点，在模板列表中双击需要的模板。然后执行“文件”|“另存为模板”命令，将文件保存为模板。

在基于嵌套模板创建的文档中，可以添加或更改从原始模板传递的可编辑区域，以及在新模板中创建的可编辑区域中的内容。

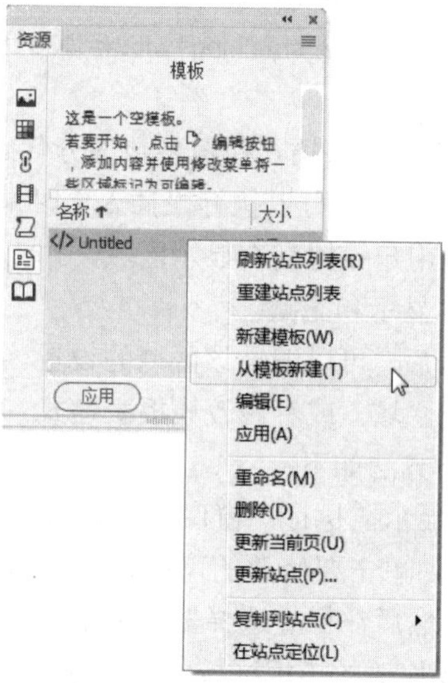

图 10-15　右击模板弹出的上下文菜单

10.1.8　应用模板建立网页

在本地站点中创建模板的主要目的，是在本地站点中使用这个模板创建具有相同外观及部分内容相同的文档，使站点风格统一。

若要直接使用模板建立网页，可以执行以下操作：

（1）执行“文件”|“新建”命令，打开“新建文档”对话框。

（2）在对话框中选择“网站模板”分类，然后在站点列表中选择一个站点，在模板列表中选择需要的模板，并选中“当模板改变时更新页面”复选框。

（3）单击“创建”按钮，创建一个新文档。

（4）对新文档进行编辑。

另外，还可以直接在“模板”面板中需要的模板文件上单击鼠标右键，在弹出的快捷菜单中执行“从模板新建”命令，如图 10-15 所示。

10.1.9　修改模板并更新站点

如果修改了当前站点中使用的模板，Dreamweaver 2021 会提示是否修改应用该模板的所有网页。用户也可以通过命令手动修改当前页面或整个站点。

修改模板并更新站点的具体操作步骤如下：

（1）执行“文件”|“新建”命令，打开“新建文档”对话框。

（2）选择“网站模板”分类，然后在站点列表中选择模板所在的站点，在模板列表中双击需要的模板，打开模板编辑窗口，或执行“窗口”|“资源”命令，调出“资源”面板，单击“模板”按钮，切换到“模板”面板，在模板列表中双击需要的模板，也会打开模板编辑窗口。

（3）在模板编辑窗口中，对模板进行修改。修改完成后，执行“工具”|“模板”|

“更新页面”命令，弹出“更新页面”对话框，如图 10-16 所示。

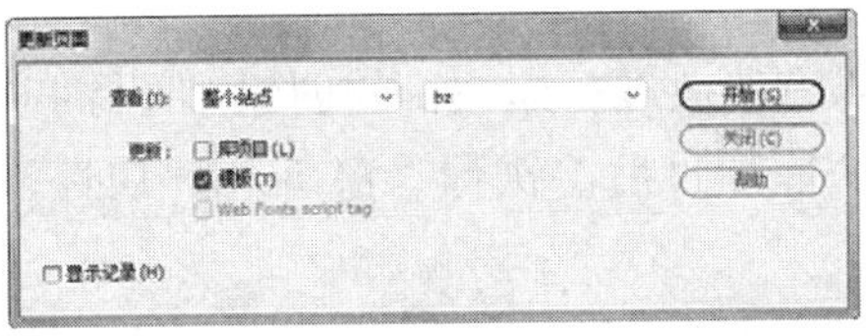

图 10-16 “更新页面”对话框

（4）在“查看”下拉列表中选择“整个站点”选项，然后在右侧的站点下拉列表框中选择站点名；在“更新”区域选择“模板”复选框。

如果页面使用了链接到多个 HTML 文件的 CSS 文件中指定的 Edge 字体，更新页面时，应选中“Web 字体脚本标记”选项，以便在相关 HTML 文件中更新 Web 字体脚本标记。

执行“工具”|“清除 Web 字体脚本标签（当前页面）”命令，可以更新网页上未在脚本标记中反映的任何 Web 字体。

（5）单击“开始”按钮，即可将模板的更改应用到站点中使用该模板的网页。在“更新页面”对话框的状态栏将显示更新成功或失败等信息。

10.2 库

在站点中除了具有相同外观的许多页面外，还有一些需要经常更新的页面元素，例如版权声明、站点导航条、公告栏。这些内容与模板不同，它们只是页面中的一小部分，在各个页面中的摆放位置可能不同，但内容却是一致的。可以将这种内容保存为一个库文件，在需要的地方插入，修改时可快速更新。

库与模板的作用一样，也是一种保证网页中的部件能够重复使用的工具。模板重复使用的是网页的一部分结构，而库则提供了一种重复使用网页对象的方法。

10.2.1 库面板

执行“窗口”|“资源”命令，调出“资源”面板。在“资源”面板中单击“库”图标按钮，切换到“库”面板，如图 10-17 所示。

图 10-17 “库”面板

该面板分为两部分，上半部分显示当前选中库项目的预览图，下半部分是所有库项目的列表。

在“库”面板中，可以方便地进行库项目的创建、删除和重命名等操作。

在文档窗口中选择一个库项目后，执行“窗口”|“属性”命令，调出对应的属性面板，如图 10-18 所示。

图 10-18 库项目的属性面板

该面板中主要选项的功能介绍如下：

- 打开：单击该按钮会打开选中的库文件编辑窗口。
- 从源文件中分离：该按钮的作用是将当前选择的内容从库项目中分离出来，这样可以对插入到文档窗口中的库项目内容进行修改。

执行该操作后，对库项目进行修改时，不会更改该网页中的库项目内容。在使用该功能时，会弹出一个对话框，提示对以后的影响，如图 10-19 所示。如果单击“确定”按钮，则确认操作，将当前选择的内容与库项目分离；如果选择“取消”按钮，则取消操作。

- 重新创建：将以前使用库项目插入的内容重新生成库项目文件。一般在删除库项目文件后，使用该功能恢复以前的库项目文件。

使用该功能时，会显示一个对话框，如图 10-20 所示，提醒是否将原来的库项目文件覆盖。

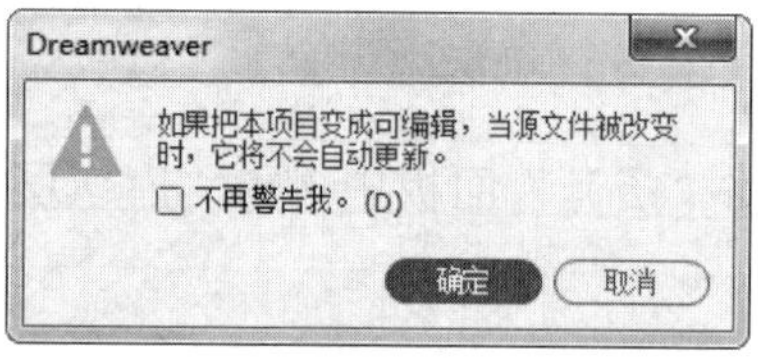

图 10-19 提示对话框 1

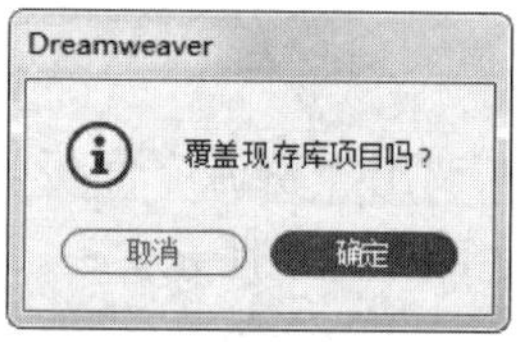

图 10-20 提示对话框 2

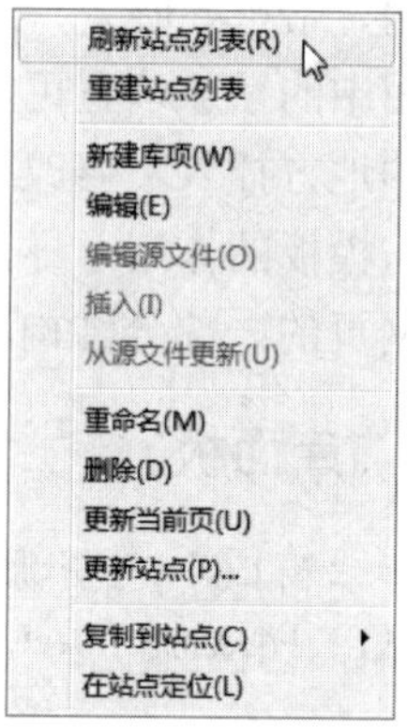

图 10-21 右击“库”面板弹出菜单

如果是重建原来没有的库项目，重建后库项目不会立即出现在“库”面板中。可以右击“库”面板，在弹出的快捷菜单中执行“刷新站点列表”命令，如图 10-21 所示。这样就可以在“库”面板中显示重建的库项目了。

10.2.2 创建及使用库项目

1. 创建库项目

站点中所有的库项目都保存在当前站点根目录下的 Library 文件夹中，以.lbi 作为扩展名。与模板一样，库项目应该始终在 Library 文件夹中，并且不应在该文件夹中添加任何非.lbi 的文件。Dreamweaver 需要在网页中建立来自每一个库项目的相对链接。这样做，必须确切地知道原始库项目的存储位置。

对于库项目中的资源（如图像），库只存储对该资源的引用。原始文件必须保留在指定的位置，才能使库项目正确工作。尽管如此，在库项目中存储图像还是很有用的。例如，可以在库项目中存储一个完整的<img>标记，以便在整个站点中更改图像的 alt 文本，甚至更改它的 src 属性。但是，不要使用这种方法更改图像的 width 和 height 属性，除非使用图像编辑器来更改图像的实际大小。

创建库项目的操作步骤如下：

（1）选中文档中需要保存为库项目的部分。

（2）执行“窗口”|“资源”命令，然后在“资源”面板上单击“库”图标，打开库面板。

（3）单击库面板底部的“新建库项目”按钮。

（4）输入库项目的名称。

此时，创建的库项目将出现在“库”面板的库项目列表中。此外，还有更简便的创建库项目方法，只要把文档中选中的内容拖到库面板中，并为其命名即可。

2. 使用库项目

在页面中添加库项目，实际上是将库项目的实际内容，以及对该库项目的引用一起插入到文档中。若要在文档中应用已创建的库项目，可执行如下操作：

（1）将插入点定位在文档窗口中要放入库项目的位置。

（2）打开库面板，在库项目列表中选择要插入的库项目。

（3）单击库面板底部的 插入 按钮，或将库项目从库面板中拖到文档窗口。此时，文档中会出现库项目所包含的文档内容，同时以淡黄色高亮显示。

在文档窗口中，库项目是作为一个整体出现的，用户无法对库项目中的局部内容进行编辑。如果希望仅添加库项目内容，而不希望作为库项目出现，可以按住 Ctrl 键，将相应的库项目插入文档中。

10.2.3 操作库项目

更改库项目时，可以更新站点中使用该项目的所有文档。如果选择不更新，则文档将保持与库项目的关联，可在以后执行“工具”|“库”|“更新页面”命令更新。

对库项目的更改包括：重命名项目以断开与文档或模板的连接，从站点的库中删除项目，以及重新创建丢失的库项目。

1. 编辑库项目

（1）执行“窗口”|“资源”命令，然后单击“库”图标，切换到库面板。

（2）选择库项目。库项目的预览图显示在“库”面板顶部，但不能在预览中进行任何编辑。

（3）单击“库”面板底部的“编辑”按钮，或者双击库项目，Dreamweaver 将打开一个新窗口用于编辑该库项目，此窗口类似于文档窗口。

（4）编辑库项目，然后保存更改。

提示： 编辑库项目时，“页面属性”对话框不可用，因为库项目中不能包含 body 标记或其属性。

2．更新站点中的库项目

更新整个站点中所有使用特定库项目文档的操作步骤如下：

（1）执行“工具”|“库”|“更新页面”命令，出现“更新页面”对话框，如图 10-22 所示。

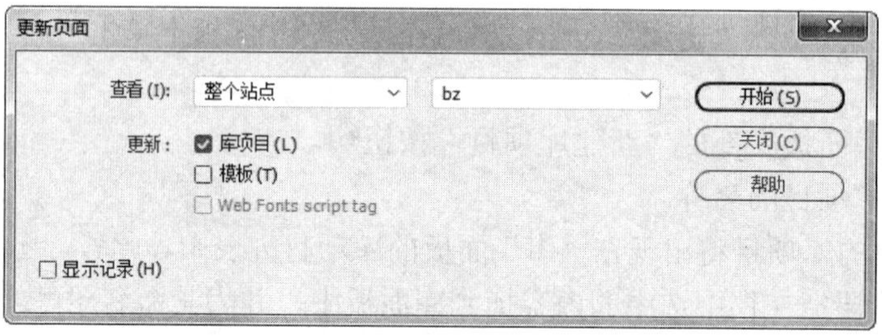

图 10-22 “更新页面”对话框

（2）在该对话框中的“查看”下拉列表框中，选择“整个站点”选项，然后在右侧的站点下拉列表框中选择站点，在“更新”区域选择“库项目”复选框。

（3）单击“开始”按钮，即可自动更新所有使用该库项目的网页文件。

3．重命名库项目

（1）单击库项目的名称。

（2）稍作暂停之后，再次单击。注意：不要双击名称，否则会打开库项目进行编辑。

（3）当名称变为可编辑时，输入一个新名称。

（4）在文档空白处单击，或者按 Enter 键。

重命名库项目，实际上就是重命名本地站点 Library 目录中的该文件。因此，也可以直接打开 Library 文件夹，重命名相应的库项目文件。

4．删除库项目

（1）在“库”面板的库项目列表中选择要删除的项目。

（2）单击“删除”按钮，弹出如图 10-23 所示的对话框，单击“是”按钮，即可删除该项目。

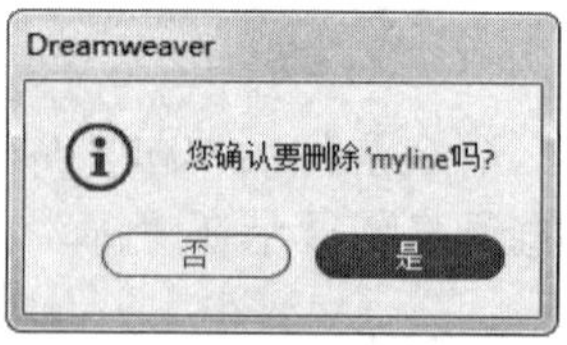

图 10-23 提示对话框

删除库项目，实际上就是从本地站点的 Library 目录中删除相应的库项目文件。因此，也可以直接在 Library 文件夹中删除相应的库项目文件。

提示： 删除库项目操作将从库中删除该项目，但不会更改任何使用该项目的文件。删除一个库项目后，将无法使用“撤消”命令恢复，但可以使用“重新创建”按钮重建。

10.3 模板与库的应用

下面通过一个实例讲解如何在网页中建立并使用库项目，本例的最终效果如图 10-24 所示。将鼠标移到导航文本（例如“定风波”）上时，文本显示为橙色；单击导航文本，则跳转到相应的页面。

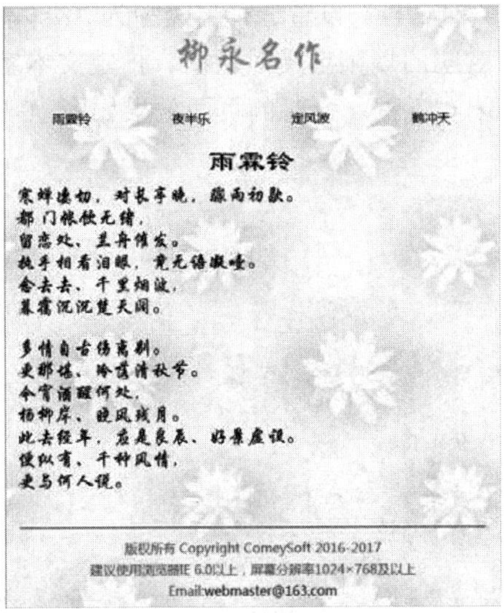

图 10-24 实例效果

（1）启动 Dreamweaver 2021，新建一个 HTML 模板文件。设置页面背景图像之后，在页面中插入一个三行一列的表格，表格宽度为 600 像素，边框、边距和间距为 0。

（2）选中表格，在属性面板上的“对齐”下拉列表中选择“居中对齐”。将光标定位在第一行单元格中，在属性面板上设置单元格内容水平和垂直对齐方式均为“居中”，“高度”为 100，然后输入文本“柳永名作”。

（3）选中输入的文本，单击鼠标右键，在弹出的快捷菜单中选择“CSS 样式”|“新建”命令，弹出“新建 CSS 规则”对话框。设置选择器类型为“类”，选择器名称为.STYLE1，单击“确定”按钮打开对应的规则定义对话框。在“类型”分类中指定字体为“华文行楷”，大小为 48，颜色为#33CCFF，单击“确定”按钮关闭对话框。

（4）将光标定位在第二行单元格中，单击“折分单元格”按钮，将单元格拆分为 4 列。选中拆分后的单元格，设置单元格内容水平和垂直对齐方式均为“居中”。然后在单元格中输入导航文本。

为了便于控制对齐格式，词的内容放在一个两行一列的表格内。

（5）将光标定位在第三行单元格中，设置单元格内容水平对齐方式为“居中对齐”，垂直对齐方式为“顶端”。然后在单元格中插入一个两行一列的表格，表格宽度为 600 像素，边框粗细为 0。

（6）将光标定位在嵌套表格的第一行，设置单元格内容水平对齐方式和垂直对齐方式均为“居中”，“高”为 50，然后输入文本“雨霖铃”。选中文本，新建一个 CSS 规则，选择器类型为“类”，选择器名称为“.STYLE2”，在对应的规则定义对话框中指定文本字体为“隶书”，大小为 36。单击“确定”按钮关闭对话框。

（7）将光标定位在嵌套表格的第二行，设置单元格内容水平对齐方式为“左对齐”，垂直对齐方式为“顶端”，然后输入诗词文本。

（8）选中文本，单击鼠标右键，在弹出的快捷菜单中选择“CSS 样式”|“新建”命令，弹出“新建 CSS 规则”对话框。设置选择器类型为“类”，选择器名称为“.STYLE3”，单击“确定”按钮，弹出对应的规则定义对话框。指定文本字体为“华文行楷”，大小为 24，单击“确定”按钮关闭对话框。此时的页面效果如图 10-25 所示。

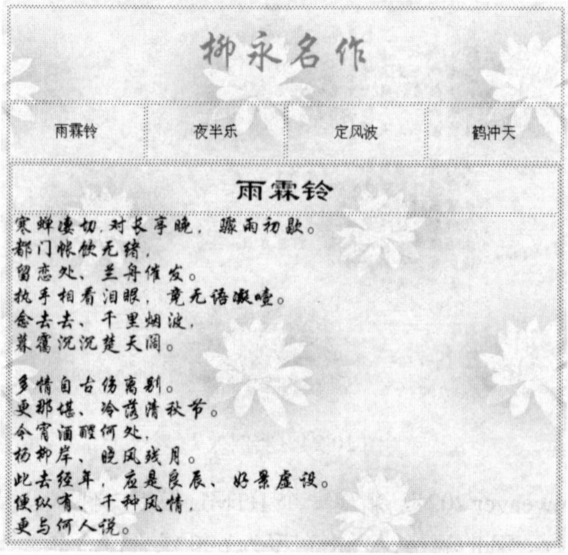

图 10-25　实例效果

（9）选中页面中的嵌套表格。切换到“模板”插入面板，单击“可编辑区域”按钮，弹出如图 10-26 所示的提示对话框，提示用户此操作将自动把文档转换为模板文件。

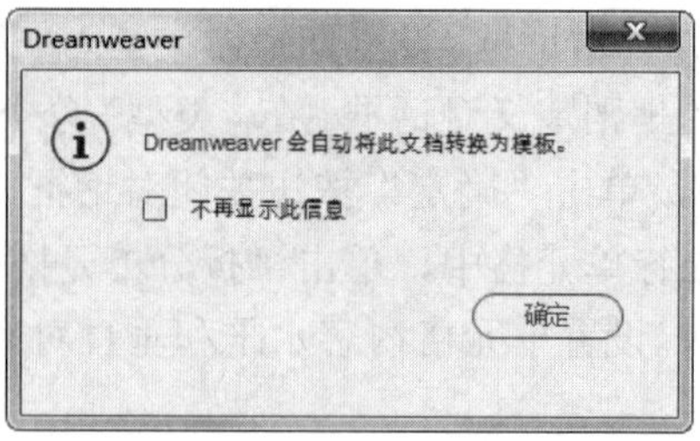

图 10-26　提示对话框

（10）单击“确定”按钮，弹出“新建可编辑区域”对话框，如图 10-27 所示。“名称”设置为 content，单击“确定”按钮，插入可编辑区域，如图 10-28 所示。

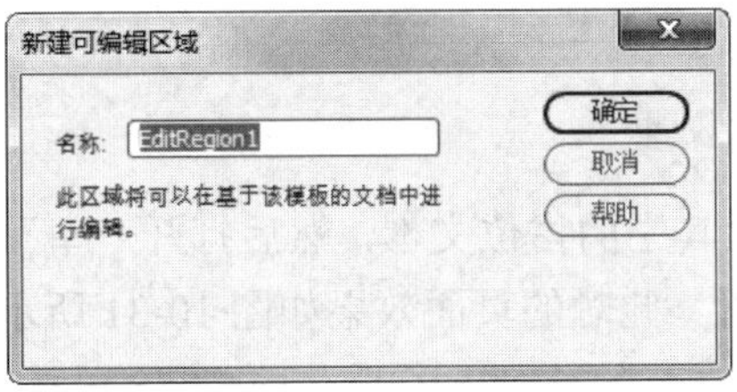

图 10-27 “新建可编辑区域”对话框

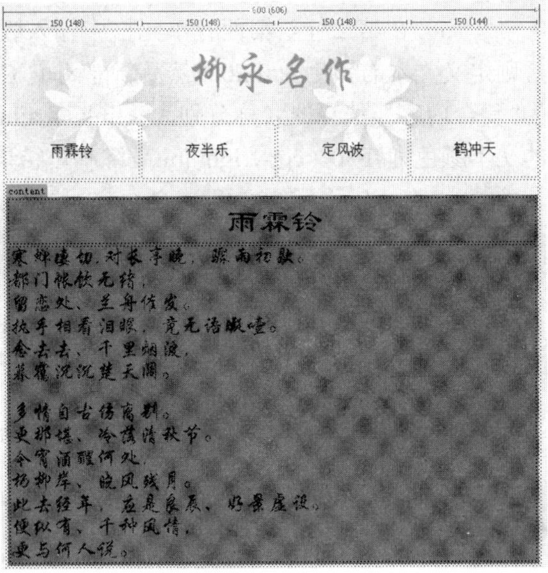

图 10-28 实例效果

（11）将光标定位在表格右侧，按 Enter 键后，执行“插入”|“模板”|“可编辑区域”命令，插入一个可编辑区域。这时文档中共有两个可编辑区域，如图 10-29 所示。

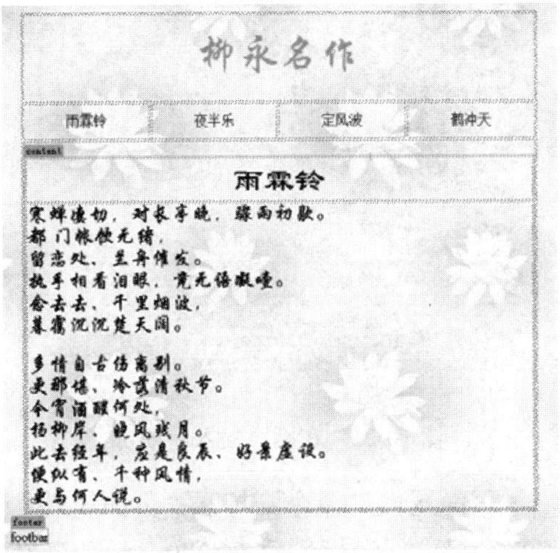

图 10-29 文档中的可编辑区域

（12）执行“文件”|“保存”命令，将文件保存为模板文件 liu_famous.dwt。

（13）在库项目管理面板底部单击“新建库项目”按钮，建立库项目 copyright.lbi。

（14）在库项目管理面板中双击库项目 copyright.lbi，打开库项目编辑窗口。

（15）插入一个四行一列的表格，表格宽度为 98%，边框粗细为 0。选中表格，在属性面板上的“对齐”下拉列表中选择“居中对齐”。选中所有单元格，在属性面板上设置单元格内容水平和垂直对齐方式均为“居中”。将光标定位在第一行单元格中，设置单元格高度为 20，然后单击“HTML”插入面板上的“水平线”按钮，插入一条水平线。

（16）在第二行至第四行单元格中输入版权文本，并指定邮箱链接。新建一个 CSS 规则定义文本的颜色为#F30。然后新建两个 CSS 规则定义链接文本的样式，选择器类型为“复合内容”，选择器名称分别为 a:link 和 a:hover。规则 a:link 的文本颜色为#00F；a:hover 的文本颜色为#F30。copyright.lbi 最终制作结果，如图 10-30 所示。

图 10-30　copyright 信息效果

（17）将光标定位在第二个可编辑区域中，删除其中的占位文本，然后打开“库”面板，选中上一步制作好的库项目，单击“插入”按钮。此时的页面效果如图 10-31 所示。

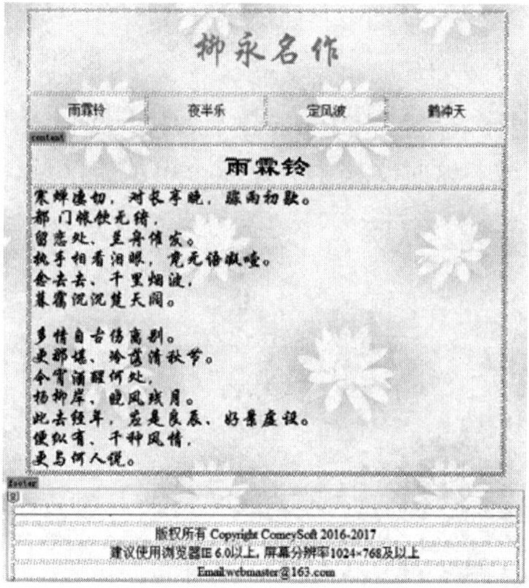

图 10-31　在网页插入库项目

（18）执行“文件”|“页面属性”命令，打开“页面属性”对话框。切换到“链接”分类，设置链接颜色为#00F，已访问链接颜色为#300，活动链接颜色为#F30。

（19）打开“模板”面板，在模板 liu_famous.dwt 上单击鼠标右键，在弹出的快捷菜单中执行“从模板新建”命令，新建基于模板的文档。可以发现文档中只有诗词内容和底部的版权信息是可编辑的，如图 10-32 所示。

（20）执行“文件”|“保存”命令保存文件，完成第一个网页的制作。

（21）打开“模板”面板，在模板 liu_famous.dwt 上单击鼠标右键，在弹出的快捷菜单中执行“从模板新建”命令，创建第二个基于模板的文档。

（22）把诗词的内容修改为第二首词“定风波”，结果如图 10-33 所示。

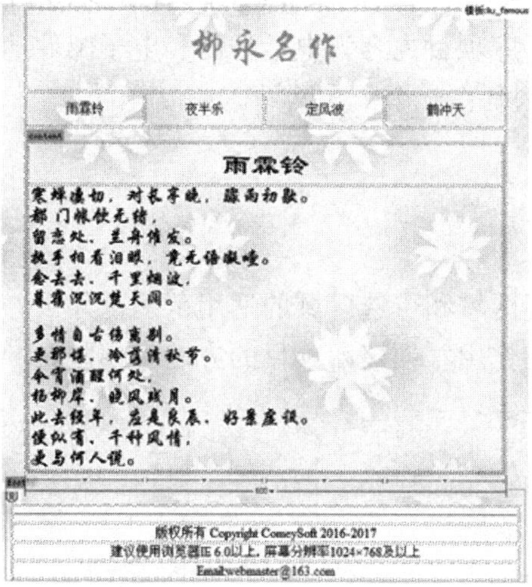

图 10-32　使用模板创建新网页

图 10-33　第二个网页效果

（23）按照第（19）~（22）步同样的方法制作其他网页。

（24）打开“模板”面板，双击 liu_famous.dwt 模板打开文件。为模板顶部的导航文本指定链接目标，链接到上述制作的相应文件。

（25）保存模板文档，弹出“更新模板文件”对话框。单击“更新”按钮，弹出“更新页面”对话框，单击“开始”按钮更新文件。更新完成后，在“状态”域显示更新成功消息。单击“关闭”按钮关闭对话框，完成网页制作。

现在可以打开浏览器，对作品进行浏览测试了。

10.4　动手练一练

1. 创建一个模板，在模板中插入一个可编辑区域。

2．创建一个库项目，库项目内容为电话号码和电子邮件地址。

3．仿照 10.3 节的实例制作一个个人网站。

10.5 思考题

1．可编辑区域、重复区域和可选区域的适用范围是什么？

2．模板和库都有哪些作用？创建库项目的方法有哪些？

第 11 章　定制 Dreamweaver

本章导读

本章详细介绍 Dreamweaver 2021“首选项”对话框中各选项参数的功能，以及定制 Dreamweaver 2021 的方法，具体内容包括：“常规”选项、“Extract”选项、“Linting”选项、“实时预览”选项、“代码格式”选项、“代码提示”选项、“代码改写”选项、“同步设置”选项、“CSS 样式”选项、“字体”选项和“标记色彩”选项等。通过本章学习，掌握定制个性化的工作环境的方法。

学习要点

- “首选项”对话框各选项参数的功能
- 定制个性化的工作环境

11.1 “首选项”对话框

“首选项”对话框是定制 Dreamweaver 2021 的主要区域。执行“编辑”|“首选项”命令，或使用快捷键 Ctrl + U 打开“首选项”对话框，如图 11-1 所示。

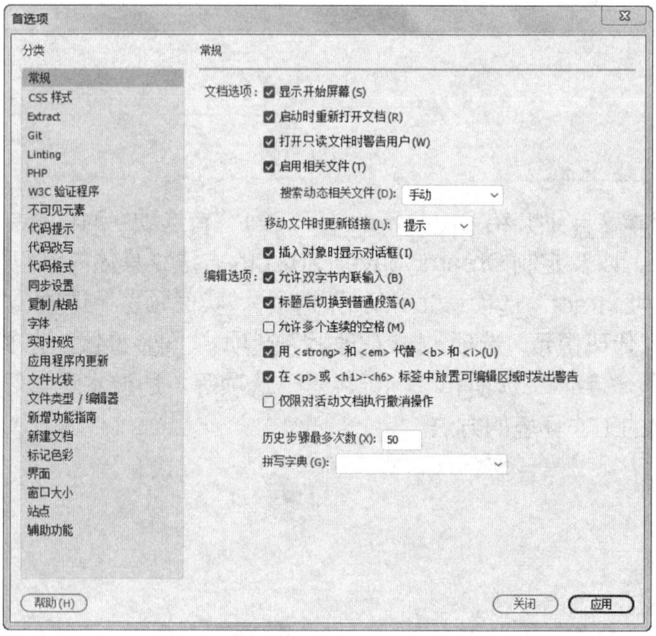

图 11-1 “首选项”对话框

“首选项”对话框分为两部分：左边的“分类”列表和右边的选项列表。在左边选择不同的类别，在右边显示相应类别的参数。

11.1.1 “常规”选项

“常规”选项用于设置 Dreamweaver 2021 的常规外观。打开“首选项”对话框，然后单击“分类”列表中的“常规”选项，显示如图 11-1 的对话框。

- “显示开始屏幕”：在 Dreamweaver 启动后（或没有文件打开时）显示 Dreamweaver 开始页面。如果没有选中该项，则启动 Dreamweaver 后，将打开一个空白窗口。
- “启动时重新打开文档”：启动 Dreamweaver 后，打开上次关闭 Dreamweaver 时所有打开的文档。
- “打开只读文件时警告用户”：在打开只读文件时发出警告。
- “启用相关文件”：在打开文件的同时，打开与当前文档相关的所有文件（例如 CSS 或 JavaScript 文件）。在 Dreamweaver 文档顶部单击相关文件的名称，即可打开相应文件。
- “搜索动态相关文件”：用于指定搜索动态相关文件的方式，默认为“手动”。
- “移动文件时更新链接”：设置移动、重命名或删除站点中的文档时，Dreamweaver

是否提示用户更新链接。

➢ “插入对象时显示对话框”：设置插入网页元素时，Dreamweaver 是否提示用户输入附加的信息。如果禁用该选项，则不弹出对话框，用户必须使用属性面板指定图像的源文件和表格中的行数等。

提示： 插入鼠标经过图像时总会弹出一个对话框，与该选项的设置无关。如果要暂时覆盖该设置，可以在插入对象时按住 Ctrl 键，再单击“设计”视图。

➢ “允许双字节内联输入”：如果正在使用适合于双字节文本（如汉字字符）处理的开发环境或语言工具包，则能够直接将双字节文本输入到文档窗口中。如果取消选择该项，将显示一个用于输入和转换双字节文本的文本输入窗口，文本被接受后显示在文档窗口中。

➢ “标题后切换到普通段落”：“设计”视图中，在一个标题段落的结尾按下回车键时，将创建一个用<p>标签进行标记的新段落。如果禁用该选项，在标题段落的结尾按 Enter 键，将创建一个用同一标题标签进行标记的新段落。

➢ “允许多个连续的空格”：在“设计”视图中键入两个或两个以上的空格，将创建不中断的空格，这些空格在浏览器中显示为多个空格。如果禁用该选项，多个空格将被当作单个空格显示。

➢ “用<strong>和<em>代替<b>和<i>”：在 HTML 代码中分别用<strong>标签和<em>标签取代<b>标签和<i>标签。若要在文档中使用<b>和<i>标签，则取消选中此选项。

➢ “在<p>或<h1>-<h6>标签中放置可编辑区域时发出警告”：在段落或标题标签内插入可编辑区域时，Dreamweaver 显示警告消息。

➢ “仅限对活动文档执行撤销操作”：默认情况下，撤消/还原操作将影响当前处于活动状态的文档和所有相关文件（如关联的 CSS 文件）。如果选中该项，则撤消/还原只会应用于在当前处于“焦点”状态的文件中进行的更改。例如，如果是在 HTML 文件中，那么撤消/还原操作只会影响在 HTML 文件（而非相关的 CSS 文件）中进行的更改。要撤消/还原在某个相关的 CSS 文件中进行的任何更改，则必须在执行撤消/还原前切换到该 CSS 文件。

➢ “历史步骤最多次数”：指定可保留和显示的步骤数，默认为 50。如果超过了给定的步骤数，则覆盖最早的步骤。

➢ “拼写字典”：列出可用的拼写字典。如果字典中包含多种方言或拼写惯例（如美国英语和英国英语），则方言单独列在字典弹出式菜单中。

11.1.2 “CSS 样式”选项

“CSS 样式”参数用于指定在 Dreamweaver 中编写 CSS 样式代码的方式。

打开“首选项”对话框，然后单击“分类”列表中的“CSS 样式”选项，显示如图 11-2 所示的对话框。

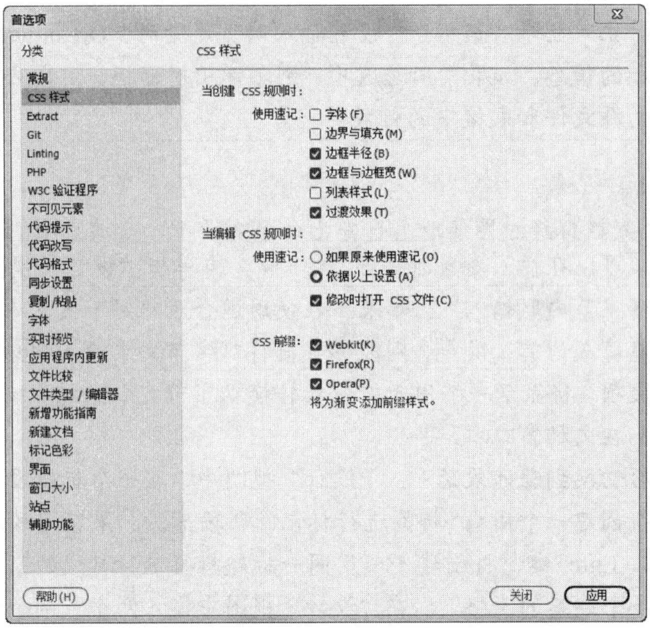

图 11-2　CSS 样式首选项

➢　“当创建 CSS 规则时使用速记”：以速记形式编写 CSS 样式属性。

CSS 规范支持使用称作速记 CSS 的简略语法创建样式。速记 CSS 可以用一个声明指定多个属性的值，例如，h1{ font: bold 16pt/18pt Arial }，使用 font 属性在同一行中设置 font-style、font-variant、font-weight、font-size、line-height 以及 font-family 属性，这种形式使用起来比较容易，但某些旧版本的浏览器不能正确解释速记。

使用速记 CSS 时需要注意的关键问题是，速记 CSS 属性省略的值会被指定为属性的默认值。如果同时使用 CSS 语法的短格式和长格式在多个位置定义了样式，速记规则中省略的属性可覆盖其他规则中明确设置的属性。当两个或多个 CSS 规则指定给同一标签时，这可能会导致页面无法正确显示。

➢　“当编辑 CSS 规则时使用速记”：以速记形式重新编写现有样式。

➢　“CSS 前缀”：设置 Dreamweaver 2021 使用渐变作为背景时，是否将相应的浏览器厂商前缀添加到代码，以相应地呈现渐变。

默认情况下，Dreamweaver 为 Webkit 编写厂商前缀。对于方框阴影，无论是否已在首选参数中选中 Webkit，均始终生成这些前缀。

11.1.3　“Extract”选项

Dreamweaver 2021 集成了 Extract，Web 设计人员和开发人员能够在编码环境中直接应用设计信息，并提取 Web 优化资源。Extract 提供了完整独立的解决方案，允许从 PSD 复合中提取 CSS、图像、字体、颜色、渐变、度量值等信息和资源直接添加到网页中，无需频繁地在 Photoshop 和 Dreamweaver 之间来回切换。

在“首选项”对话框的“分类”列表中选择“Extract”，如图 11-3 所示，可以指定必须以哪种默认文件格式提取图像，以及在 Extract 面板中显示的默认字体单位。

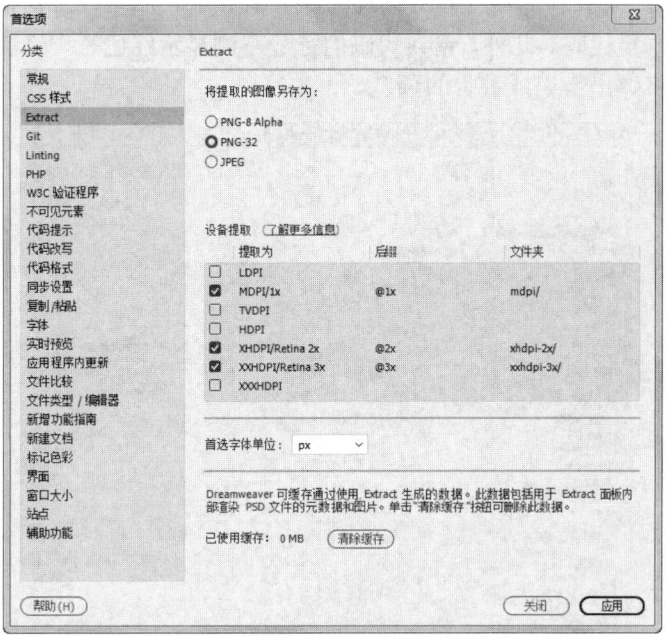

图 11-3　Extract 首选项

- “将提取的图像另存为”：用于设置提取图像时采用的默认格式。
- “设备提取”：用于设置保存图像的多个分辨率版本时所需的分辨率。保存版本时若要使用后缀，可在“后缀”栏下的相应行单击并键入。如果要将多个分辨率版本保存到单独的输出文件夹，在“文件夹”栏下的相应行单击并输入相对路径。
- 首选字体单位：用于设置在“Extract”面板中显示的默认字体单位。

11.1.4　“Git”选项

Git 是一个开源的分布式版本控制系统，Dreamweaver 2021 集成了 Git。用户可以先在任何位置单独处理代码，然后将更改合并到 Git 中央存储库。Git 会持续跟踪文件中的各项修改，而且允许恢复到之前的版本。

在“首选项”对话框的“分类”列表中单击“Git”，如图 11-4 所示，可以配置 Git，设置终端的路径、超时设置等。

- “Git 可执行文件路径”：指定 Git 客户端.exe 可执行文件的存放路径。要在 Dreamweaver 中使用 Git，必须先下载安装 Git 客户端并创建 Git 帐户。
- “默认 Git 操作超时”：指定任何远程 Git 操作的超时时间，以秒为单位。
- “终端的路径”：设置可执行文件用于打开和使用 Git 终端的完整路径。
- “命令参数”：为 Git 命令提供命令参数。

11.1.5　“Linting”选项

Linting 是分析代码并标记代码的潜在错误或可疑用法的过程。Dreamweaver 2021 在加载、保存或编辑 HTML、CSS 和 JavaScript 文件时执行 linting，在“输出”面板中列出错误和警告。单击“输出”面板中的行，即可跳转到相应代码中发生错误的部分，帮助用户轻松地找到和修复代码。此外，错误代码的行号左侧显示红色，将鼠标悬停在突出显示的行号上时，将弹出错误或警告的预览。

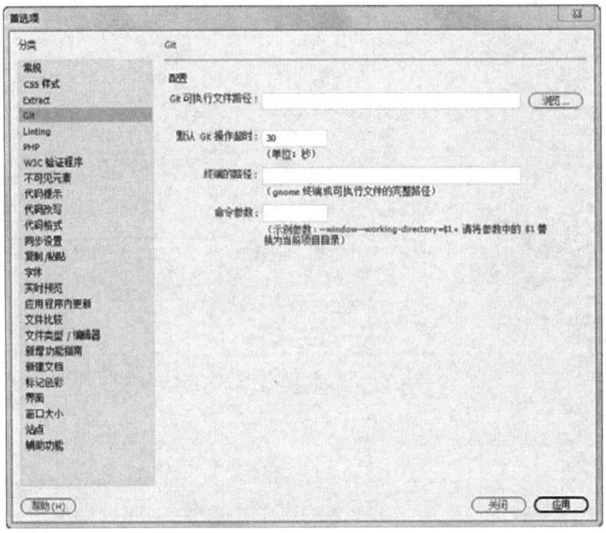

图 11-4　Git 首选项

在“首选项”对话框的“分类”列表中选择“Linting”，如图 11-5 所示，可以启用或关闭 Linting，并设置首选参数。

- “启用 Linting”：用于启用或关闭 Linting。
- “编辑规则设置”：用于指定要执行 linting 的文件类型。
- “编辑并应用更改”：选择要执行 linting 的文件类型之后，单击该按钮，将在 Dreamweaver 的“代码”视图中打开相应的配置文件。

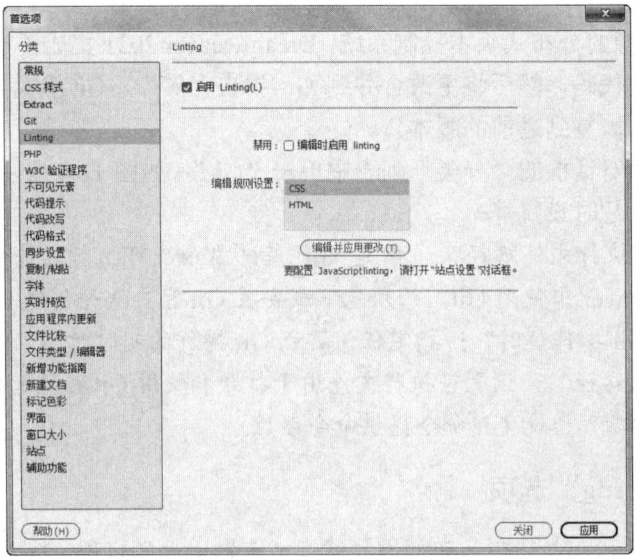

图 11-5　Linting 首选项

用户可以在这些配置文件中设置要显示的错误或警告类型。在 JS 配置文件中，还可以设置要查找的最大错误数。

11.1.6 “PHP”选项

Dreamweaver 2021 允许用户设置 PHP 编码开发环境，可以为特定站点进行设置，也可以对保存在 Dreamweaver 站点之外的所有 PHP 文件进行总体设置。

打开“首选项”对话框，然后单击“分类”列表中的“PHP”，显示如图 11-6 所示的对话框。

- “PHP 版本”：为非站点特定的文件设置 PHP 代码版本。

提示：如果要为特定站点设置 PHP 版本，应在“站点设置”对话框中的“高级设置”分类下选择“PHP”，然后选择 PHP 版本。

图 11-6　PHP 首选项

11.1.7 “W3C 验证程序”选项

用户可以在 Dreamweaver 2021 中指定验证程序应该检查的基于标签的语言、特定问题，以及验证程序应该报告的错误类型。

打开“首选项”对话框，然后单击“分类”列表中的“W3C 验证程序”，显示如图 11-7 所示的对话框。

- “如果未检测到 DOCTYPE，则针对以下解析程序进行验证”：用于选择要检查的标签库。同一语言或标签库只能选中其中一个版本。例如，如果选择了 HTML5，就不能再选择 HTML 4.01。选择希望验证的文档中包含有效的较早版本的 HTML

代码，它也将是有效的 HTML5 代码。

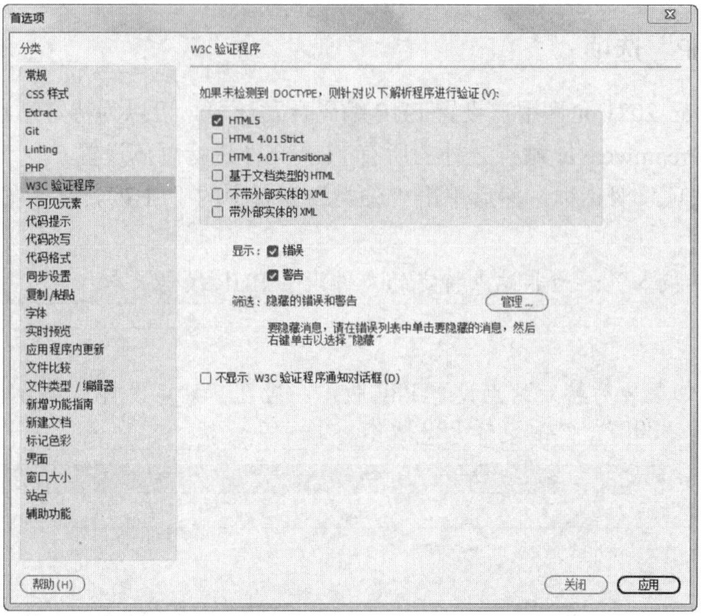

图 11-7　W3C 验证程序首选项

- "显示"：选择要包括在验证程序报告中的错误类型。
- "筛选：隐藏的错误和警告"：单击"管理"按钮弹出"W3C 验证程序隐藏的错误和警告"对话框，在该对话框中可以指定要隐藏的错误和警告。
- "不显示 W3C 验证程序通知对话框"：在开始验证时不显示"W3C 验证程序通知"对话框。

11.1.8　"不可见元素"选项

"不可见元素"参数用于设置在 Dreamweaver 中是否以图标显示页面中的不可见元素。打开"首选项"对话框，然后单击"分类"列表中的"不可见元素"，显示如图 11-8 所示的对话框。

- "命名锚记"：显示文档中的命名锚记图标。
- "脚本"：显示标记文档正文中的 JavaScript 或 VBScript 代码位置的图标。选择该图标可在属性面板中编辑脚本，或链接到外部脚本文件。
- "注释"：显示标记 HTML 注释位置的图标。选择该图标可在属性面板中查看注释。
- "换行符"：显示标记每个换行符
位置的图标。默认情况下取消选择该选项。
- "客户端图像地图"：显示标记文档中客户端图像地图位置的图标。
- "嵌入样式"：显示标记文档正文中嵌入 CSS 样式位置的图标。如果 CSS 样式放置在文档的 head 部分，则它们不出现在文档窗口中。
- "表单隐藏区域"：显示表单中隐藏域的图标。

➢ “表单范围”：在表单周围显示一个边框，以便查看插入表单元素的位置。该边框显示 form 标签的范围。

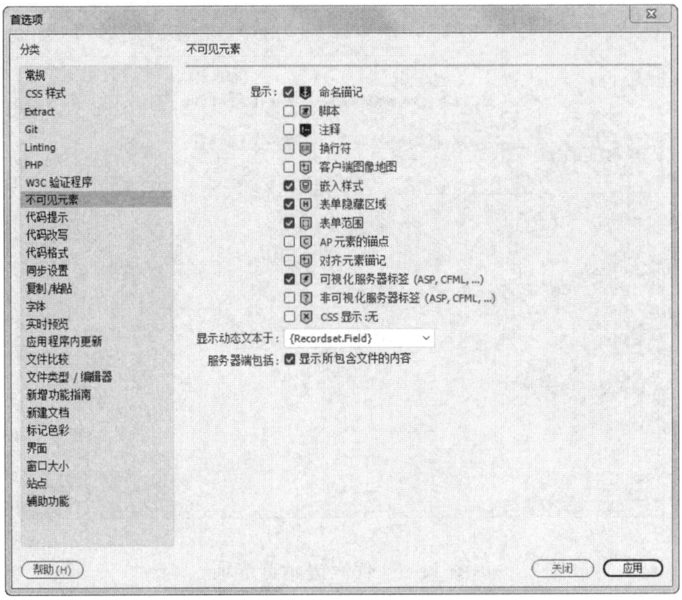

图 11-8　不可见元素首选项

➢ “AP 元素的锚点”：定义 AP 元素的代码位置的图标。AP 元素本身可以在页面中的任何位置，不是不可见元素，只有定义 AP 元素的代码才是不可见的。选择该图标可选择 AP 元素，这样即使 AP 元素标记为隐藏，仍然可以查看 AP 元素中的内容。
➢ “对齐元素锚记”：显示接受 align 属性的元素的 HTML 代码位置的图标。
➢ “可视化服务器标签”和“非可视化服务器标签”：显示内容不能在文档窗口中显示的服务器标签（如 Active Server Pages 标签和 ColdFusion 标签）的位置。
➢ “CSS 显示：无”：该选项用于显示一个图标，该图标标示了被链接或嵌入的样式表中因 display 属性设置为 none 而隐藏的内容的位置。
➢ “显示动态文本于”：设置动态文本的占位符。例如，要使用空的大括号作为动态文本的占位符，则选择{}。
➢ “服务器端包括”：该选项用于指定是否在 Dreamweaver 的“设计”视图中显示每个服务器端包括的外部文件的内容。

11.1.9　“代码提示”选项

“代码提示”参数用于帮助用户在输入代码时快速插入标签名称、属性和值。即使禁用了“代码提示”，也可以通过在“代码”视图或代码检查器中按 Ctrl+Space 组合键显示弹出式提示。

打开“首选项”对话框，然后单击“分类”列表中的“代码提示”选项，显示如图 11-9 所示的对话框。

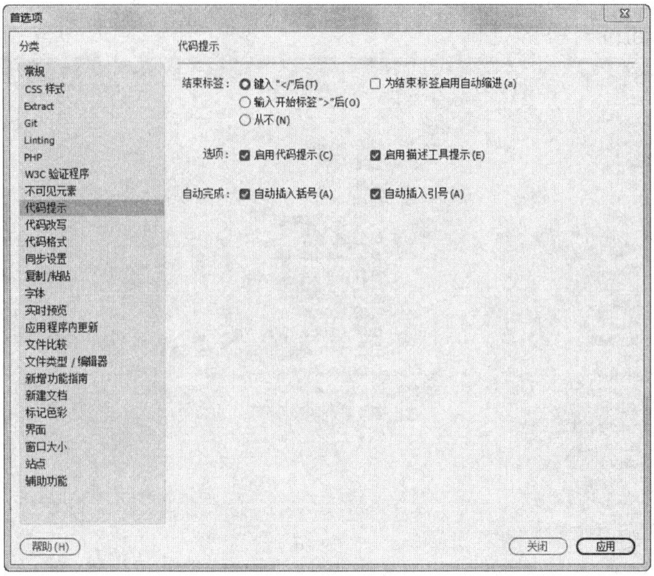

图 11-9　代码提示首选项

- “结束标签”：指定在 Dreamweaver 中插入结束标签的方式。默认情况下，在键入字符“</”后，Dreamweaver 会自动插入结束标签。
- “启用代码提示”：在“代码”视图中输入代码时启用代码提示功能。
- “启用描述工具提示”：显示所选代码提示的扩展描述。

11.1.10　“代码改写”选项

“代码改写”参数用于设置在打开文档、复制或粘贴表单元素以及在使用 Dreamweaver 工具输入属性值和 URL 时，是否使用 Dreamweaver 修改代码，以及修改方式。在“代码”视图中编辑 HTML 或脚本时，这些参数选择不起作用。

打开“首选项”对话框，然后单击“分类”列表中的“代码改写”选项，显示如图 11-10 所示的对话框。

- “修正非法嵌套标签或未结束标签”：改写重叠的标签。例如，将<b><i>text</b></i>改写为<b><i>text</i></b>。如果缺少右引号或右括号，此选项还将插入右引号或右括号。
- “粘贴时重命名表单项”：选中该项可以确保文档中的表单对象名称唯一。
- “删除多余的结束标签”：删除没有对应的开始标签的结束标签。
- “修正或删除标签时发出警告”：显示 Dreamweaver 试图更正的、技术上无效的 HTML 的摘要。摘要使用行号和列号记录问题的位置，以使用户可以找到更正，并确保按预期方式呈现。
- “从不改写代码：在带有扩展的文件中”：防止 Dreamweaver 改写具有指定文件扩展名的文件中的代码。对于包含第三方标签的文件，此选项特别有用。
- “特殊字符：使用&将属性值中的<、>、&和"编码”：选中该项可以确保 URL

只包含合法的字符。

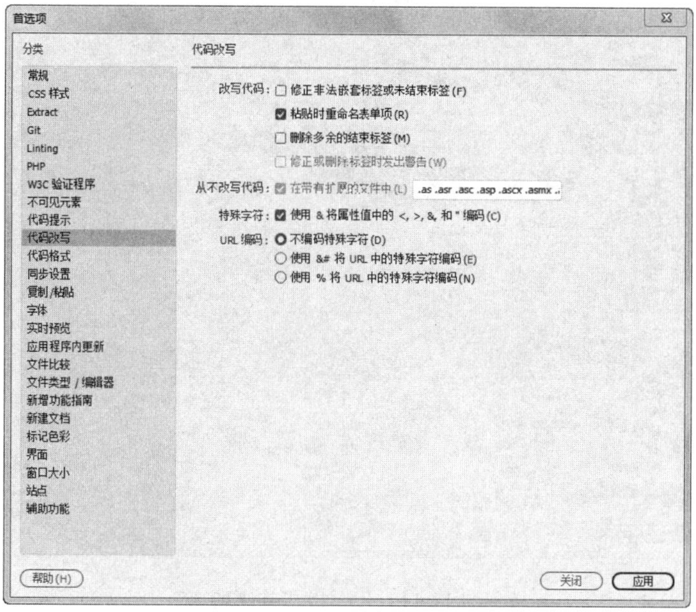

图 11-10　代码改写首选项

提示：此选项和下面的选项不会应用于在“代码”视图中键入的 URL。另外，它们不会使已经存在于文件中的代码发生更改。

- “不编码特殊字符”：防止 Dreamweaver 对 URL 中的特殊字符进行编码，从而仅使用合法字符。
- “使用 & # 将 URL 中的特殊字符编码”：确保只包含合法字符。
- “使用%将 URL 中的特殊字符编码”：确保只包含合法字符。这种使用百分号的编码方法对旧版本的浏览器而言，比用 & # 进行编码兼容性更好，但对某些语言不是很理想。

11.1.11　“代码格式”选项

“代码格式”参数用于控制 HTML 源代码格式。建议一般不要去改变它。若要更改这些参数，可打开“首选项”对话框，然后单击“分类”列表中的“代码格式”，显示如图 11-11 的对话框。

- “缩进”：用于指定由 Dreamweaver 生成的代码的缩进量，以及是使用空格缩进还是使用 Tab 键缩进。

注意：此对话框中的大多数缩进选项仅应用于由 Dreamweaver 生成的代码，而不应用于用户键入的代码。若要使键入的代码行的缩进级别与上一行相同，可以选择“查看”|“代码视图选项”|“自动缩进”命令。

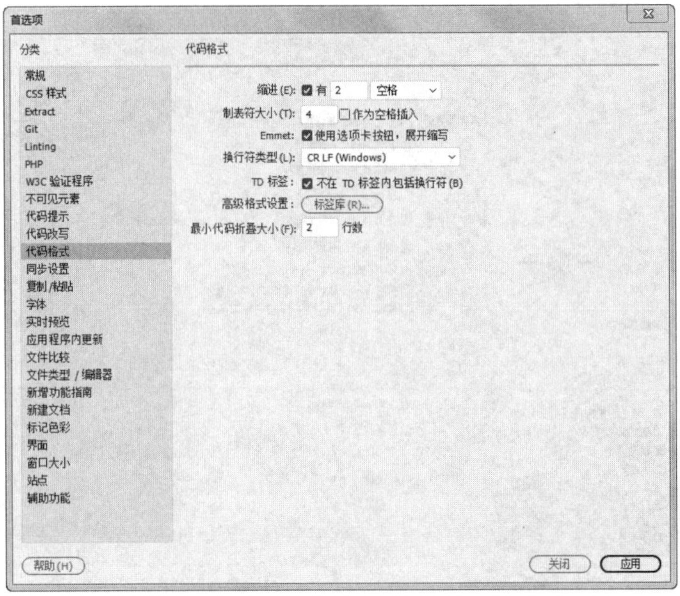

图 11-11　代码格式首选项

- “制表符大小”：以字符数为单位指定制表符在“代码”视图中的显示宽度。
- “Emmet”：使用 Emmet 缩写编写代码。

Dreamweaver 2021 支持 Emmet 插件，可用于快速编码并生成 HTML 和 CSS 代码。在 Dreamweaver 的“代码”视图或代码检查器中使用 Emmet 缩写，按 Tab 键时将会在“代码”视图中展开完整的 HTML 标记或 CSS。

Emmet 集成了很多缩写，这些缩写很容易记住和键入，可节省时间。例如，在“代码”视图中输入 ul>li>img+p，将光标位于 Emmet 缩写后面，然后按 Tab 键，即可展开为如下的代码片断：

```
<ul>
  <li>
    <img src="" alt="">
    <p></p>
  </li>
</ul>
```

- “换行符类型”：指定远程服务器的类型（Windows、Macintosh 或 UNIX）。

选择正确的换行符类型可以确保 HTML 源代码在远程服务器上能够正确显示，Dreamweaver ASCII 传输模式将忽略此设置。如果使用 ASCII 模式下载文件，则 Dreamweaver 根据计算机的操作系统设置换行符；如果使用 ASCII 模式上载文件，则换行符都设置为“CR LF”。当使用只识别某些换行符的外部文本编辑器时，此设置也有用。例如，如果使用“记事本”作为外部编辑器，则使用“CR LF（Windows）”。

- “不在 TD 标签内包括换行符”：用于设置在单元格中是否自动添加换行符。
- “高级格式设置”：设置 CSS 源格式和标签库格式。

➢ “最小代码折叠大小”：指定代码折叠的大小。默认代码折叠大小是两行。这意味着，折叠代码时，所有至少包含两行代码的代码片段都将被折叠。少于两行的代码片段将以展开模式显示。

11.1.12 “同步设置”选项

使用 Dreamweaver 中的同步设置功能，可以将用户计算机上的 Dreamweaver 设置和 Creative Cloud 上的 Dreamweaver 设置同步。

打开“首选项”对话框，然后单击“分类”列表中的“同步设置”，显示如图 11-12 所示的对话框。

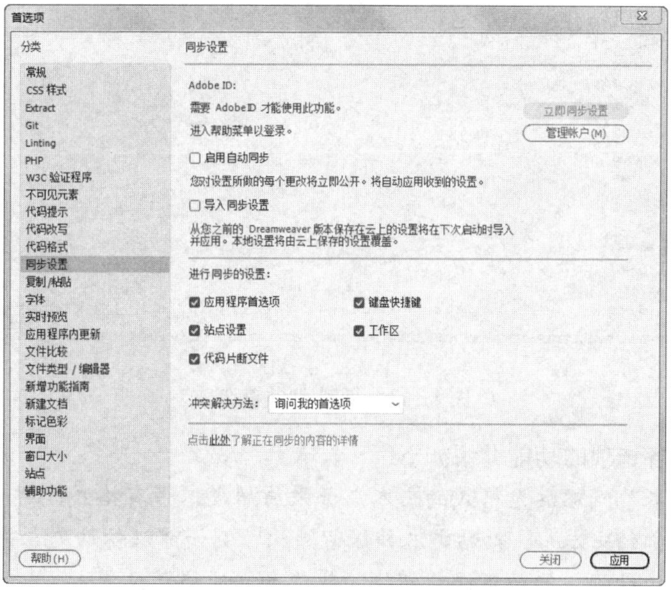

图 11-12　同步设置首选项

通过 Adobe Creative Cloud 订阅账户，可在两台计算机上激活 Dreamweaver。订阅账户就是用于购买订阅的 Adobe ID 账户。云同步功能是与订阅账户紧密相关的。

➢ “立即同步设置”：如果 Creative Cloud 上有更新，并已下载到计算机上，则该按钮将变为“应用更新”，单击该按钮可立即应用更新或以后再应用更新。

➢ “启用自动同步”：选中该选项，则每 30 分钟自动同步一次。

➢ “导入同步设置”：导入存储在 Creative Cloud 上的所有同步设置，并覆盖本地设置。

➢ “进行同步的设置”：指定要同步的设置。

在这一部分选择的选项不适用于导入在 Creative Cloud 中保存的设置。

➢ “冲突解决方法”：指定在同步期间解决冲突的方法。

11.1.13 “复制/粘贴”选项

在 Dreamweaver 2021 中可以直接在新建或现存的网页中添加 Word 或 Excel 内容。“复制/粘贴”选项用于设置将 Word 或 Excel 内容复制/粘贴到 Web 网页的方式。

打开“首选项”对话框，然后单击“分类”列表中的“复制/粘贴”，显示如图 11-13 所示的对话框。

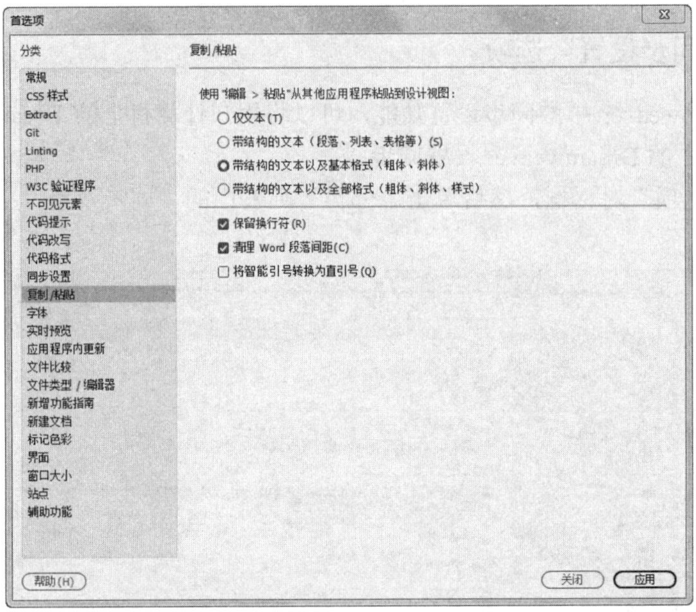

图 11-13　复制/粘贴首选项

该对话框中各选项的功能介绍如下：

- “仅文本”：粘贴无格式的文本。如果原始文本带有格式，所有格式都被删除。
- “带结构的文本”：粘贴文本并保留结构。例如可以粘贴文本并保留段落、列表和表格的结构，但是不保留粗体、斜体和其他格式设置。
- “带结构的文本以及基本格式”：可以粘贴结构化并有简单 HTML 格式的文本，如段落、表格以及带有 b、i、u、strong、em、hr、abbr 或 acronym 标签的格式化文本。
- “带结构的文本以及全部格式”：可以粘贴文本并保留所有结构、HTML 格式和 CSS 样式。
- “保留换行符”：保留所粘贴的文本中的换行符。如果选择了“仅文本”，则此选项将被禁用。
- “清理 Word 段落间距”：在粘贴文本时删除段落之间的多余空白。
- “将智能引号转换为直引号”：将智能引号（通常称为“弯引号”）转换为直引号。智能引号容易与字体的曲线混淆，通常用于代表引号和撇号；直引号通常用作英尺和英寸的省略形式。

11.1.14　“字体”选项

“字体”参数用于指定默认字体和文档的编码方式，确定如何在浏览器中显示文档。Dreamweaver 2021 字体设置使用户能够以自己喜爱的字体和大小方式查看给定的编码，而不影响其他人在浏览器中的显示方式。

打开“首选项”对话框，然后单击“分类”列表中的“字体”，显示如图 11-14 所示的对话框。

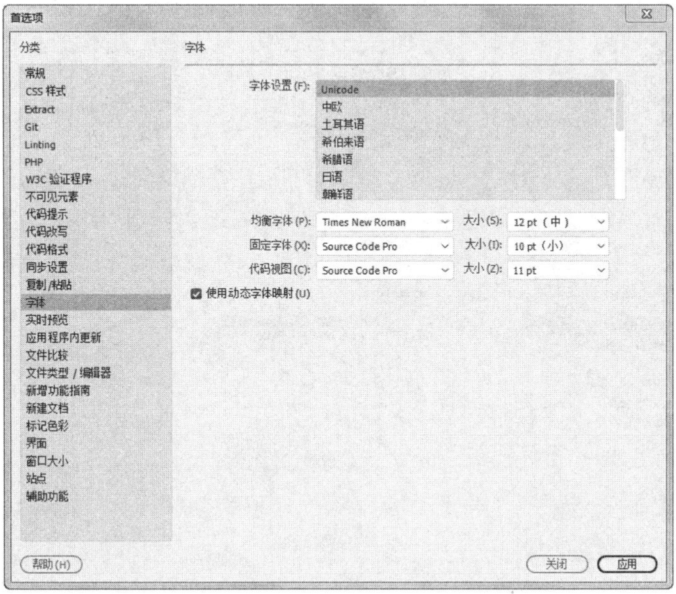

图 11-14　字体首选项

- “字体设置”：用以指定在 Dreamweaver 中使用给定编码类型的文档所用的字体集。例如，若要指定简体中文文档使用的字体，可从“字体设置”列表中选择“简体中文”。若要在字体弹出式菜单中显示一种字体，该字体必须安装在计算机上。
- “均衡字体”：是 Dreamweaver 用以显示普通文本（如段落文本、标题和表格）的字体。其默认值取决于系统上安装的字体。
- “固定字体”：是 Dreamweaver 用于显示 pre、code 和 tt 标签内文本的字体。其默认值取决于系统上安装的字体。
- “代码视图”：是用于显示“代码”视图和代码检查器中所有文本的字体。其默认值取决于系统上安装的字体。

11.1.15　“实时预览”选项

“实时预览”选项用于设置预览网页的主浏览器和次浏览器。

打开“首选项”对话框，然后单击“分类”列表中的“实时预览”，显示如图 11-15 的对话框。

- “浏览器”：列出本机上现有的浏览器。单击 **+** 按钮添加浏览器；单击 **−** 按钮删除当前选中的浏览器。
- “主浏览器”：将当前选中的浏览器设置为主浏览器。按 F12 键可打开主浏览器进行预览。
- “次浏览器”：将当前选中的浏览器设置为候选浏览器。按 Ctrl+F12 键可打开次浏览器进行预览。

➢ “使用临时文件预览”：设置是否为预览和服务器调试创建临时副本。如果要直接更新文档，不选中此项。

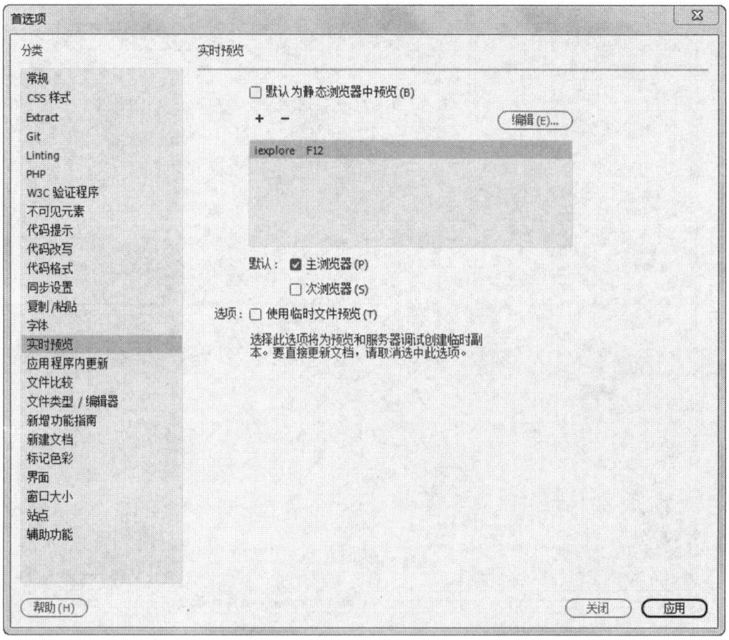

图 11-15　实时预览的首选项

11.1.16　“应用程序内更新”选项

Adobe 会不断提供更新，使 Dreamweaver 跟上不断发展的技术。利用 Dreamweaver 如图 11-16 所示的“首选项”对话框可以指定下载、安装应用程序内的更新。

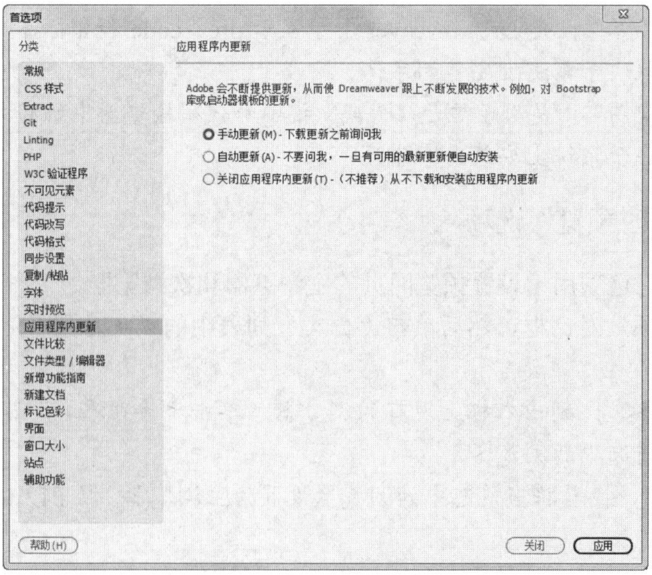

图 11-16　应用程序内更新首选项

11.1.17 “文件比较”选项

利用“文件比较”功能，可以在 Macintosh 和 Windows 平台上，将最常用的文件比较工具与 Dreamweaver 结合使用，快速比较文件以确定变更之处。可以比较两个本地文件、本地计算机上的文件和远程计算机上的文件，或者远程计算机上的两个文件。在比较文件之前，必须在系统上安装第三方文件比较工具。

打开“首选项”对话框，然后单击“分类”列表中的“文件比较”，打开如图 11-17 所示的对话框。

- 在 Windows 中，单击“浏览”按钮，然后选择用于比较文件的应用程序。
- 在 Macintosh 上，单击“浏览”按钮，然后选择从命令行启动文件比较工具的工具或脚本，而不是实际的比较工具本身。

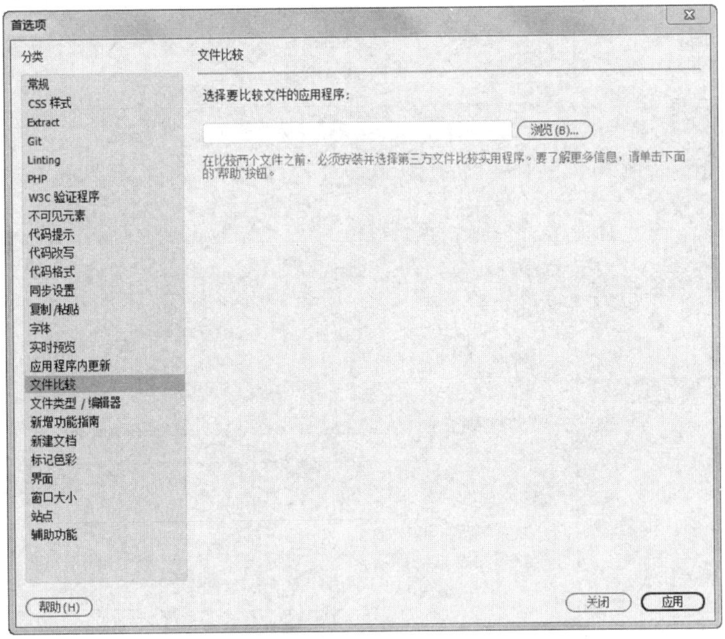

图 11-17　文件比较首选项

11.1.18 “文件类型/编辑器”选项

“文件类型/编辑器”对话框用于设置用户在 Dreamweaver 中可以打开的其他外部编辑器。在外部编辑器中完成更改后，必须在 Dreamweaver 中手动刷新文档。

打开“首选项”对话框，然后单击“分类”列表中的“文件类型/编辑器”选项，显示如图 11-18 所示的对话框。

- “扩展名”：设置外部编辑器关联的文件扩展名。单击列表上方的+按钮，可以添加图像格式类型。
- “编辑器”：设置选定的文件类型的编辑器。单击“编辑器”列表上方的+按钮，可以浏览并选择编辑器的启动应用程序。
- “设为主要”：设置指定文件类型的首选编辑器。

- “在代码视图中打开”：用于设置在“代码”视图中自动打开的文件的后缀。
- “重载修改过的文件”：设定当 Dreamweaver 2021 检测到打开的文档从外部进行了更改时，应该执行哪些操作。
- “运行时先保存文件”：设定 Dreamweaver 应该在启动编辑器之前总是保存当前的文档、从不保存文档，还是每次启动外部编辑器时提示保存文档。
- “Fireworks”：指定外部图像编辑器 Fireworks 应用程序的安装路径。

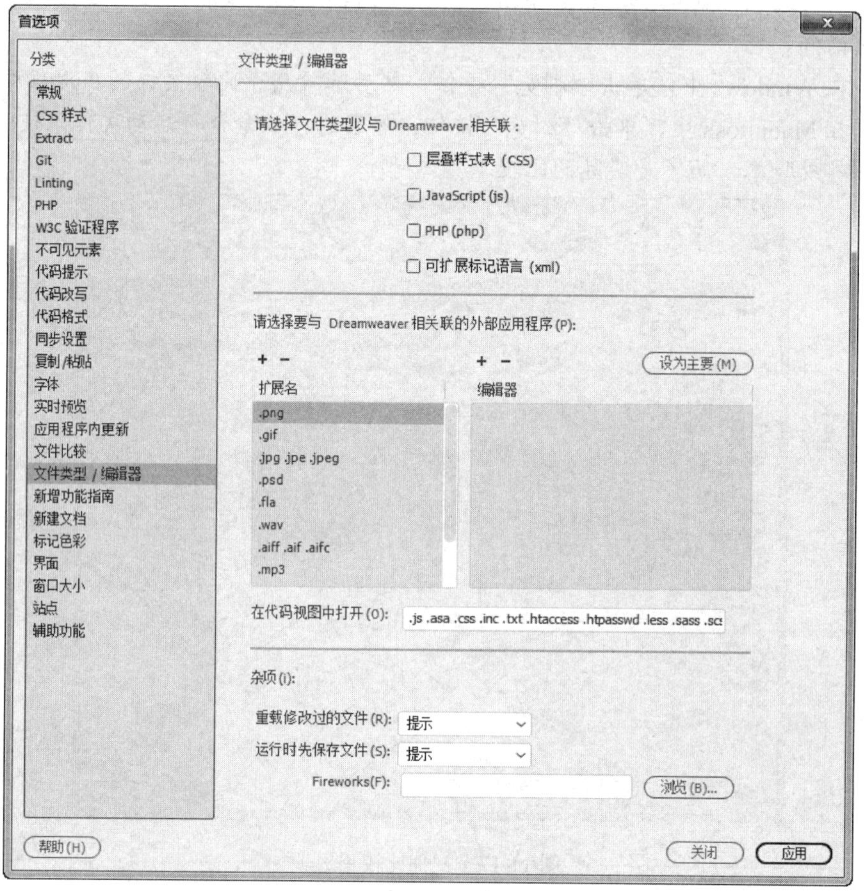

图 11-18 文件类型/编辑器首选项

11.1.19 “新增功能指南”选项

更新 Dreamweaver 后首次启动时，将自动显示新增功能指南。上下文功能提示有助于用户发现新的工作流程和功能增强。在 Dreameaver 的后续启动中，默认情况下不再显示这些新增功能指南，如果要再次显示，可以使用 Dreamweaver 首选参数中的“重置”选项。

打开“首选项”对话框，然后单击“分类”列表中的“新增功能指南”选项，显示如图 11-19 所示的对话框。

根据需要单击“重置”按钮重置上下文功能提示。然后重新启动 Dreamweaver，即可再次看到新增功能指南。

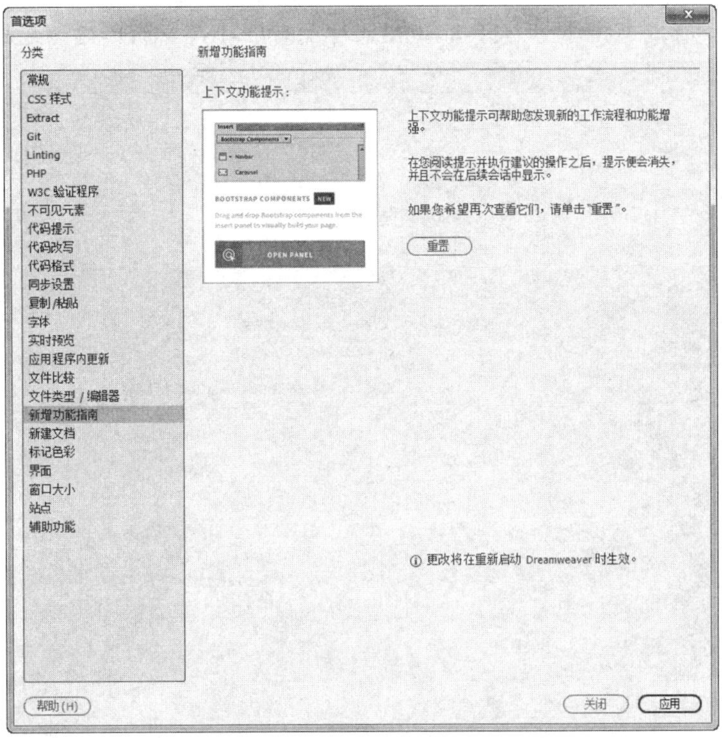

图 11-19　新增功能指南首选项

11.1.20　“新建文档”选项

“新建文档”对话框用于定义站点默认文档的文档类型。

打开“首选项”对话框，然后单击“分类”列表中的“新建文档”选项，显示如图 11-20 的对话框。

- “默认文档”：选择创建页面时默认的文档类型。
- “默认扩展名”：选择 HTML 作为默认文档时，设置文档的默认文件扩展名。其他文件类型禁用此选项。
- “默认文档类型”：选择在站点中创建的新页面的默认类型，Dreamweaver 2021 默认的文档类型为 HTML5。
- “默认编码”：指定在创建新页面时要使用的默认编码。默认编码与文档一起存储在文档头中插入的 meta 标签内，它指示浏览器与 Dreamweaver 应如何对文档进行解码，以及使用哪些字体来显示解码的文本。
- “当打开未指定编码的现有文件时使用”：在未指定任何编码的情况下打开一个文档时应用的默认编码。
- “Unicode 标准化表单”：用 Unicode（UTF-8）作为默认编码时，选择 Unicode 标准化表单类型。有 4 种 Unicode 标准化表单，最重要的是标准化表单 C，因为它是用于互联网的字符模型的最常用表单。
- “包括 Unicode 签名”：在文档中包括字节顺序标记（BOM）。UTF-8 没有字节顺序，可以选择添加 UTF-8 BOM。对于 UTF-16 和 UTF-32，这是必需的。

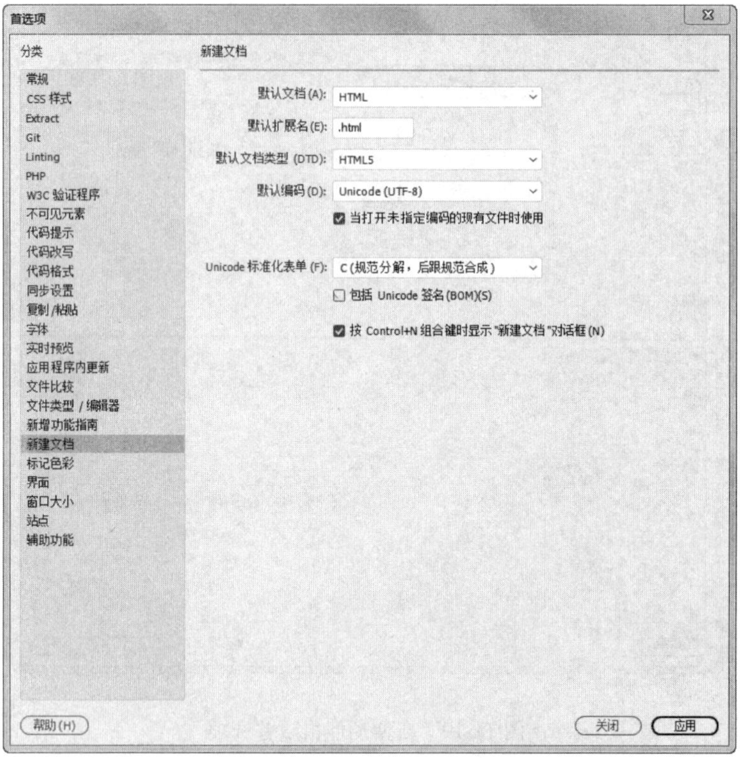

图 11-20　新建文档首选项

- "按 Control + N 组合键时显示'新建文档'对话框"：按 Control + N 组合键时显示"新建文档"对话框。

11.1.21　"标记色彩"选项

"标记色彩"对话框用于设置标识模板区域、库项目、第三方标签、布局元素和代码的颜色。

打开"首选项"对话框，然后单击"分类"列表中的"标记色彩"选项，显示如图 11-21 所示的对话框。

- "鼠标滑过"：设置鼠标从上方经过时的颜色。
- "可编辑区域"：设置可编辑区域的颜色。
- "嵌套可编辑"：设置嵌套可编辑区的颜色。
- "锁定的区域"：设置锁定区域的颜色。
- "库项目"：设置库项目的颜色。
- "其他厂商标签"：设置第三方标签的颜色。
- "未解释"：设置未解释标签的颜色。
- "已解释的"：设置已解释标签的颜色。

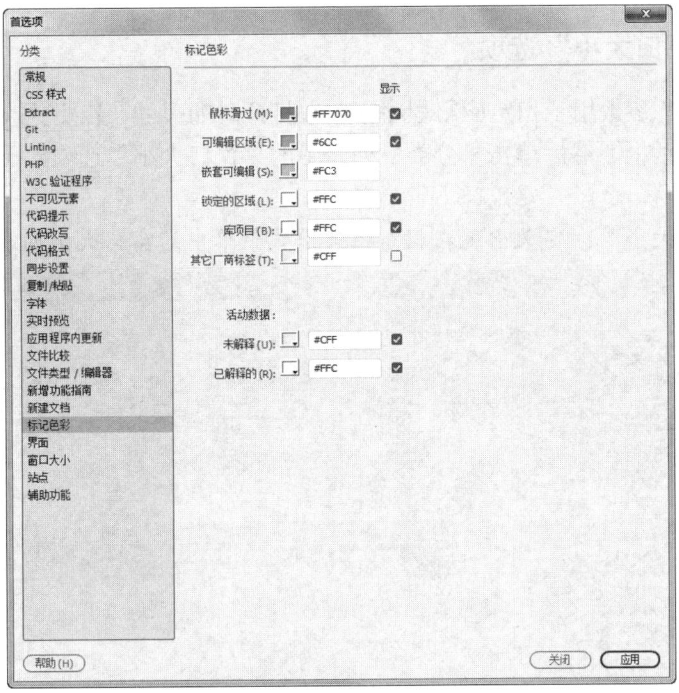

图 11-21　标记色彩首选项

11.1.22　“界面”选项

“界面”参数用于指定 Dreamweaver 的界面颜色主题和代码颜色主题。打开“首选项”对话框，然后单击“分类”列表中的“界面”选项，显示如图 11-22 所示的对话框。

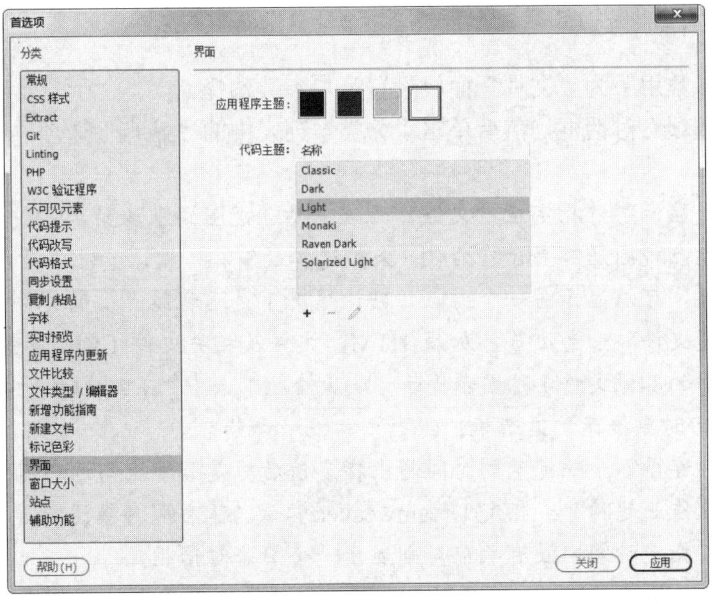

图 11-22　界面首选项

11.1.23 “窗口大小”选项

“窗口大小”参数用于指定应用程序窗口在打开时的尺寸。若要更改这些参数，可打开“首选项”对话框，然后单击“分类”列表中的“窗口大小”选项，显示如图 11-23 所示的对话框。

➢ “窗口大小”：定义出现在状态栏弹出式菜单中的窗口大小列表。

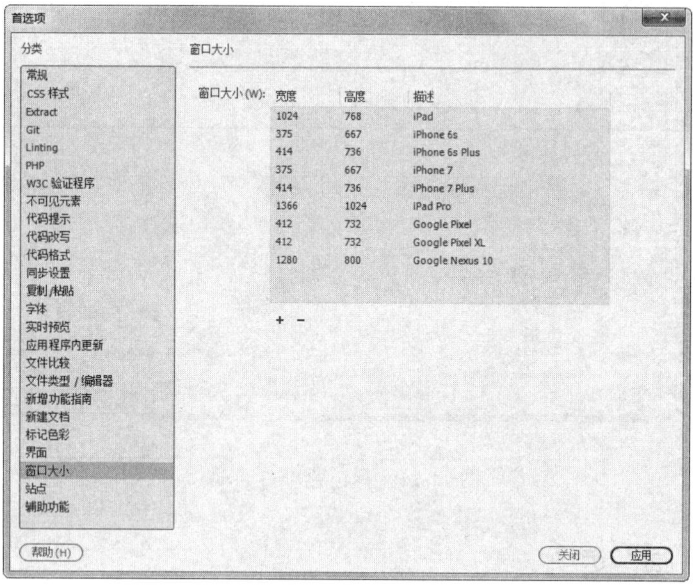

图 11-23 窗口大小首选项

11.1.24 “站点”选项

“站点”参数用于为“文件”面板设置用户参数选择。

打开“首选项”对话框，然后单击“分类”列表中的“站点”选项，显示如图 11-24 所示的对话框。

➢ “总是显示”：指定在“文件”面板中站点视图的默认显示方式。默认情况下，本地站点视图始终显示在右侧。未被选择的窗格（默认情况下是左窗格）是可更改窗格，可以显示另一个站点（默认情况下是远程站点）的文件。

➢ “相关文件”：为浏览器加载 HTML 文件及相关文件（例如图像、外部样式表或引用的其他文件）时显示提示。默认情况下选中“下载/取出时要提示”和“上载/存回时要提示”复选框。

➢ “FTP 连接”：确定空闲时间超出指定值后，是否终止与远程站点的连接。

➢ “FTP 作业超时”：指定 Dreamweaver 尝试与远程服务器进行连接所用的时间。如果在指定时间内没有响应，则显示一个警告对话框。

➢ “FTP 传输选项”：该选项用于设置在文件传输过程中显示对话框时，如果指定的时间内用户没有响应，Dreamweaver 是否执行默认选项。

- “代理主机”：指定与外部服务器连接使用的代理服务器的地址。
- “代理端口”：指定通过代理中的哪个端口与远程服务器相连。如果不使用端口 21（FTP 的默认端口）进行连接，则需要在此处输入端口号。
- “上载选项：上载前先保存文件”：将文件上载到远程站点之前，自动保存未保存的文件。
- “移动选项：移动服务器上的文件前提示”：在移动服务器上的文件之前，提示保存未保存的文件。
- “管理站点”：打开“管理站点”对话框，可以在此对话框中编辑现有的站点或创建新站点。

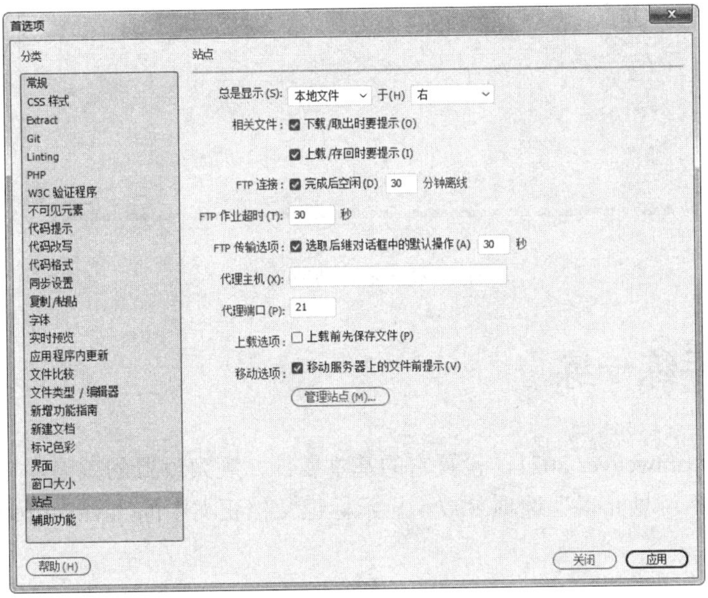

图 11-24　站点首选项

11.1.25　“辅助功能”选项

此选项用于激活“辅助功能”对话框。在文档中插入指定元素时，弹出“辅助功能”对话框，提示用户输入辅助功能标签或属性。

打开“首选项”对话框，然后单击“分类”列表中的“辅助功能”，显示如图 11-25 所示的对话框。

- “在插入时显示辅助功能属性”：选择要激活辅助功能对话框的元素。
- “打开时使焦点在面板中”：在打开某个面板后，焦点自动停留在该面板。默认情况下，打开某个面板后，Dreamweaver 会将焦点仍停留在“设计”视图或“代码”视图中。如果要使用屏幕阅读器，会使得访问面板十分困难。选择此选项则能够直接访问打开的面板。
- “屏幕外呈现（使用屏幕读取器时禁用）”：当使用屏幕阅读器时选择此选项。如果无法使用屏幕阅读器，则取消选择此复选框。

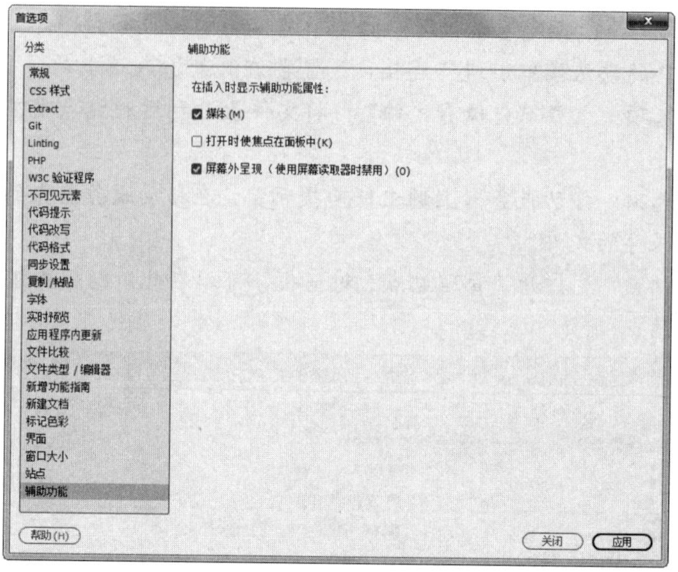

图 11-25　辅助功能首选项

11.2　动手练一练

1．打开 Dreamweaver 2021，设置它的基本属性，观察设置的效果。

2．设置“不可见元素”选项参数，显示标记文档正文中的 JavaScript 或 VBScript 代码位置的图标。

11.3　思考题

1．使用外部编辑器时有哪些注意事项？

2．在 Windows 和 Macintosh 上指定文件比较工具时，有什么不同？

第 12 章　动态网页基础与外部程序接口

本章导读

本章简要介绍 Dreamweaver 的部分动态网页功能，如安装配置 IIS 服务器、添加虚拟目录，以及利用外部程序接口直接使用 Fireworks 和 Animate 创建的内容。

学习要点

- 安装配置 IIS 服务器
- 创建虚拟目录
- 外部程序接口的使用

随着 Internet 的迅猛发展，网站开发者逐步以动态的网站来代替静态的网站，网页也由静态逐步转向动态。所谓动态，是指网页在传送过程中，Web 服务器能使用 ASP、JSP、CGI 等技术加以修改，然后发送给用户浏览器。这种技术称为服务器技术。

本章简要介绍 Dreamweaver 的部分动态网页功能，初学者可以体会 Dreamweaver 在编辑动态网页方面的优势，也为系统学习动态网页制作作一铺垫。

12.1 安装、配置 IIS 服务器

开始构建动态网页之前，必须做一些准备工作，如安装和设置 Web 应用程序服务器，并创建数据库连接。

推荐初学者使用 IIS（Internet Information Server，因特网信息服务系统）。该服务器能与 Windows 系列操作系统无缝结合，且操作简单。本节将简要介绍在 Windows 7 旗舰版操作系统下安装 IIS 7 的步骤。

注意： Windows 7 旗舰版、Windows 7 专业版和 Windows 7 企业版才有 IIS 组件，而 Windows 7 家庭版没有 IIS。此外，只有管理员组的成员才能安装 IIS7。

（1）执行“开始”|“控制面板”|“程序”|“程序和功能”|“打开或关闭 Windows 功能”命令，打开“Windows 功能”对话框。如图 12-1 所示。

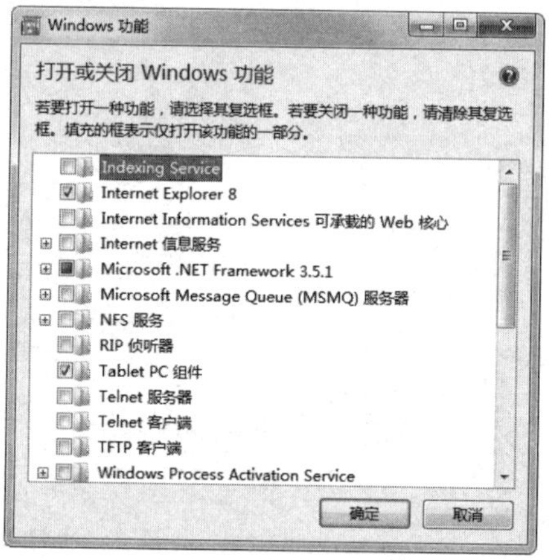

图 12-1 “Windows 功能”对话框 1

（2）按照如图 12-2 所示，选中“Internet 信息服务”的组件，建议初学者全部选中，然后单击“确定”按钮开始安装，如图 12-3 所示。

安装完成后，在安装操作系统的硬盘目录下可以发现多了一个 Inetpub 文件夹，这就说明安装成功了。

提示： 本书设定使用 ASP 程序开发动态页，因此选中了“应用程序开发功能”|“ASP”。读者可以根据自己的需求进行选择。

Chapter 12

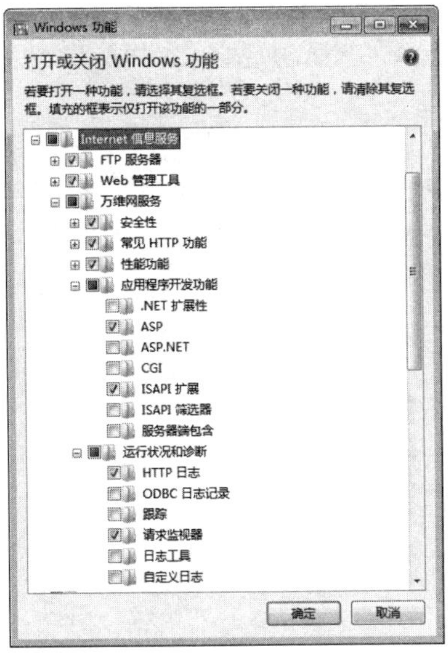

图 12-2 “Windows 功能”对话框 2

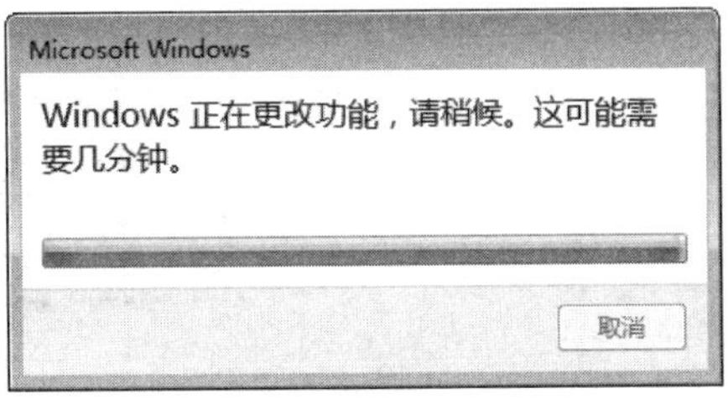

图 12-3 更改 Windows 功能

下面介绍配置 IIS 服务器的一般步骤。

（3）执行“开始”|“控制面板”|“系统和安全”|“管理工具”命令，打开如图 12-4 所示的面板。

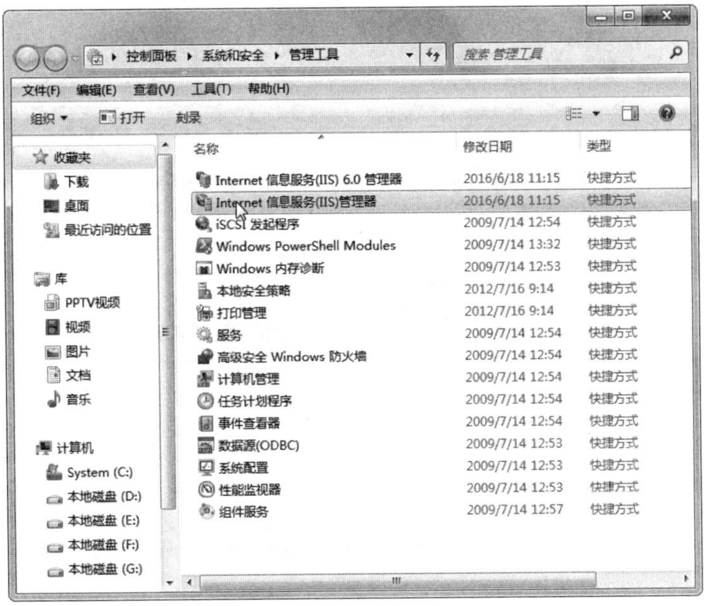

图 12-4 “管理工具”面板

（4）在面板右侧的列表中双击“Internet 信息服务（IIS）管理器”，打开如图 12-5 所示的管理器面板。

（5）双击“IIS”区域的“ASP”，在弹出的对话框中启用父路径，即将对应的值设置为 True，如图 12-6 所示，然后在“操作”栏中单击“应用”按钮保存设置。

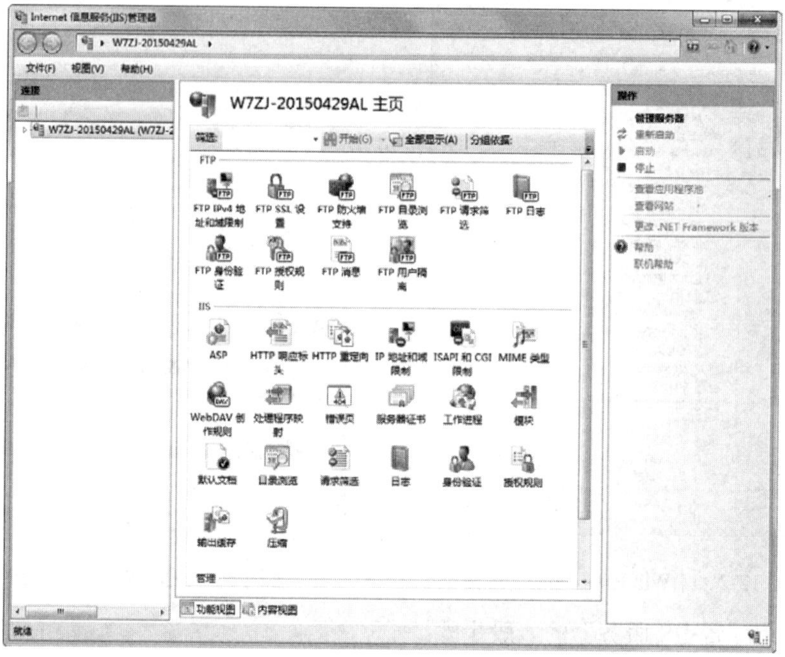

图 12-5　IIS 管理器面板

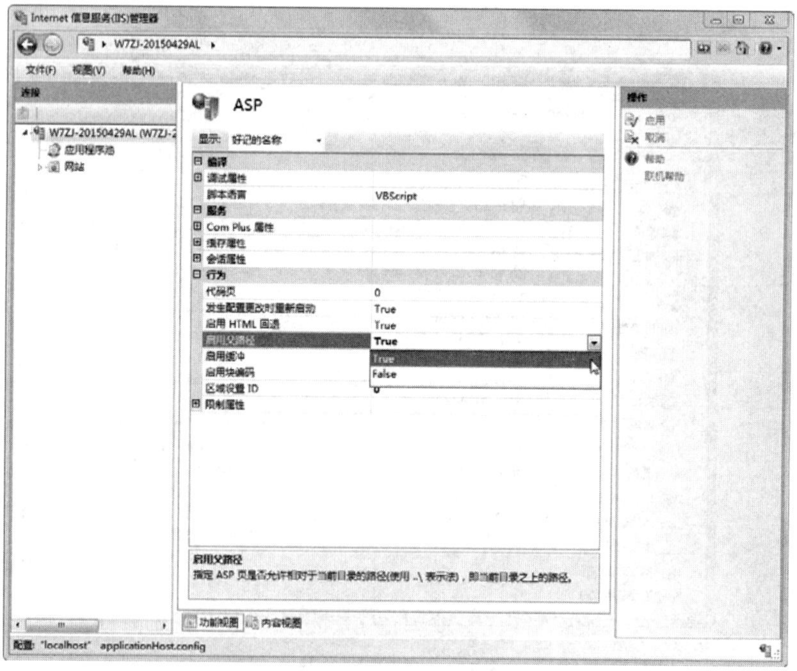

图 12-6　启用父路径

（6）单击管理器面板左侧的根节点，展开树状目录。在“网站”上单击鼠标右键，然后在弹出的快捷菜单中选择“添加网站”命令，如图 12-7 所示。弹出如图 12-8 所示的“添加网站”对话框。

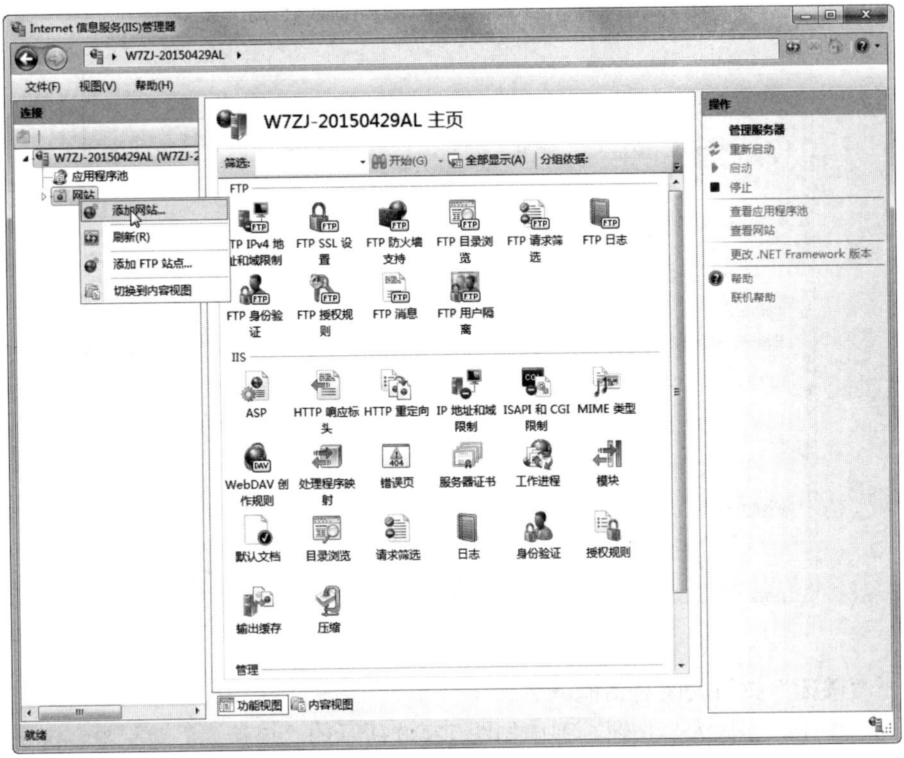

图 12-7　添加网站

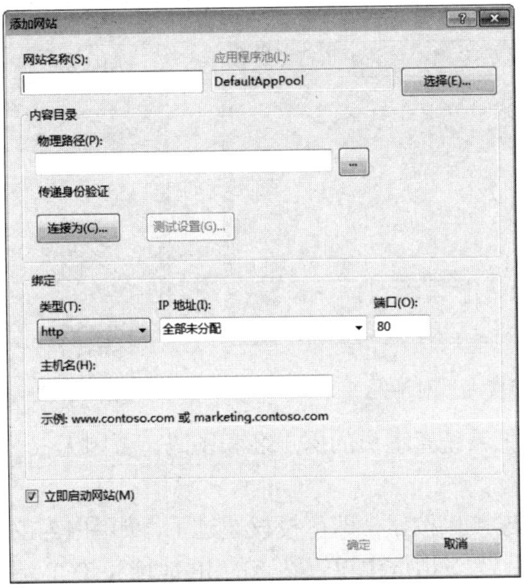

图 12-8　“添加网站”对话框

（7）在弹出的“添加网站”对话框中输入网站名称。

（8）在“物理路径”文本框中键入网站路径，例如 C:\inetpub\wwwroot\bz。

（9）此时单击“测试设置”按钮，将弹出如图 12-9 所示的“测试连接”对话框。

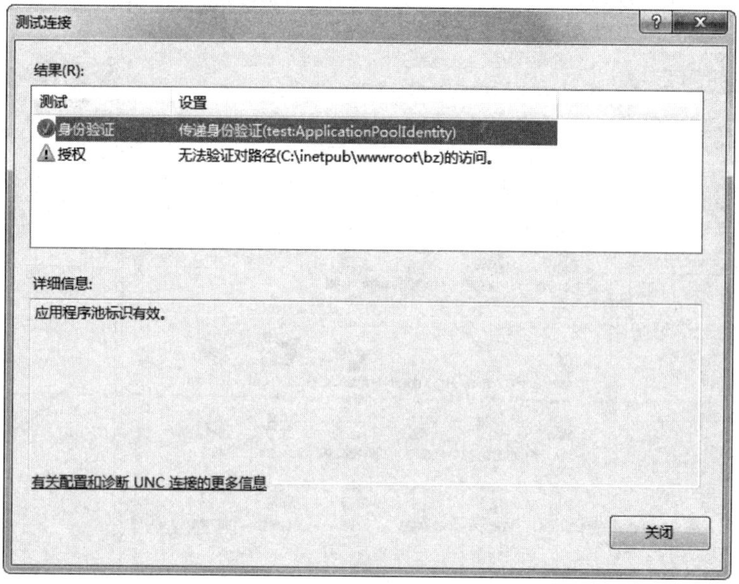

图 12-9 “测试连接”对话框

单击“关闭”按钮关闭对话框。

（10）单击“连接为”按钮，弹出如图 12-10 所示的“连接为”对话框，选择“特定用户”作为路径凭据。然后单击“设置”按钮打开如图 12-11 所示的“设置凭据”对话框。

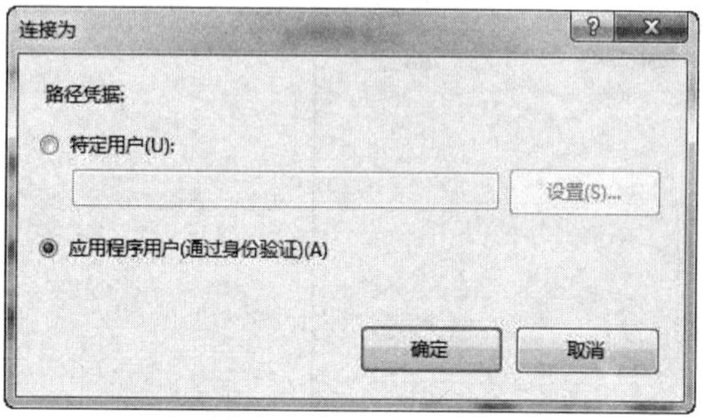

图 12-10 “连接为”对话框

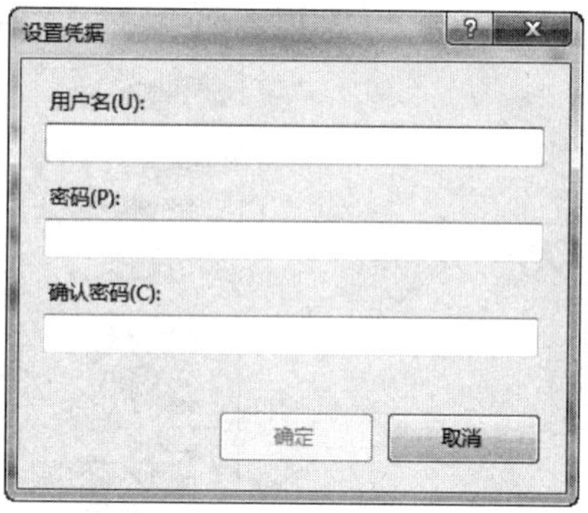

图 12-11 “设置凭据”对话框

在这里必须输入主机系统管理员的用户名和密码，否则无权访问硬盘分区，然后单击“确定”按钮关闭对话框。

此时再单击“测试连接”按钮，即可授权通过了，如图 12-12 所示。

（11）在“添加网站”对话框中设置站点的 IP 地址和 TCP 端口，端口号默认为 80。指定主机名为“localhost”。然后单击“确定”按钮关闭对话框。

接下来检查网页的身份验证。

（12）单击“Internet 信息服务（IIS）管理器”面板左侧的网站节点，在中间列表的“IIS”部分双击“身份验证”图标，如图 12-13 所示，打开对应的身份验证面板。

（13）在要调试的站点上启用安装 IIS 时增加的身份验证。如图 12-14 所示。在对应的选项上单击鼠标右键，在弹出的菜单中选择“启用”即可。

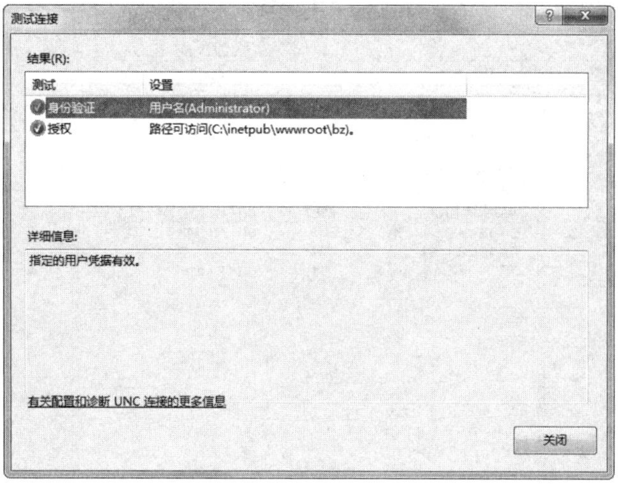

图 12-12　“测试连接”对话框

图 12-13　双击“身份验证”图标

注意：

是在要调试的站点上启用，而不是在要调试的应用程序目录上！

（14）切换到“默认文档”选项卡中，如图 12-15 所示。修改浏览器默认的主页及调用顺序。选中一个默认文档后，在“操作”栏单击“上移”按钮⬆或“下移”按钮⬇，即可调整优先级，如图 12-16 所示。

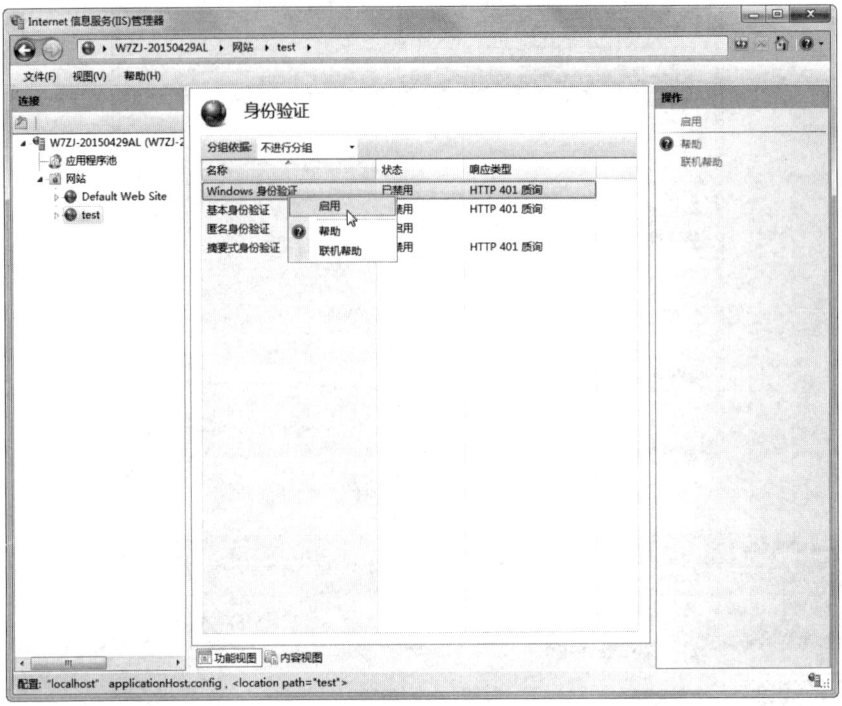

图 12-14 启用身份验证

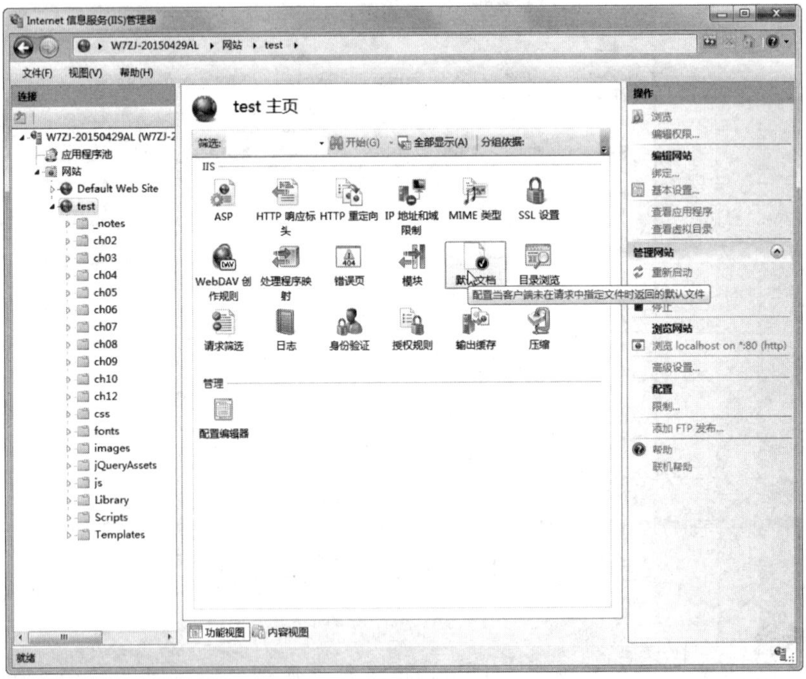

图 12-15 设置默认文档

如果列表中没有需要的默认文档，单击“操作”栏的“添加”按钮，在弹出的“默认文档”对话框中输入文档名称即可。

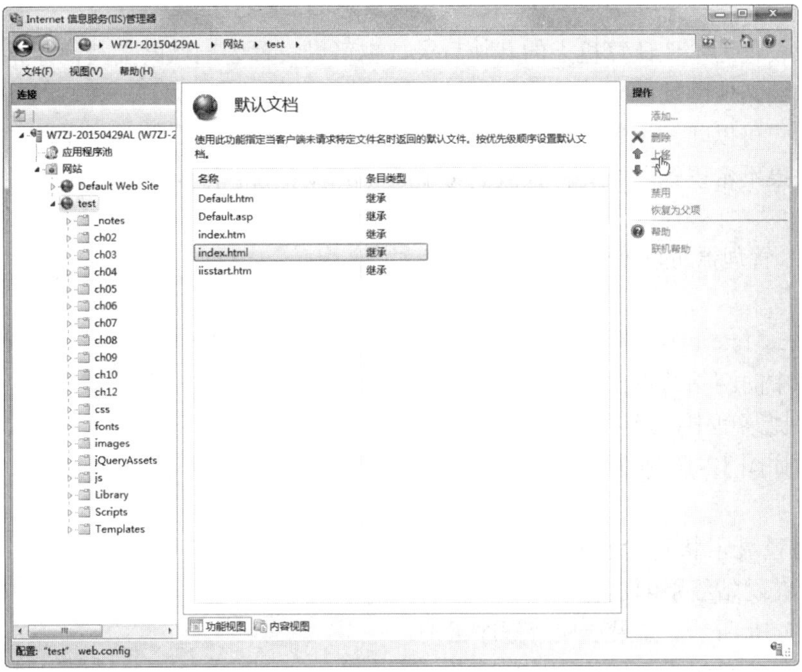

图 12-16　调整优先级

（15）设置完成后，单击“确定”按钮关闭窗口。

对 IIS 进行了基本的设置之后，还需要测试 IIS 能否正常运行。最简单的方法就是直接使用浏览器输入 http://+计算机的 IP 地址，或输入 http://localhost 后按 Enter 键。如果可以看到如图 12-17 所示的 IIS 的缺省页面或创建的网站的默认文档，则代表 IIS 运行正常；否则检查计算机的 IP 地址是否设置正确。

图 12-17　IIS 的缺省页面

12.2　创建虚拟目录

安装 IIS 后，Web 站点默认的主目录是：系统安装盘符:\inetpub\wwwroot。当然也可以将主目录设置为本地计算机上的其他目录，也可以设置为局域网上其他计算机的目录，或者重定向到其他网址。

尽管用户可以随意设置网站的主目录，但是除非有必要，最好不直接修改默认网站的主目录。如果不希望把网站文件存放到 c:\inetpub\wwwroot 目录下，可以通过设置虚拟目录来解决。

使用 IIS 管理器可以创建 IIS 虚拟目录，步骤如下：

（1）在“Internet 信息服务管理器”窗口左侧窗格中的网站结点上单击鼠标右键，从弹出的快捷菜单中选择“添加虚拟目录”命令，打开如图 12-18 所示的“添加虚拟目录”对话框。

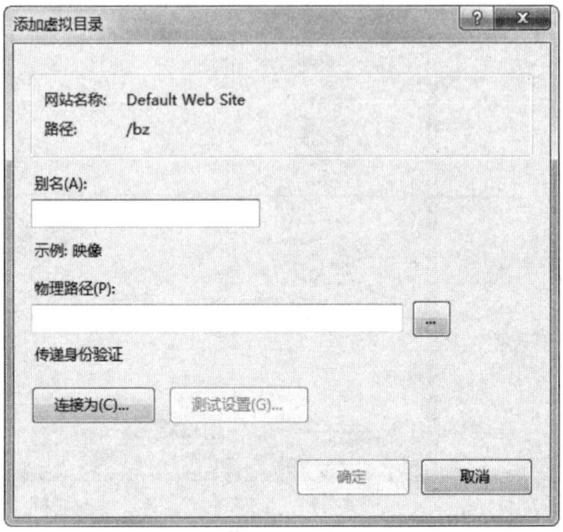

图 12-18 “添加虚拟目录”对话框

网站路径显示将包含虚拟目录的应用程序。如果在网站级别创建虚拟目录，显示为/，如图 12-18 所示。如果在应用程序级别创建虚拟目录，显示为该应用程序的名称。

（2）在“别名”文本框中输入要建立的虚拟目录的名称。在设置虚拟目录的别名时，需要注意：

- 别名不区分大小写。
- 不能同时存在两个或多个别名相同的虚拟目录。

（3）单击“浏览”按钮，在弹出的“浏览文件夹”对话框中选择要建立虚拟目录的文件夹的物理路径。

（4）单击“连接为”按钮，在弹出的“连接为”对话框中设置连接到指定物理路径的方式，如图 12-19 所示。

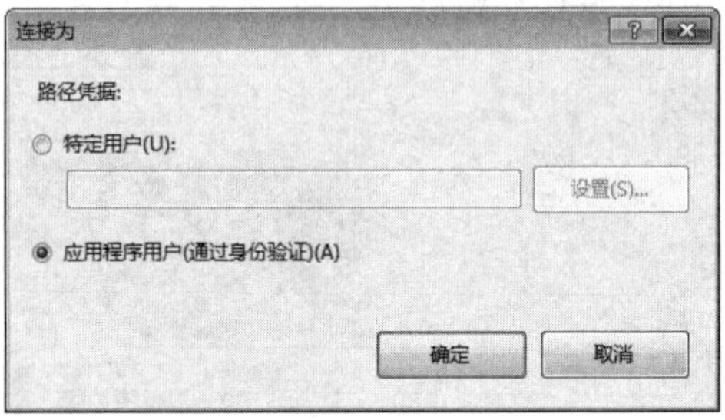

图 12-19 “连接为”对话框

（5）单击“测试设置”按钮，在打开的“测试设置”对话框中可以查看测试结果列表，以评估路径设置是否有效。

（6）单击“确定”按钮，完成虚拟目录的创建。此时，在“Internet 信息服务管理器”的“虚拟目录”页面可以看到新创建的虚拟目录，如图 12-20 所示。

创建虚拟目录之后，将应用程序放在虚拟目录下有以下两种方法：

- 直接将网站的根目录放在虚拟目录下面。例如，应用程序的根目录是“blog”，直接将它放在虚拟目录下，路径为“[硬盘盘符]: \Inetpub\wwwroot\blog”。此时对应的 URL 是“http://localhost/blog”。
- 将应用程序目录放到一个物理目录下（例如，D:\blog），同时用一个虚拟目录指向该物理目录。

图 12-20 “虚拟目录”页面

此时，用户不需要知道对应的物理目录，即可通过虚拟目录的 URL 来访问它。这样做的好处是用户无法修改文件，而且一旦应用程序的物理目录改变，只需更改虚拟目录与物理目录之间的映射，所以仍然可以用原来的虚拟目录访问它们。

此外，初学者需要注意的是，通过 URL 访问虚拟目录中的网页时应该使用别名，而不是目录名。例如，假设别名为 blog 的虚拟目录对应的实际路径为 E:\mywork\blog，要访问其中名为 index.asp 的网页时，应该在浏览器地址栏中输入 http://localhost/blog/index.asp 来访问，而不是使用 http://localhost/mywork/blog/index.asp 来访问。另外，动态网页文件不能通过双击来查看，必须使用浏览器访问。

12.3 配置测试服务器

Dreamweaver 的实时数据编辑环境能够让网页设计人员在编辑环境中实时预览可编辑数据的 Web 应用，使网页设计人员在编辑网页的同时，可以看到网页上的动态内容，有效地提高工作效率，减少重复劳动。

只有 Dreamweaver 还无法创建动态网页，还必须建立一个 Web 服务器环境和数据库运行环境。它们之间的关系为：动态网页必须通过 Web 服务器中的服务器程序对数据库内容进行操作，而服务器程序只有通过数据库驱动程序才能够处理数据库。打开实时数据窗口时，被打开的文件临时拷贝到指定的 Web 服务器上。产生的页面在实时窗口显示出来后，Web 服务器上临时拷贝的内容将被删除。

Dreamweaver 2021 整合了当今最新技术，支持当今主流的开放环境和最新技术，如：PHP、ColdFusion、Web Publishing System、ASP、Flash 视频和其他主流的服务器技术等。在使用 Dreamweaver 之前必须选定一种服务器技术，本书选用的是 ASP 技术。

配置测试服务器的操作步骤如下：

（1）执行“站点”|“管理站点”命令，打开“管理站点”对话框。

（2）在“管理站点”对话框中选择定义的站点，并单击“编辑”按钮，打开对应的“站点设置”对话框。

（3）在对话框左侧的分类列表框中选择“服务器”选项，然后在右侧的服务器列表中选择要配置的服务器，单击列表下方的“编辑现有服务器”按钮，打开图 12-21 所示的对话框。

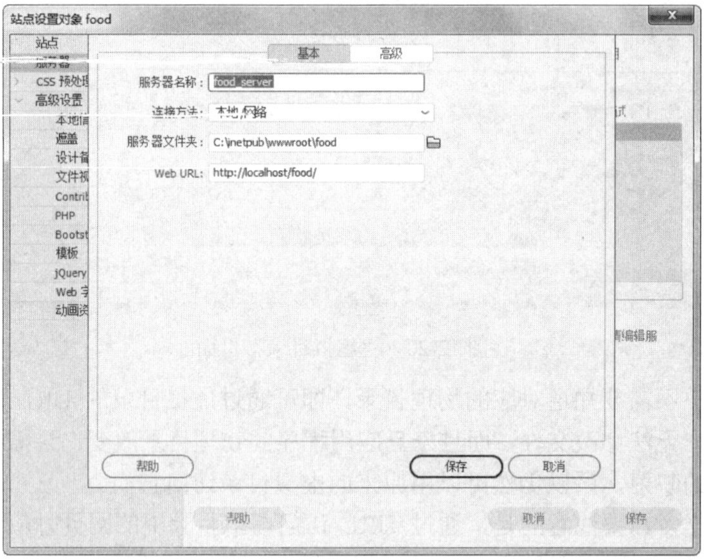

图 12-21　“站点设置”对话框

（4）在“连接方法”下拉列表框中选择连接服务器的方法。

（5）在“服务器文件夹”文本框中输入服务器的虚拟目录。

默认情况下，Dreamweaver 会假定应用程序服务器运行在与 Web 服务器相同的系统上。如果在“站点设置”对话框的“服务器”类别中定义了远程服务器文件夹，并且应用程序服务器运行在与远程文件夹相同的系统上（例如 Web 服务器和应用程序服务器均在本地计算机上运行），或本地根文件夹是 Web 站点主目录的子文件夹，则使用测试服务器文件夹的默认设置。

如果没有定义远程服务器文件夹，或本地根文件夹不是主目录的子文件夹，则必须将本地根文件夹定义为 Web 服务器中的虚拟目录，测试服务器文件夹默认为在“站点”类别中定义的本地站点文件夹。

注意：

在 Dreamweaver 2021 中，可以指定特定服务器作为测试服务器或远程服务器，但不能同时指定两者。如果打开或导入一个在 Dreamweaver 早期版本中创建的站点，并指定某个服务器同时作为测试服务器和远程服务器，系统会创建一个重复的服务器条目。然后，将一个标记为远程服务器（使用_remote 后缀），将另一个标记为测试服务器（使用_testing 后缀）。

（6）在“Web URL”文本框中输入将在浏览器中打开 Web 应用程序需要键入的 URL，但不包括任何文件名。Dreamweaver 使用 Web URL 创建站点根目录相对链接，并在使用链接检查器时验证这些链接。

Web URL 由域名和 Web 站点主目录的任何一个子目录或虚拟目录（而不是文件名）组成。例如，如果应用程序的 URL 是 http://www.adobe.com/mycoolapp/start.asp，则 Web URL 为：www.adobe.com/mycoolapp/。如果 Dreamweaver 与 Web 服务器在同一系统上运行，可以使用 localhost 作为域名的占位符。

注意：

如果发布站点是本地计算机，可以在“Web URL”文本框中输入 http://localhost/后加入站点名。有时候创建的动态页面在实时数据窗口可以实时浏览，但是上传到服务器后，在浏览器中不能正常显示，这是初学者常常感到困惑的地方。此时可以在“Web URL”文本框中输入 http://127.0.0.1/即可在浏览器中正常显示。

（7）切换到“高级”屏幕，在“服务器模型”右侧的下拉列表框中选择合适的服务器模式，如 ASP、JSP 或 Cold Fusion。如果选择 ASP 服务器，还要选择一种脚本语言，如图 12-22 所示。

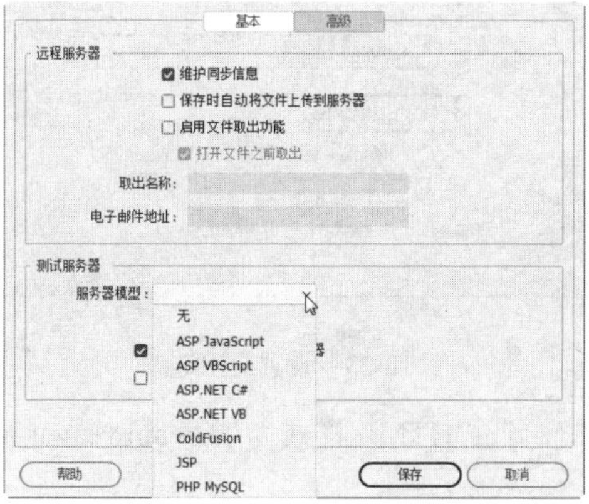

图 12-22　选择服务器模型

（8）单击“保存”按钮关闭对话框。

12.4　使用外部程序接口

利用 Dreamweaver 与 Animate 的集成特性，可以在制作网页的时候直接运用 Animate 中的文件使网页更加生动。而利用 Dreamweaver 与 Fireworks 的结合特性，不仅可以方便地实现两者之间的文件交换，还可以共享和管理 HTML 文件中的许多内容，如链接、图像等，可以大大提高网页设计与编辑的效率。

本节主要介绍在使用 Dreamweaver 制作网页时运用 Fireworks 文件的方法。

12.4.1　插入 Fireworks 图像和 HTML 文件

Fireworks 的 HTML 文件中包括了相关联的图像链接、切片信息和 JavaScript 脚本语言。

插入 HTML 文件，可以在 Dreamweaver 页面中非常方便地加入 Fireworks 生成的图像和网页特效。步骤如下：

（1）在 Fireworks 中打开添加了切片的 PNG 文件，执行“文件”|“导出”命令，弹出“导出”对话框。在“文件名”文本框中输入文件名称，最好将 Dreamweaver 站点图像文件夹指定为导出图像的目标位置。在“导出”下拉列表中选择“HTML 和图像”。在“HTML”下拉列表中选择“复制到剪贴板”，如图 12-23 所示。

图 12-23　设置导出选项

（2）单击“选项”按钮，设置 HTML 样式为“Dreamweaver XHTML”，扩展名为.html，如图 12-24 所示。

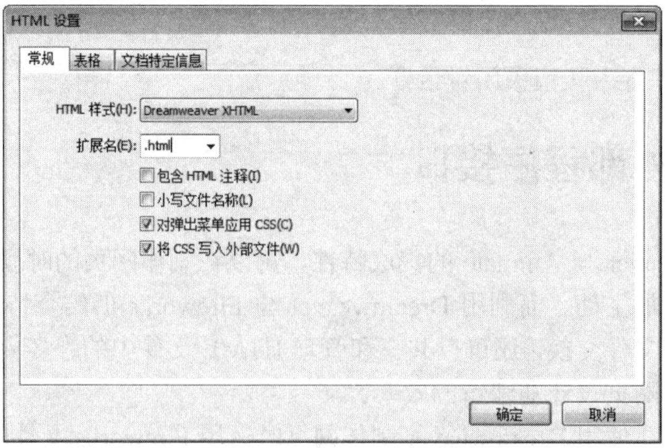

图 12-24　“HTML 设置”对话框

（3）单击“确定”按钮关闭“HTML 设置”对话框，然后单击“导出”按钮关闭“导出”对话框。

（4）在 Dreamweaver 文档窗口中，将光标置于要插入 HTML 文件的位置。执行“编辑”|“粘贴 Fireworks HTML”命令，如图 12-25 所示，即可在文档中插入 Fireworks HTML。与导出的 Fireworks 文件有关的所有 HTML 和 JavaScript 代码都被复制到 Dreamweaver 文档中，并且会更新指向图像的所有链接。

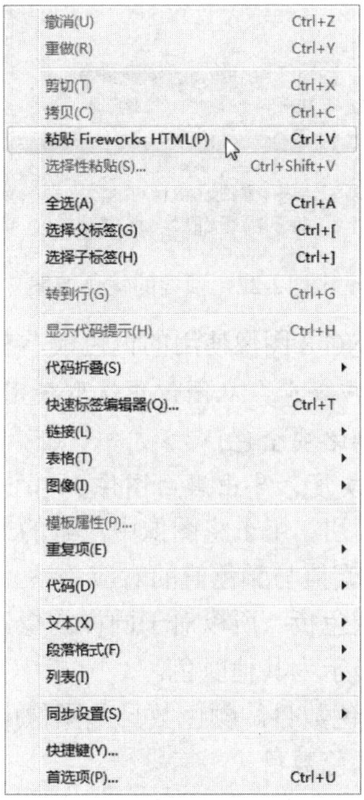

图 12-25　选择“粘贴 Fireworks HTML”命令

12.4.2　优化插入的 Fireworks 图像

在 Dreamweaver 中，不必打开 Fireworks，就可以快速调用 Fireworks 的图像输出设置功能。Fireworks 的图像输出设置功能提供了诸如图像格式设置、优化属性设置、动画属性设置、文件大小设置等非常简洁和实用的图像输出处理功能，方便随时对图像进行一些网络适用性调整。

下面介绍在 Dreamweaver 中使用 Fireworks 优化插入图像的步骤：

（1）在 Dreamweaver 的“设计”视图中选取要进行优化处理的图像。

（2）在属性面板上单击“编辑图像设置”按钮，打开如图 12-26 所示的“图像优化”对话框。

“图像优化”对话框提供了许多控制选项，可以使用预设的优化方案对图像进行优化，也可以自定义优化选项。

① 预置：该下拉列表中包含 6 种 Fireworks 预设的优化方案，如图 12-27 所示。

选择的预置优化方案不同，显示的优化选项也不同。例如，选择“用于背景图像的 GIF（图案）”方案时，对应的优化选项如图 12-28 所示。

选择其他优化方案时，显示的优化选项大同小异。在此简要介绍图 12-28 中的优化选项功能：

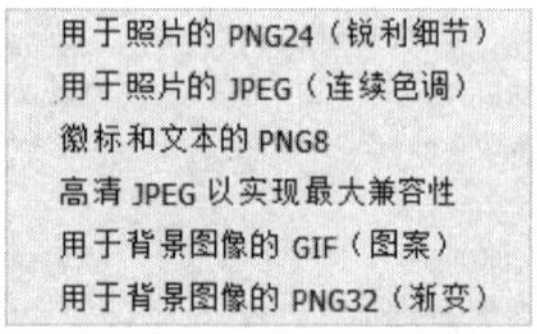

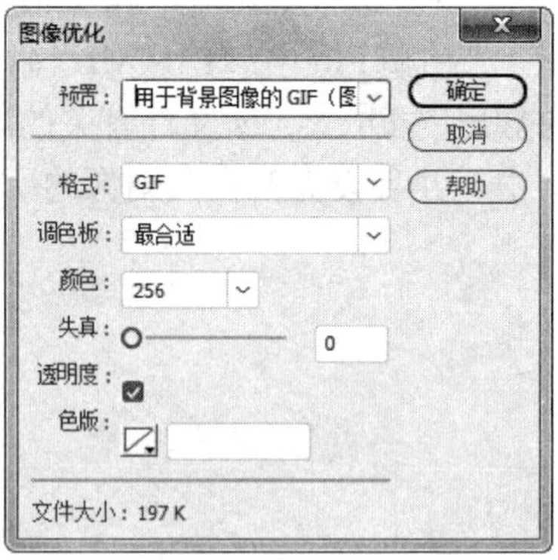

图 12-26 “图像优化”对话框（1） 图 12-27 预设的优化方案 图 12-28 “图像优化”对话框（2）

② 调色板：设置 GIF 或 PNG 8 图像使用的调色板，有以下两种选择：

➢ “最合适”：使用自适应颜色。从图像中选取使用最多 256 种颜色组成调色板，包括网络安全色和非网络安全色。

➢ “灰度”：使用 256 色灰度，导出黑白图像。

调色板实际上是一个颜色索引，用于将图像中像素的二进制数值与某种颜色值对应起来。在显示图像时，根据这种像素值与颜色值的对应关系，就能将像素颜色正确显示出来。不同的图像中可以包含不同的调色板。所以对于同样的像素值，可能在某个图像中显示为这种颜色，但在另外的图像中显示为其他颜色。

③ 颜色：设置图像中的颜色数目。颜色数目是图像中调色板里可以包含的最大颜色数目，不是图像中真正存在的颜色数目。

④ 失真：图片压缩的损失值。损失值的有效范围是 0%～100%。通常 GIF 图像的损失量为 5%～15%时，可得到较好的结果而不影响失真。

GIF 采用无损压缩，所以采用该压缩算法不会丢失文档中的数据。但为了提供更多的文件大小的选择，Fireworks 允许设置 GIF 的损失量，以获取更高的压缩率。较高的损失量可以获得较小的图像文件，但是图像的失真较大；较低的损失量会生成较大的图像文件，但是图像的失真较小。

⑤ 透明度：将画布的颜色设置为透明。

⑥ 色版：设置图像的边缘颜色，应用在导出图片的边缘上。通过设置该颜色，可使图像与网页完全融合。

⑦ 品质：设置 JPEG 图片的压缩程度，单位是%，范围是 0～100。数值为 0 时，JPEG 图片质量最低，但文件最小；数值为 100 时，JPEG 图片质量最高，但文件最大。

12.5 综合实例

以上介绍了在 Dreamweaver 中运用 Fireworks 文件的各种操作，下面通过一个简单实例介绍在 Dreamweaver 中对 Fireworks 和 Flash 对象的综合运用。最终效果如图 12-29 所示。

图 12-29　页面制作的效果图

12.5.1　页面布局

（1）新建一个 HTML 页面，执行“插入”|“表格”命令，在弹出的“表格”对话框中设置行数为 2，列数为 2，表格宽度为 660 像素，边框粗细为 0 像素，单元格边距和单元格间距均为 0。

（2）选中插入的表格，在属性面板上的“对齐”下拉列表中选择“居中对齐”。

（3）选中第二行单元格，单击属性面板上的“合并单元格”按钮，将第二行单元格合并为一行。

（4）选中第一行第一列单元格，在属性面板上设置单元格背景颜色为#00CCFF，如图 12-30 所示。设置第一行第二列的单元格颜色为#FFFFCC，高 80px，宽 420px；第二行单元格的背景颜色为#CCFFFF，并调整单元格高度，此时的页面效果如图 12-31 所示。

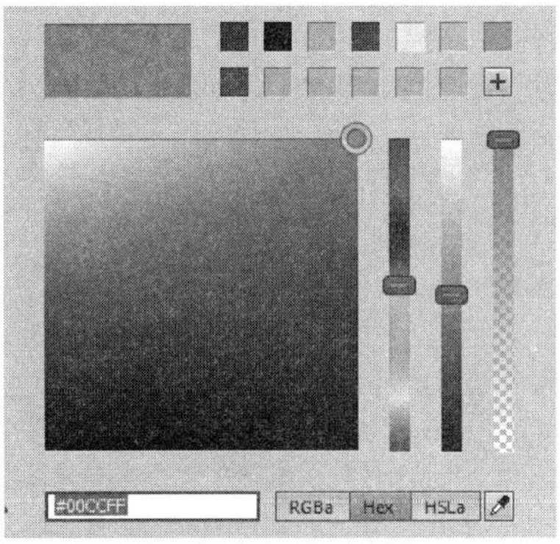

图 12-30　设置颜色

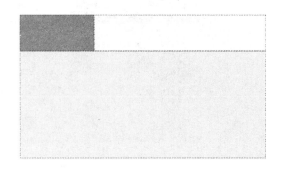

图 12-31　设置完背景色的页面

12.5.2　格式化文本

（1）将光标定位在第一行第一列的单元格中，输入文本“welcome”。

（2）打开“CSS 设计器”面板，单击“添加源”按钮，在弹出的下拉菜单中选择“在页面中定义”；单击“添加选择器”按钮，输入选择器名称.fontstyle。

（3）切换到“CSS 设计器”面板的属性列表，单击“font-family”属性下拉列表中的“管理字体”命令。在弹出的对话框中单击“自定义字体堆栈”选项卡，然后在“可用字体”列表中选择“华文彩云”，并单击<<按钮，如图 12-32 所示。单击“完成”按钮关

闭“管理字体”对话框。

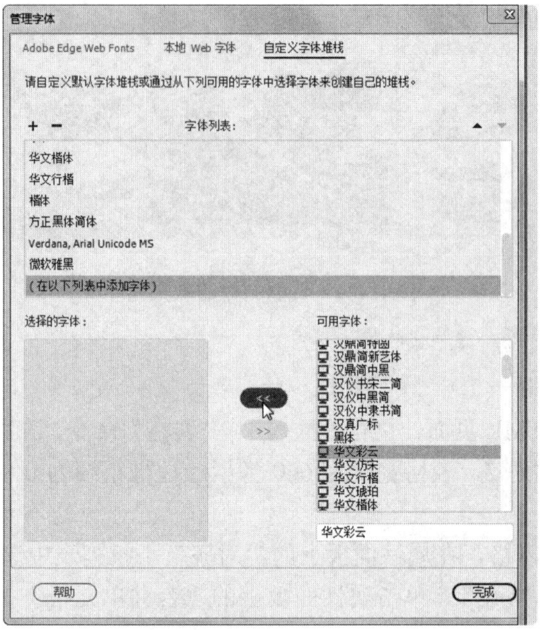

图 12-32 “管理字体”对话框

（4）在“CSS 设计器”面板的“font-family”属性下拉列表中选择定义的字体列表，font-size（大小）为 48，color（颜色）为#F30，效果如图 12-33 所示。

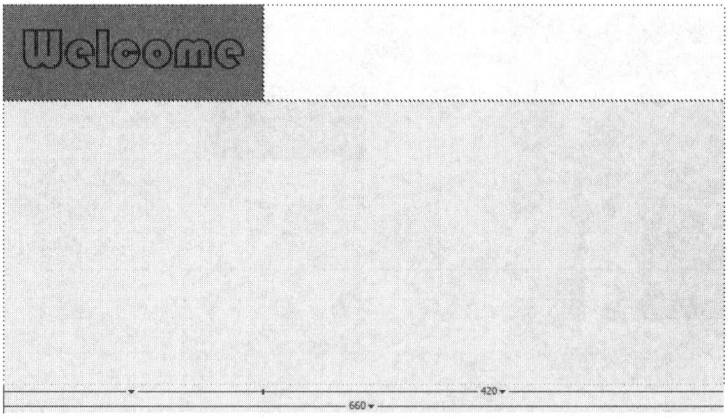

图 12-33 格式化文本效果

12.5.3 插入并优化 Fireworks 文件

（1）在文档窗口中，将光标置于第一行第二列的单元格中，设置单元格内容水平“居中对齐”，垂直“居中”。执行“插入”|“图像”命令，或者直接单击“HTML”插入面板上的“图像”按钮。

（2）在弹出的“选择图像源”对话框中选择要插入的 Fireworks 图像文件，或者直接输入图像文件所在的路径。此时，页面在“设计”视图中的效果如图 12-34 所示。

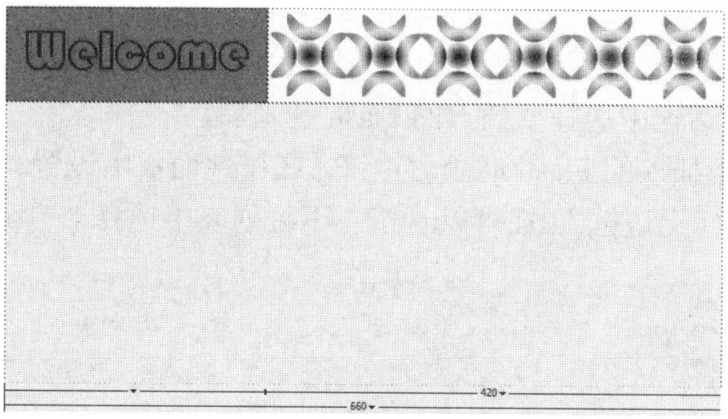

图 12-34 页面插入 Fireworks 图像后的效果

12.5.4 插入 Flash 对象

（1）将光标置于第二行单元格中，在属性面板上设置单元格内容水平“左对齐”，垂直“顶端”对齐，然后执行“插入”|“表格”菜单命令。在弹出的“表格”对话框中设置行数为 5，列数为 2，宽度为 100%，边框粗细为 0，第一列单元格宽度为 30%。

（2）选中第一列所有单元格，在属性面板上设置单元格内容水平和垂直对齐方式均为“居中”，单元格高度为 50。选中第二列所有单元格，单击属性面板上的“合并单元格”按钮，合并第二列单元格，如图 12-35 所示。

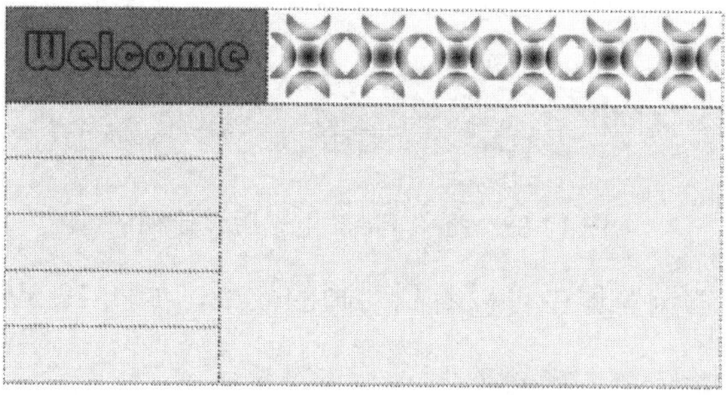

图 12-35 嵌套表格效果

（3）将光标定位在第一行单元格中，执行“插入”|“HTML”|“Flash SWF”菜单命令，插入一个预先制作好的 Flash 对象作为导航图标。

（4）按照上一步的方法，插入其他四个导航按钮。调整按钮的位置，得到图 12-36 所示的效果。

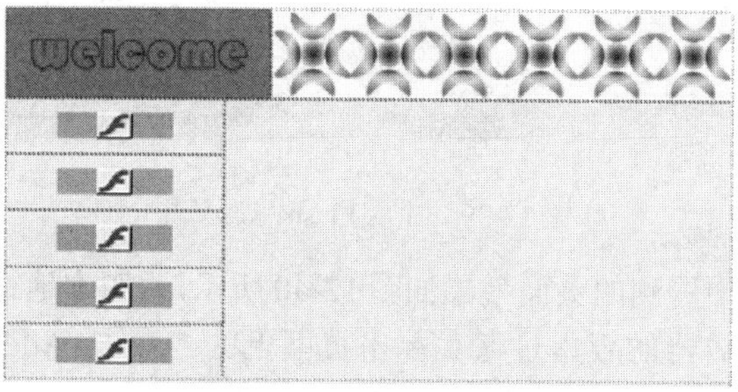

图 12-36 插入 Flash 对象后的效果图

（5）将光标放置于合并后的单元格中，执行“插入”|“HTML”|“Flash SWF”菜单命令，在弹出的对话框中选择要插入的 Flash 动画。

（6）选中页面上插入的 Flash 动画占位符，在属性面板中设置动画的宽和高；在“比例”下拉列表中选择“无边框”；在“Wmode”下拉列表中选择“透明”，如图 12-40 所示。

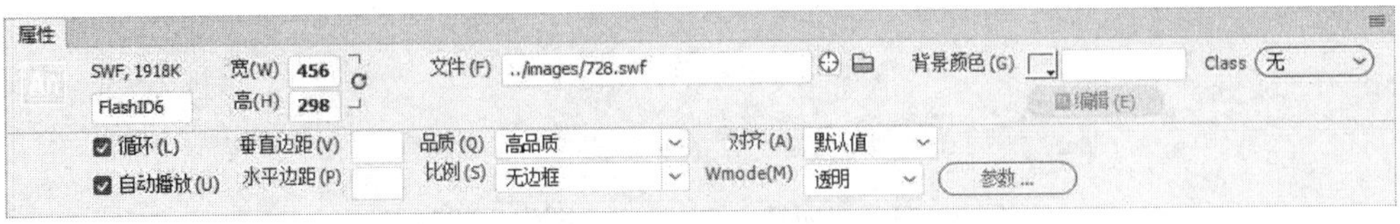

图 12-37　设置 Flash 电影的属性

此时的“设计”视图如图 12-38 所示。

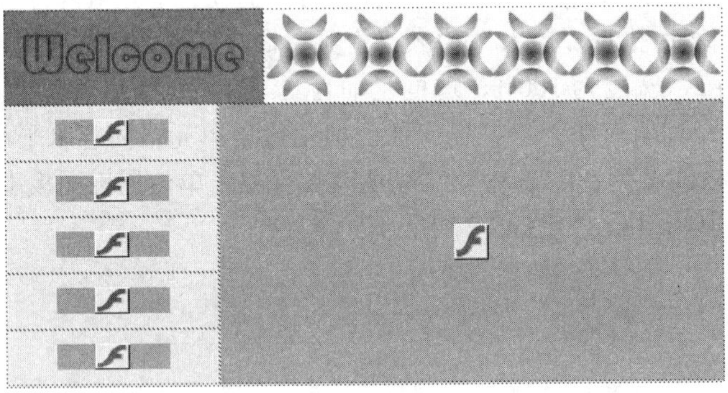

图 12-38　插入 Flash 电影后设计视图

（7）保存文档，在浏览器中可以看到动画的效果，如图 12-39 所示。

图 12-39　显示 Flash 电影效果

如果在 IE 浏览器中看到的页面效果如图 12-40 所示，说明本地计算机上没有安装 Flash 播放器，或 Flash 播放器的版本过低。单击页面上的“获取 Adobe Flash Player”按钮 ，即可连接到 Adobe 网站下载安装。安装完成后，重新打开浏览器，即可看到如图 12-41 所示的页面。

图 12-40　页面预览效果

12.6　动手练一练

在 Dreamweaver 中调用 Fireworks 和 Flash 动画制作一个网页。最终的页面效果如图 12-41 所示。

图 12-41　最终页面效果图

12.7　思考题

1．在 Dreamweaver 中如何调用 Fireworks HTML？
2．在 Dreamweaver 中如何插入一个 Flash 动画？

第 13 章　宠物网站综合实例

本章导读

本实例详细介绍在 Dreamweaver 2021 中制作宠物网站的具体步骤。本例用到的知识点主要有 div+CSS 布局和行为，表格、表单对象、链接、图像和 JavaScript 等。整个页面使用 div+CSS 进行布局，所有的网页元素均放到 div 布局块中，利用 CSS 样式表控制页面元素的外观和表现方式。此外，利用 visibility 属性的显示和隐藏功能，实现在一个较小的窗口中显示较多内容的目的。

学习要点

- 制作顶栏
- 制作侧边栏与内容显示栏
- 制作链接页面
- 添加行为

13.1 实例介绍

宠物网站是介绍宠物交易、宠物养护、宠物选美及宠物医院的网站。本例共有两页，第一页最终效果如图 13-1 所示。

图 13-1 首页

光标停留在“宠物市场”按钮上时，状态栏显示“欢迎光临 iDog 宠物市场！”；光标停留在“宠物 Show”按钮上时，状态栏显示“欢迎参加至 IN 狗狗 show 选美大赛！”，单击该按钮，显示的宠物选美相关内容将覆盖掉“宠物市场”的页面，如图 13-2 所示。

图 13-2 实例页面

13.2 准备工作

在开始制作之前，先介绍所需的准备工作。

（1）在硬盘上新建 pet 目录，在 pet 目录下创建 images 子目录。

（2）在图片编辑软件里制作栏目标题图片及 logo，如图 13-3 所示。把这些图片保存到 pet\images 目录下。把其他需要用到的图片也都复制到本目录。

图 13-3　栏目标题、导航按钮以及 logo 图片

（3）启动 Dreamweaver 2021，执行“站点”|“新建站点”命令新建一个名为 pet 的本地站点，使其指向刚刚创建的 pet 目录。

至此准备工作完毕，可以开始制作网站页面了。

13.3 制作首页

首页的制作主要运用 div+CSS 排版页面布局。布局示意图如图 13-4 所示，主结构使用三个 div 标签（header、main 和 footer）排版，布局块 header 内嵌套两个 div 标签，使用两列布局；布局块 main 使用三列布局。

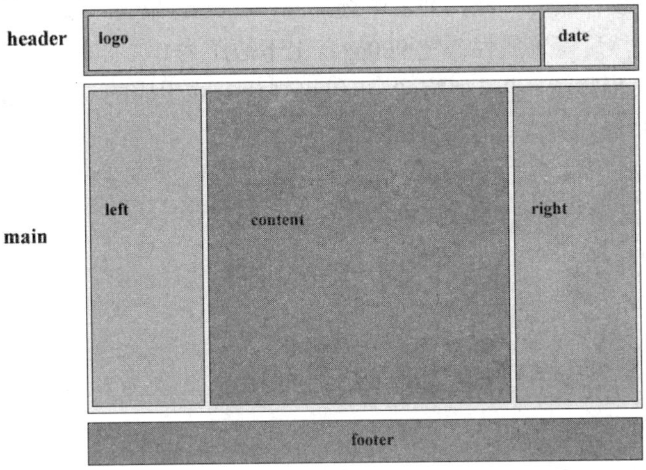

图 13-4 首页布局

13.3.1 制作顶栏

（1）启动 Dreamweaver 2021，新建一个空白的 HTML 文件。

（2）执行“文件”|“页面属性”命令，在弹出的“页面属性”对话框选择“链接（CSS）”分类，设置字体大小为 14，文本颜色为#060，上边距为 0。切换到“链接”页面，设置“链接颜色”为#333，“已访问链接”颜色为#600，“变换图像链接”颜色为#F60，“活动链接”颜色为#F30，“下划线样式”为“始终无下划线”，如图 13-5 所示。然后单击“确定”按钮关闭对话框。

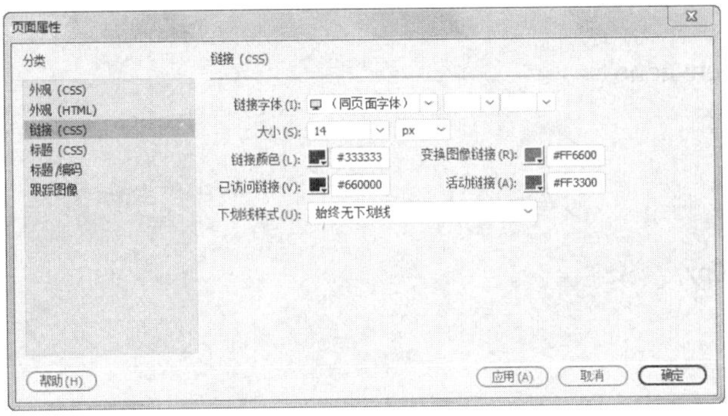

图 13-5 设置页面的链接属性

（3）打开“插入”面板，切换到“HTML”面板，单击“Div”按钮，插入一个主结构布局块 zjg。删除主结构中的占位文本，使用同样的方法，插入 3 个 div 标签，分别命名为 header、main 和 footer。

（4）创建 CSS 规则定位主结构。打开“CSS 设计器”面板，单击“添加 CSS 源”按钮，在弹出的下拉列表中选择“创建新的 CSS 文件”命令。在弹出的对话框中指定文件的保存路径为站点根目录，文件名称为 layout.css，添加方式为“链接”，然后单击“确定”按钮关闭对话框。

（5）在 CSS 设计器的“源”列表中选择 layout.css，单击“添加选择器”按钮，输入选择器名称#zjg，然后设置属性：宽 900px，上下边距为 0，左右边距为 auto。

为便于管理页面样式，建议把第（2）步以可视化方式生成的 CSS 样式剪切到 layout.css 文件中，使结构与样式分离。此时的样式代码如下：

```
@charset "utf-8";
body,td,th {
    font-size: 14px;
    color: #060;
}
a:link {
    color: #333;
    text-decoration: none;
}
a:visited {
    text-decoration: none;
    color: #600;
}
a:hover {
    text-decoration: none;
    color: #F60;
}
a:active {
    text-decoration: none;
    color: #F30;
}
body {
    margin-top: 0px;
}
#zjg {
    width: 900px;
    margin: 0px auto;
}
```

接下来在布局块 header 中嵌套两个 div（logo 和 date），并创建规则定位布局块。

（5）在 layout.css 中定义规则#header，高 120px，下边距为 8px；定义规则#logo，宽 774px，外边距均为 auto，向左浮动；定义规则#date，高 70x，宽 128px，左边距为 774px，字号为 18，文本居中对齐，行高为 150%。

（6）把光标定位在名为 logo 的布局块内，单击“HTML”插入面板上的“插入图片”按钮，在弹出的对话框中选择需要的图片，然后单击“确定”按钮插入图片。此时的页面效果如图 13-6 所示。

图 13-6 插入 logo

（7）删除布局块 date 中的占位文字，并将光标置于其中，切换到“代码”视图，在中间插入如下 JavaScript 代码：

```
<script Language ="JavaScript">
    today=new Date();
    function initArray(){
        this.length=initArray.arguments.length
        for(var i=0;i<this.length;i++)
          this[i+1]=initArray.arguments[i]
         }
    var d=new initArray("星期日","星期一","星期二","星期三","星期四","星期五","星期六");
     document.write(today.getFullYear(),"年",today.getMonth()+1,"月",today.getDate(),"日  ",
     d[today.getDay()+1] );
</script>
```

然后打开 layout.css，修改布局块 date 的 CSS 规则，修改后的规则定义如下：

```
#date {
     width: 128px;
     height: 70px;
     margin-left: 774px;
     padding-top: 50px;
     font-size: 18px;
     text-align: center;
     line-height: 150%;
     font-family: "Times New Roman", "新宋体";
     }
```

按 F12 键预览文档，效果如图 13-7 所示。

提示：使用 JavaScript 脚本需熟悉 JavaScript，用户也可以到网上下载现成的 JavaScript 程序。

图 13-7　页面显示时间

13.3.2　制作左侧边栏

（1）删除布局块 main 中的占位文本，依次插入三个 div 布局块：left、right 和 content。然后分别定义规则定位布局块。CSS 规则#main：宽 900px；规则#left：宽 155px，高 440px，向左浮动；规则#right：宽 155px，高 440px，向右浮动；#content：宽 586px，高 440px，左边距为 157px，右边距为 157px。此时的页面效果如图 13-8 所示。

图 13-8　页面效果

（2）删除布局块 left 中的占位文本，插入一张 5 行 1 列的表格，宽为 155 像素，边框粗细为 0。然后在表格的属性面板上设置对齐方式为“居中对齐”，表格名称为 t_1。

（3）选中所有单元格，在属性面板上设置单元格内容水平对齐和垂直对齐方式均为“居中”，单元格高度为 50。

（4）将光标定位在第一个单元格中，执行“插入”|“HTML”|“鼠标经过图像”命令，打开“插入鼠标经过图像”对话框。设置图像名称、原始图像、鼠标经过图像、替换文本。由于目前还没有制作链接目标页面，暂时输入#，如图 13-9 所示。然后单击“确定”按钮关闭对话框。

（5）用同样的方法，插入其他 4 个导航按钮，此时的页面效果如图 13-10 所示。

在浏览器中预览页面，可以看到图片按钮显示有边框。接下来创建规则，取消链接图像的边框。

（6）在 layout.css 样式表中添加选择器 img，设置边框宽度为 0px。此时预览页面，就看不到导航按钮图像的边框了。

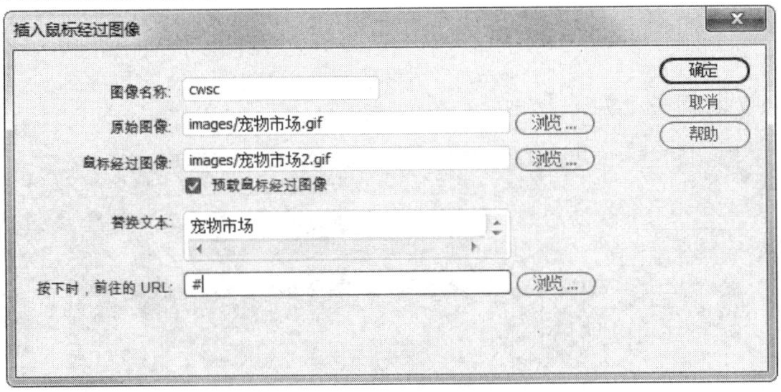

图 13-9　插入鼠标经过图像

图 13-10　插入导航按钮后的效果

（7）将光标置于表格 t_1 右侧，插入一个 div 标签，命名为 story。并定义规则#story：高 32px，背景图像不重复，水平左对齐，垂直居中；定义规则.item_con：高 25px，上下边距 3px，左填充 10px，列表类型（list-style-type）为 disc，行高（line-height）25px；定义规则.item_con li：下边框 1 像素，线型为虚线，颜色为#333。

（8）删除布局块 story 中的占位文本，在 div 块 story 下方插入一个 div 块 left_item。删除布局块 left_item 中的占位文本，然后切换到"代码"视图，添加列表内容，代码如下：

```
<div id="story">        </div>
    <div id="left_item">
     <ul class="item_con">
       <li>狗狗洗澡  好多泡泡</li>
       <li>可爱的 dudu</li>
       <li>博美犬的美容护理</li>
       <li>可爱狗狗钟爱秋千</li>
```

```
        <li>宝贝的艺术照</li>
    </ul>
    </div>
```

此时的页面效果如图 13-11 所示。

图 13-11　列表显示效果

13.3.3　制作内容显示栏

（1）删除布局块 content 的占位文本，插入一个 2 行 2 列的表格，宽度为 546 像素，边距为 10，边框和间距设置为 0，并在属性面板上将其命名为 t_2。将光标定位在第一行一列的单元格中，执行“插入”|“表格”命令，嵌入一个 6 行 2 列的表格，宽为 260 像素，边框、边距和间距均为 0，在属性面板上将其命名为 t_3。

（2）选中嵌入的表格 t_3 的第一行单元格，然后按住 Ctrl 键单击第三行和第五行的单元格，在属性面板中设置背景颜色为#CCCCCC。

（3）选中嵌套表格 t_3 中的所有单元格，设置高度为 35，单元格内容水平对齐方式为“左对齐”，垂直对齐方式为“居中”，并输入文本。然后在表格 t_2 第一行第二列的单元格中插入宠物的图片，设置此单元格内容水平“居中对齐”，垂直“居中”对齐。此时的页面效果如图 13-12 所示。

（4）将光标定位在表格 t_2 第二行第一列单元格中，单击属性面板上的“拆分单元格”按钮，将单元格拆分为两列。然后在拆分后的第一列单元格中输入文本，设置第二列单元格的背景颜色为#CCCCCC，并输入文本。

（5）将光标定位在表格 t_2 第二行第二列单元格中，设置单元格内容水平和垂直对齐方式均为“居中”，并输入文本。此时的页面效果如图 13-13 所示。

图 13-12　嵌入表格并插入内容

图 13-13　页面效果

（6）定义规则设置表格 t_2 的边框。规则名称#t_2：边框 1 像素，线型为虚线，颜色为#333。此时的页面效果如图 13-14 所示。

13.3.4　制作右侧边栏

参照布局块 left 的制作方法完成布局块 right，代码如下：

```
<div id="right">
    <div id="star">      </div>
    <div><img src="images/001.gif" width="150" height="100" alt="dog2" /></div>
    <div id="tuijian">      </div>
     <div>
      <ul class="item_con">
```

图 13-14　定义表格边框样式

```
        <li>"至 IN 狗 Show"选美大赛</li>
        <li>比赛狗的造型</li>
        <li>居家宠物的美容</li>
        <li>春秋季狗狗的护理</li>
        <li>饲养龙猫的条件和设施</li>
        <li>对狗狗有毒的植物</li>
        <li>春秋季狗狗的护理</li>
        <li>饲养龙猫的条件和设施</li>
        <li>对狗狗有毒的植物</li>
      </ul>
    </div>
  </div>
```

对应的 CSS 规则代码如下：

```
#star {
    background-image: url(images/star-3.jpg);
    background-position: center center;
    background-repeat: no-repeat;
    height: 32px;
}
#tuijian {
    background-image: url(images/recommend.jpg);
    background-position: center center;
```

```
        background-repeat: no-repeat;
        height: 32px;
    }
```

至此，页面内容布局完成，效果如图 13-15 所示。

图 13-15　页面效果

13.3.5　制作页脚

接下来定位布局块 footer，并添加内容。

（1）打开 CSS 设计器，添加选择器#footer，并指定如下属性：宽 900px，左右边距为 auto，下边距为 0，文本居中对齐。

（2）删除布局块 footer 中的占位文本，然后插入一条水平线，按下 Shift+Enter 键后输入版权信息。

（3）选中版权信息中的“爱犬联盟宠物网站”，在属性面板上的“链接”文本框中输入#。即单击此文本，返回页面顶端。此时文档效果如图 13-16 所示。

13.4　制作链接页面

（1）隐藏布局块 content。打开“CSS 设计器”面板，修改规则#content，指定其可见性为 hidden。修改后的代码如下：

```
#content {
    width: 586px;
    height: 440px;
    margin-left: 157px;
    margin-right:157px;
```

```
    visibility: hidden;
}
```

图 13-16 插入页脚后的页面效果

此时在浏览器中预览页面，可以看到 content 布局块已被隐藏，如图 13-17 所示。

图 13-17 隐藏 content 布局块

（2）切换到“代码”视图，在定义布局块 content 的代码<div id="content">下方添加一行如下代码：

```
<div id="content2">1234567</div>
```

其中，“1234567”是笔者输入的占位文本。

提示： 为方便编辑布局块 content2，可以把已经编辑好的布局块 content 的相关代码注释起来。切换到“代码”视图，单击布局块 content 定义代码<div id="content">左侧的倒三角形按钮折叠代码块，然后在通用工具栏上单击“应用注释”按钮，在弹出的下拉列表中选择“应用 HTML 注释”选项。

然后打开 CSS 设计器，定义 CSS 规则#content2：

```
#content2 {
    width: 586px;
    height: 440px;
    background-color: #ADDD17;
    margin-left: 157px;
    margin-top: 0px;
    margin-bottom: 0px;
}
```

本例为了能让读者清楚地看到布局块 content2 的大小和位置，设置了背景颜色和高度，可以在页面制作完毕后删除。此时的页面效果如图 13-18 所示。

图 13-18　布局块 content2 的显示效果

（3）删除布局块 content2 中的占位文本，单击“HTML”插入面板上的“div”按钮，插入一个 div 标签，命名为 pic1，在布局块中插入一张图片。然后定义规则#pic1 指定布局块的宽为 168px，高为 74px，左边距为 30px。同样的方法，插入第二个 div 标签 pic2，并在其中插入图片。对应的规则代码如下：

```
#pic1 {
```

```
        width: 168px;
        height: 74px;
        margin-left: 30px;
}
#pic2 {
        width: 354px;
        height: 62px;
        float: right;
        margin-top: -30px;
        margin-right: 30px;
}
```

此时的页面预览效果如图 13-19 所示。

图 13-19　图片定位效果

（4）在布局块 pic2 下方插入一个 div 标签 form1，然后在其中插入一张表单，ID 为 show。

（5）将光标定位在表单中，插入一个两行一列的表格，表格宽度为 300 像素，边框粗细为 0。选中表格，在属性面板上的“对齐”下拉列表中选择“居中对齐”。

（6）将光标定位在第一行单元格中，设置单元格内容水平对齐方式和垂直对齐方式均为“居中”，然后在单元格中输入文本“参赛报名表”。打开“CSS 设计器”面板，添加选择器 h1，设置字体为“华文行楷”，字体大小为 24，且加粗。然后在属性面板上为输入的文本应用格式“标题 1”。

（7）将光标定位在第二行的单元格中，单击右键，执行“表格”|“拆分单元格”命令，将单元格折分成 8 行。选中拆分后的前 7 行单元格，在属性面板上设置水平对齐方式

为“左对齐”，垂直对齐方式为“居中”，高度为 30。然后在单元格中插入文本域和文本区域，并修改文本域和文本区域的默认标签，如图 13-20 所示。

图 13-20　插入表单对象

（8）将第 8 行拆成两列，在第一列单元格中执行“插入”|“表单”|“提交按钮”命令，插入一个“提交”按钮。

（9）将光标定位在第二列单元格中，执行“插入”|“表单”|“重置按钮”命令，插入一个“重置”按钮。

（10）为链接文本指定超链接。并打开样式表文件 layout.css，删除布局块 content2 的背景颜色。

至此，布局块 content2 中的内容布局完成，此时的页面效果如图 13-21 所示。

图 13-21　“爱宠 Show”页面效果

13.5　添加行为

接下来的步骤用于显示/隐藏布局块 content 和 content2，并设置状态栏文本。

（1）切换到“代码”视图，选中已注释的 content 代码块，然后在通用工具栏上单击

“删除注释”按钮，取消注释。

（2）返回“设计”视图，选中“宠物 Show”按钮，执行“窗口”|“行为”命令打开“行为”面板。单击“行为”面板上的“添加行为”按钮+，在弹出菜单中执行“显示-隐藏元素”命令，弹出“显示-隐藏元素”对话框。

（3）在“元素”列表中选中布局块“content”，单击“隐藏”按钮；选中布局块“content2”，单击“显示”按钮；然后单击“确定”按钮。在事件列表中选择 OnClick 事件。

（4）选中“宠物市场”按钮，单击行为面板上的“添加行为”按钮，在弹出菜单中执行“显示-隐藏元素”命令。在“元素”列表中选中布局块“content2”，单击“隐藏”按钮；选中布局块“content”，单击“显示”按钮；然后单击“确定”按钮。

（5）选中“宠物市场”按钮，单击“添加行为”按钮，在弹出菜单中执行“设置文本”|“设置状态栏文本”命令。在弹出对话框中键入消息内容“欢迎光临 iDog 宠物市场!”。然后单击“确定”按钮，在事件列表中选择 OnMouseOver 事件。

（6）选中“宠物 Show”按钮，单击“添加行为”按钮，在弹出菜单中执行“设置文本”|“设置状态栏文本”命令。在弹出对话框中键入消息内容“欢迎参加至 IN 狗狗 Show 选美大赛!”，然后单击“确定”按钮，在事件列表中选择 OnMouseOver 事件。

（7）重复以上步骤处理其他按钮。

（8）选中布局块 logo 中的图像，单击“添加行为”按钮，在弹出菜单中执行“设置文本”|“设置状态栏文本”命令，在弹出对话框中输入“欢迎光临 iDog 爱犬联盟宠物网!”。然后单击“确定”按钮，在事件列表中选择 OnLoad 事件。

（9）打开“CSS 设计器”面板，修改规则#content，设置其可见性为 visible；修改规则#content2，设置其上边距为-440，可见性为 hidden，修改后的代码如下：

```
#content2 {
  width: 586px;
  height: 440px;
  margin-left: 157px;
  margin-top: -440px;
  margin-bottom: 0px;
  visibility: hidden;
}
```

至此，网站首页和“宠物 Show”对应的页面制作完成。保存文件之后按 F12 键，可以在浏览器中预览页面效果。读者可以参照本例的制作步骤完成其他导航按钮对应的链接页面。

13.6 思考题

本综合实例中，若同时显示叠加在一起的两个布局块，则两个布局块的文字会叠加在一起显示从而造成混乱。在这种情况下，是否有办法可以只显示位于上面的布局块中的文字？

第 14 章　企业网站综合实例

本章导读

本综合实例详细介绍在 Dreamweaver 2021 中制作一个信息发布型企业网站的具体步骤。信息发布型企业网站以企业宣传为主题，本章主要介绍这类网站的规划、产品的展示以及网站测试等方面的知识。主要知识点包括使用表格进行页面布局，创建 CSS 规则设置单元格的背景图像等。

学习要点

- 网站策划
- 使用表格布局页面
- 创建 CSS 规则设置单元格的背景图像

14.1　实例介绍

在互联网高速发展的今天，网站已成为各类机构进行形象展示、信息发布、业务拓展、客户服务、内部沟通的重要工具。根据企业网站的功能，可以将企业网站分为两种基本类型：信息发布型网站和电子商务型网站。

信息发布型企业网站，顾名思义，这种网站相当于在线版的产品宣传册，功能简单，内容单一，其特点是造价很低，维护也简单，往往在企业网络营销的初期采用。

电子商务型网站主要面向供应商、客户或者企业产品（服务）的消费群体，以提供业务范围内的某些服务或交易。

本综合实例制作一个信息发布型企业网站，主要用于产品展示，如图 14-1 所示。

图 14-1　网站首页

单击导航栏上的“手机鉴赏”，即可打开对应的产品展示页面，如图 14-2 所示。

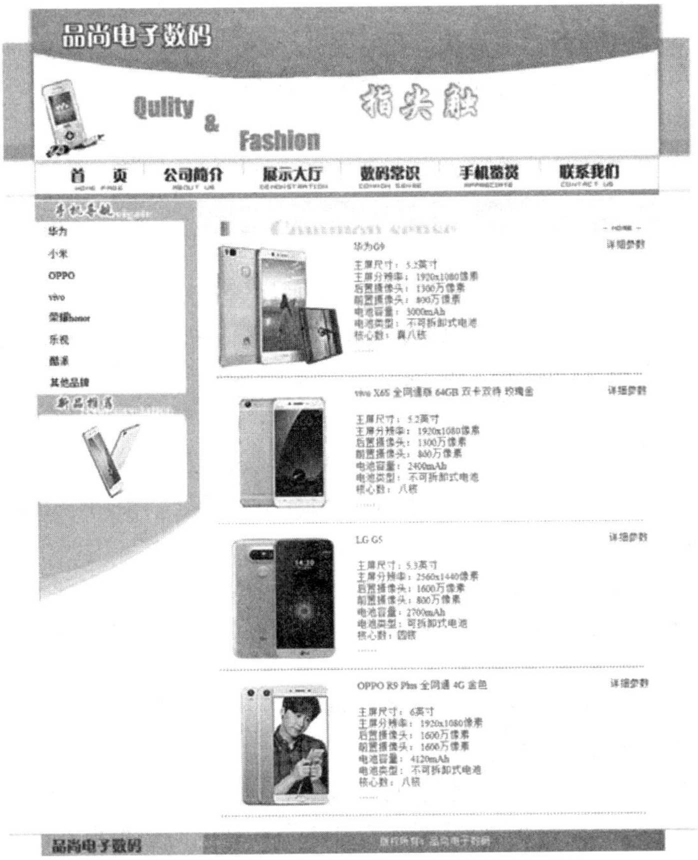

图 14-2　手机鉴赏展示页面

14.2　网站策划

产品是企业的命脉，将产品通过网站展示出来是企业网站建设永恒的主题。不同行业、不同规模的企业，其网站上的产品展示方式或手法各有不同，千变万化。

14.2.1　确定网站色彩

无论是平面设计，还是网页设计，色彩永远是最重要的一环。当我们距离显示屏较远的时候，看到的不是优美的版式或者美丽的图片，而是网页的色彩。

本网站展示的产品是时尚的数码产品，其中包括数码相机、MP4、手机等。在整个色谱里，橙色是最耀眼的色彩，给人以华贵而温暖、兴奋而热烈的感觉，具有健康、活力等象征意义。在网页颜色中，橙色适用于视觉要求较高的时尚网站，属于尊贵、庄重的颜色。因此，本实例的网站色彩主要以橙黄色为主。

14.2.2　网站主要功能页面

信息发布型企业网站应该包括以下主要功能页面。

1. 网站首页

首页是一个网站的门面，也是最重要的一页。首页是体现公司形象的重中之重，也是网站所有信息的归类目录或分类的缩影，如图 14-1 所示。

2．公司概况

公司概况包括公司背景、发展历史、主要业绩及组织结构等，让访问者对公司的情况有一个概括的了解。

3．产品目录

该栏目主要提供公司产品和服务的目录，方便顾客在网上查看。可根据需要决定这些资料的详简程度，或者配以图片、视频和音频等。但在公布有关技术资料时应注意保密，避免为竞争对手所利用，造成不必要的损失。

4．产品常识

提供公司最近的一些发展动态与决策的变化，以及提供公司产品的鉴赏与需求信息，便于客户更深入地了解公司和产品信息，对开展网络营销起到推动作用。

5．联系信息

网站上应该提供足够详尽的联系信息，除了公司的地址、电话、传真、邮政编码、网管 Email 地址等基本信息之外，最好能详细地列出客户或者业务伙伴可能需要联系的具体部门的联系方式。

对于有分支机构的企业，同时还应当有各地分支机构的联系方式，在为用户提供方便的同时，也起到了对各地业务的支持作用。

当然，上述基本信息仅是企业网站应该关注的基本内容，并非每个企业网站都必须涉及。同时也有部分内容没有罗列进去，网页设计人员在建站时要根据具体情况作具体分析。

14.3 准备工作

在正式制作网页之前，还有一些准备工作要做，例如收集资料、处理网页图像效果、建立站点等。

网页制作中有许多产品图像需要处理，图像的外形能使网页所营造的氛围发生变化，并直接影响浏览者的兴趣。一般而言，方形稳定、严肃；三角形锐利；圆形或曲线柔软亲切；褪底图及一些不规则或不带边框的图像活泼。处理网页图像比较简单，一般只需要调整一下图像的亮度/对比度、裁剪图像大小和优化图像质量既可。有时再加上一定的效果（如边框、阴影等），使得图像有立体的感觉。有关图像处理的具体方法，读者可以参阅图像处理软件的相关资料，本章不作详细介绍。

处理完网站所需图片的图像效果之后，就可以在 Dreamweaver 中创建站点，开始制作网页了。

14.4 使用表格布局网页

常用的网页布局有两种方式，分别是表格布局和 DIV+CSS 布局。为了方便更多的初学者掌握网页内容的编排，本实例将采用表格布局方式进行制作。

14.4.1 制作网站首页

首页是一个网站的第一页，也是最重要的一页。所以在制作首页的时候一般都利用精美的图片、动画等手段，力求体现完美的公司形象。

本例的制作步骤如下：

（1）新建一个 HTML 页面，命名为 index.html。执行“文件”|“页面属性”命令，打开“页面属性”对话框。设置文本大小为 12，文本颜色为#666；“链接颜色”为#00F，“已访问链接”为#600，“活动链接”为#F30，且“始终无下划线”。

（2）执行“插入”|“表格”菜单命令，插入一个 1 行 1 列的表格，宽度为 100%，边框粗细为 0，“填充”和“间距”均为 0。在属性面板中将其命名为 table1，对齐方式为“居中对齐”。

（3）打开“CSS 设计器”面板，单击“添加 CSS 源”按钮，在弹出的下拉菜单中选择“创建新的 CSS 文件”命令。单击“浏览”按钮，指定样式表文件名称为 style.css，保存在站点根目录下；添加样式表的方式为“链接”。然后单击“添加选择器”按钮，指定选择器名称为.background1；切换到“背景”属性列表，单击“浏览”按钮，指定背景图像为 images/002.gif。在属性面板上设置单元格高度为 336px，如图 14-3 所示。

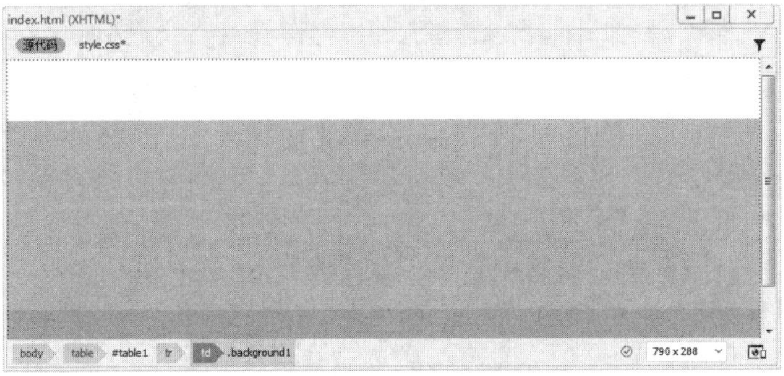

图 14-3 插入表格及背景图像

（4）为便于以后更新维护页面样式，将第（1）步以可视化方式生成的 CSS 样式剪切到 style.css 中。如果读者对 CSS 样式代码比较熟悉，建议手写代码提高效率。

（5）将光标置于表格内，设置水平对齐方式为“居中对齐”，垂直对齐方式为“顶端”。执行“插入”|“表格”菜单命令，插入一个 1 行 3 列、宽度为 760 像素的表格，然后在属性面板上的“对齐”下拉列表中选择“居中对齐”，如图 14-4 所示。

（6）将光标置于表格的第 1 列，设置单元格内容水平对齐方式为“右对齐”，垂直对齐方式为“顶端”。执行“插入”|“图像”命令，在打开的对话框中选择图像 images/zhubao_2.jpg。设置第 3 列单元格内容水平“左对齐”，垂直“顶端”对齐，然后插入图像 images/zhubao_4.jpg，插入图像后的页面效果如图 14-5 所示。

（7）将光标置于表格的第 2 列，设置单元格内容水平“居中对齐”，垂直“顶端”对齐。执行“插入”|“表格”命令，在第 2 列的单元格中嵌套一个 3 行 1 列的表格，宽度为 744 像素，“边框”“填充”和“间距”均为 0。在属性面板上将其命名为 table2，然后将光标放在表格第 1 行单元格中，设置单元格内容水平“居中对齐”，垂直“顶端”对齐，插入图像 images/zhubao_3.jpg，此时的页面效果如图 14-6 所示。

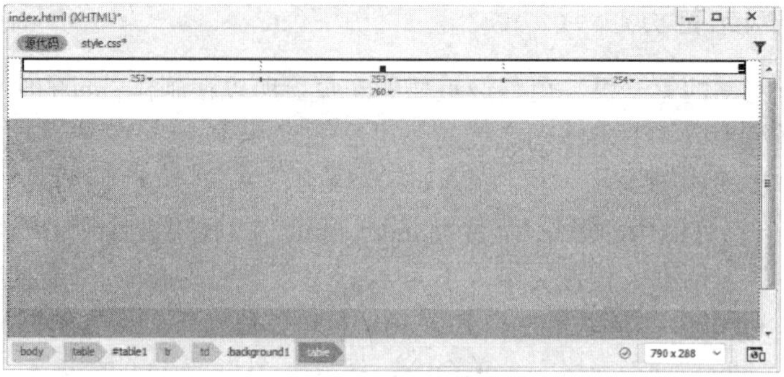

图 14-4　插入 1 行 3 列的表格

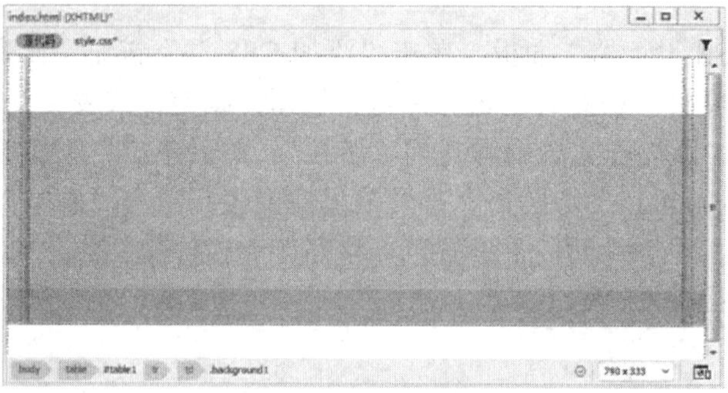

图 14-5　插入图像

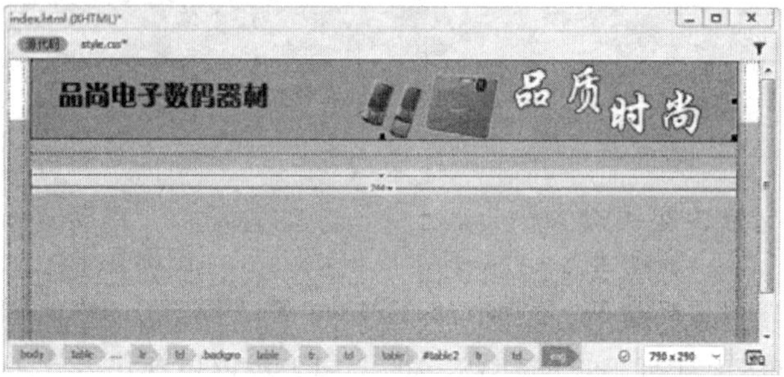

图 14-6　插入表格及图像

（8）选中表格 table2 的第 2 行单元格，执行“插入”|“图像”命令。在打开的对话框中选择 GIF 动画文件 images/2.gif，单击“确定”按钮插入图像文件，如图 14-7 所示。

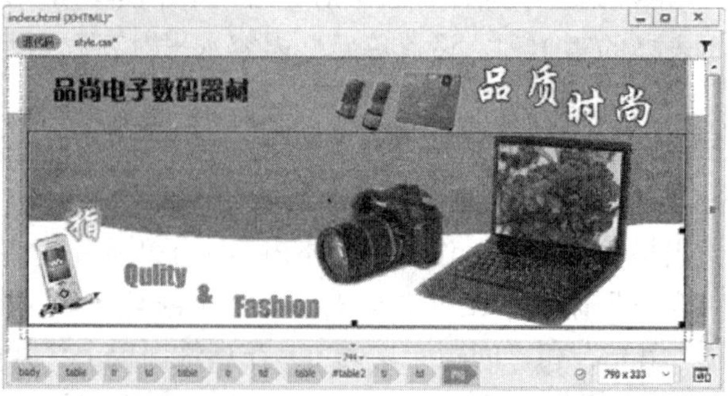

图 14-7　插入 GIF 动画

（9）将光标置于表格的第 3 行，执行“插入”|“表格”命令，嵌套一个宽度为 744 像素、1 行 6 列的表格，“边框”“填充”和“间距”均为 0，如图 14-8 所示。

图 14-8　插入 1 行 6 列表格

（10）选中所有单元格，设置单元格内容水平“居中对齐”，垂直“居中”对齐，然后在每一个单元格中插入相应的导航图像，如图 14-9 所示。

图 14-9　插入导航图像

（11）将光标置于导航表格的右侧，插入一个 1 行 1 列的表格，宽度为 100%，“边框”“填充”和“间距”均为 0。然后在属性面板上将“高”度设置为 6，背景颜色为#b0b0b0，如图 14-10 所示。

图 14-10　添加背景颜色

（12）将光标置于 table1 的右侧，执行“插入”|“表格”命令，插入一个 3 行 2 列，宽度为 744 像素的表格。在属性面板上将其命名为 table3，“对齐”方式为“居中对齐”。

选中表格第 2 列，在“属性”面板中单击“合并单元格”按钮将其合并，效果如图 14-11 所示。

图 14-11　合并单元格

（13）将光标置于表格 table3 第 1 行第 1 列单元格，设置单元格内容水平“左对齐”，垂直“顶端”对齐。执行“插入”|“表格”命令，嵌套一个 3 行 2 列的表格，宽度为 98%，“填充”和“间距”均为 0。选中嵌套表格第 2 行的单元格，单击“合并单元格”按钮将其合并。然后设置单元格内容水平“左对齐”，垂直“居中”对齐，插入图像 images/zhubao_23.jpg，如图 14-12 所示。

图 14-12　合并单元格及插入图像

（14）将光标置于嵌套表格第 3 行第 1 列单元格，设置单元格内容水平“左对齐”，垂直“顶端”对齐，插入图像 images/005.gif。光标置于第 2 列单元格，设置单元格内容水平“居中对齐”，垂直“顶端”对齐，嵌套一个 1 行 1 列、宽度为 98%的表格，并输入相关的文字信息，如图 14-13 所示。

（15）将光标置于 table3 第 3 行第 1 列单元格，设置单元格内容水平“左对齐”，垂直“顶端”对齐。执行“插入”|“表格”命令，插入一个 3 行 4 列的表格，“间距”为 5、宽度为 98%。然后选中第 1 行的所有单元格并合并，设置单元格内容水平“左对齐”，垂直“顶端”对齐，插入图像 images/zhubao_26.jpg，如图 14-14 所示。

（16）将光标置于嵌套表格第 2 行第 1 列单元格，设置单元格内容水平和垂直对齐方式均为“居中”。执行“插入”|“图像”命令，选择图像 images/001.jpg，单击“确定”

按钮。将光标置于第 2 列的单元格，嵌套一个 2 行 1 列的表格，“填充”和“间距”均为 5，并输入相关的文字信息，如图 14-15 所示。

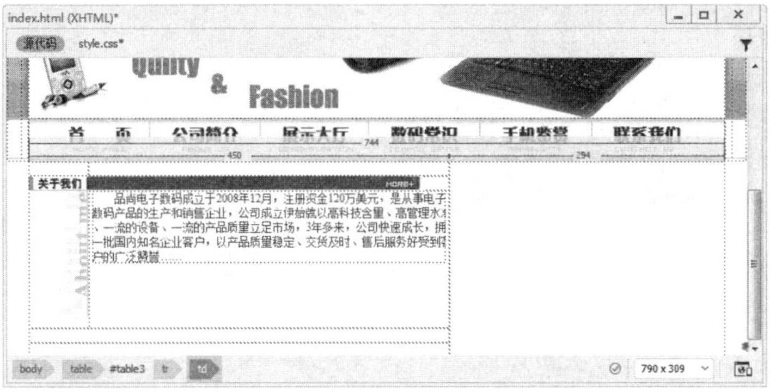

图 14-13　插入图像及输入文字信息

（17）按照上一步同样的步骤，在单元格中插入其他产品图片及文本，页面效果如图 14-16 所示。

（18）将光标置于 table3 第 4 行第 1 列单元格，设置单元格内容水平“左对齐”，垂直“顶端”对齐。执行“插入”|“表格”命令，插入一个 2 行 4 列的表格，“填充”和“间距”均为 5。选中第 1 行的所有单元格并合并，在其中插入图像 images/zhubao_28.jpg，如图 14-17 所示。

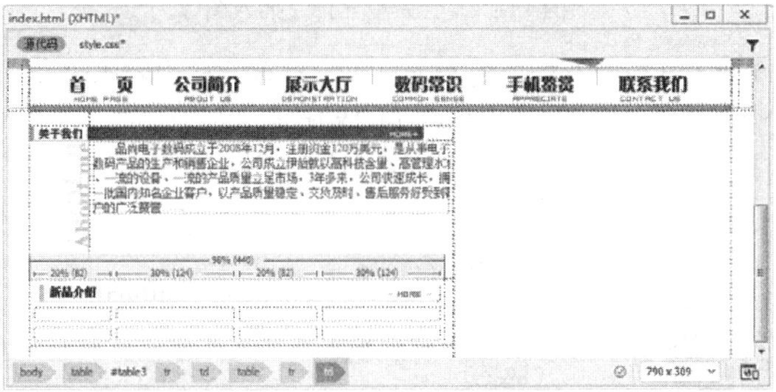

图 14-14　合并单元格及插入图像

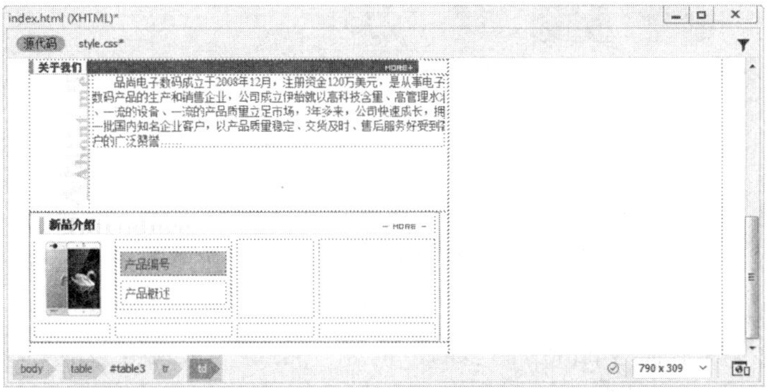

图 14-15　插入图像及输入文字

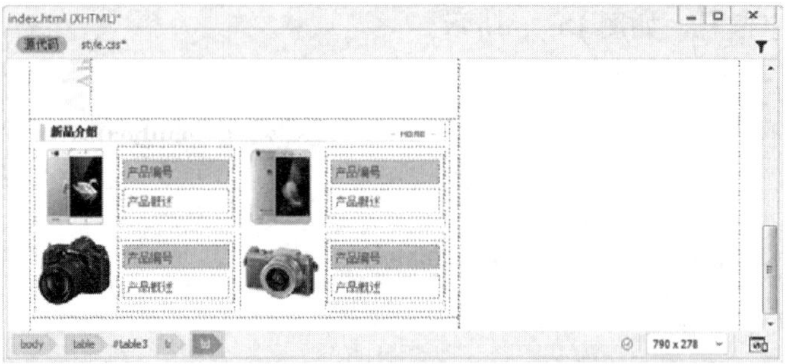

图 14-16　插入图像及输入文字

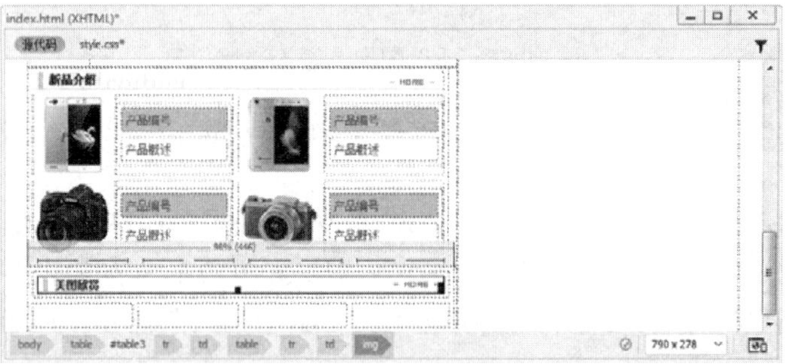

图 14-17　合并单元格及插入图像

（19）选中嵌套表格第 2 行的所有单元格，设置单元格内容水平和垂直对齐方式均为“居中”，然后分别插入相关的图像，如图 14-18 所示。

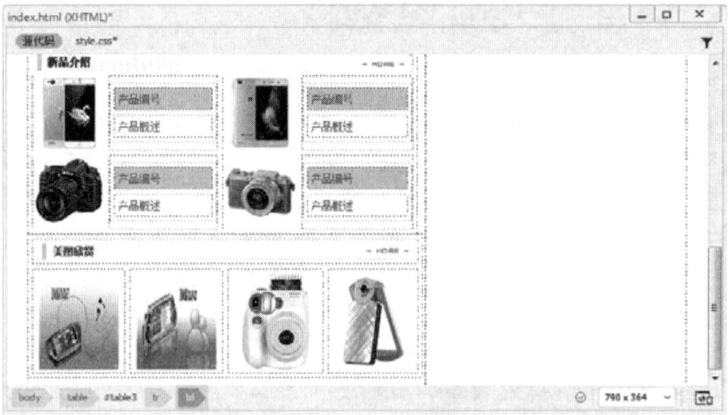

图 14-18　插入图像

（20）将光标置于 table3 的第 2 列，设置单元格内容水平“右对齐”，垂直“底部”对齐。执行“插入”|“图像”命令，在打开的对话框中选择图像 images/zhubao_21.gif，单击“确定”按钮插入图像，效果如图 14-19 所示。

（21）将光标置于表格 table3 的右侧，执行“插入”|“表格”命令，插入一个 1 行 1 列、宽为 100%的表格，对齐方式为“居中对齐”。将光标置于表格内，设置单元格高度为 34，然后在 sytle.css 中新建一个 CSS 规则.footimg，设置表格的背景图像 images/003.gif，

如图 14-20 所示。

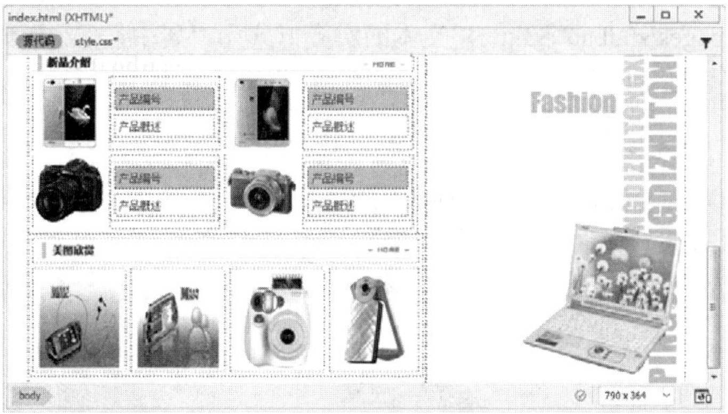

图 14-19　插入图像

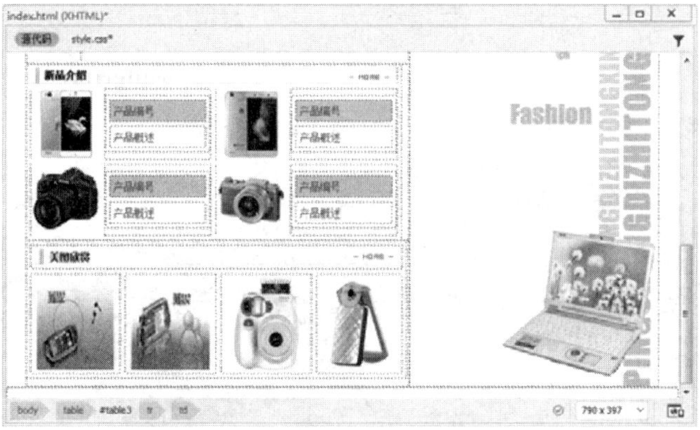

图 14-20　插入表格及背景图像

（22）将光标置于嵌套表格内，插入一个 1 行 2 列的表格，宽度为 744 像素，对齐方式为“居中对齐”。将光标放在第 1 列单元格中，设置背景颜色为#FFBE00，水平“左对齐”，垂直“居中”，然后插入图像 images/004.gif，如图 14-21 所示。

图 14-21　插入图像

（23）将光标置于嵌套表格的第 2 列单元格，在 style.css 中新建 CSS 规则.footimg2，设置背景图像 images/zhubao_33.jpg，文本的对齐方式为“居中”，文本颜色为白色，然后输入相关的文字信息，如图 14-22 所示。

图 14-22　设置背景图像并输入文本

至此，整个页面制作完毕，页面效果如图 14-23 所示。

图 14-23　首页效果

接下来为导航图片添加链接。默认情况下，为导航图片添加超级链接之后，在浏览器中预览时会显示图片边框，影响美观。下面新建 CSS 规则去掉边框。

（24）打开“CSS 设计器”面板，单击“添加选择器”按钮，输入选择器名称为.imgborder，切换到“边框”属性列表，设置边框类型为 none、宽度为 0px。

（25）选中导航图片“首页”，在属性面板上的“类”下拉列表中选择样式 imgborder。

（26）按照上一步的方法，为其他导航图片应用样式。然后保存文件。

14.4.2 制作手机展示页面

网站首页制作完成之后，进入二级页面的设计与编排。二级页面的设计与首页的设计方法相同，主要是把握色彩，使之与首页的风格和色彩保持统一。

制作手机鉴赏页面的操作步骤如下：

（1）新建一个空白的 HTML 文档，保存为 jianshang.html。

（2）打开“CSS 设计器”面板，单击“添加 CSS 源”按钮，在弹出的下拉列表中选择“附加现有的 CSS 文件”命令。在弹出的“使用现有的 CSS 文件”对话框中单击“浏览”按钮，选择上一节创建的 CSS 文件 style.css，添加方式为“链接”，单击“确定”按钮关闭对话框。

链接已定义的样式表文件，可以使用样式表中定义的规则设置字体大小为 12 像素，文本颜色为#666，左边距、上边距等都为 0。“链接颜色”为#00F，“已访问链接”为#600，“活动链接”为#F30，且“始终无下划线”。同时定义图像的边框样式、背景图像等属性，以保持页面风格的统一。

（3）执行“插入”|“表格”命令，在页面中插入一个 1 行 1 列、宽为 100%、边框为 0、“间距”和“填充”均为 0 的表格。在属性面板上设置对齐方式为“居中对齐”，ID 为 t_head。

（4）将光标定位在单元格中，在属性面板上设置单元格的高为 221，单元格内容的水平对齐方式为“居中对齐”，垂直对齐方式为“顶端”。然后新建 CSS 规则.bgtop，将单元格的背景图像设置为 images/jianshang/006.gif。效果如图 14-24 所示。

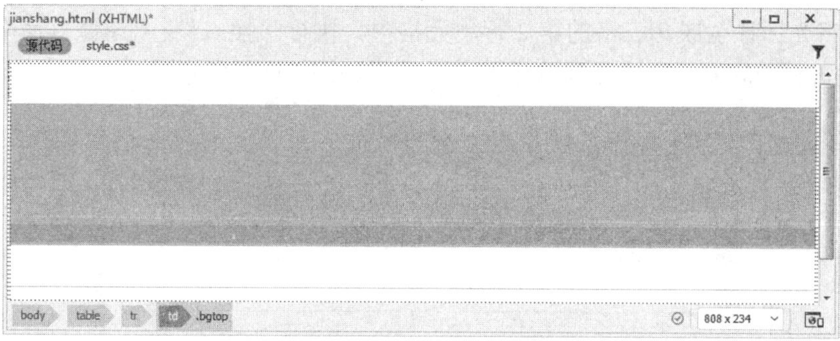

图 14-24 插入单元格背景图像

（5）将光标放在单元格中，执行“插入”|“表格”命令，在单元格中嵌入一个 1 行 3 列、宽为 760 像素、边距和间距均为 0 的表格。然后在属性面板上设置表格 ID 为 c_head。

（6）设置表格 c_head 的第 1 列单元格内容水平“右对齐”，垂直“顶端”对齐，宽度为 8px；设置第 3 列单元格内容水平“左对齐”，垂直“顶端”，宽为 8px；然后将图像 images/jianshang/008.gif 与 images/jianshang/007.gif 分别插入到这两个单元格中，效果如图 14-25 所示。

图 14-25　表格嵌套

（7）将光标定位在第 2 列单元格中，在属性面板上设置单元格内容水平“居中对齐”，垂直“顶端”。执行“插入”|“表格”命令，插入一个 4 行 1 列、宽为 100%、“间距”和“填充”均为 0 的表格。

（8）将光标移至嵌套表格的第 1 行单元格中，设置单元格内容水平“居中对齐”，垂直“顶端”对齐。执行“插入”|“图像”命令，将图像 images/jianshang/006.jpg 插入到单元格中，如图 14-26 所示。

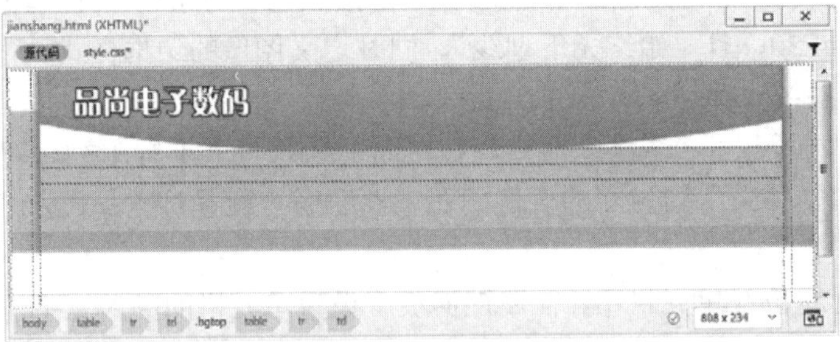

图 14-26　插入图像

（9）将光标移至嵌套表格的第 2 行单元格中，执行“插入”|“图像”命令，将 GIF 动画 images/jianshang/3.gif 插入到单元格中，效果如图 14-27 所示。

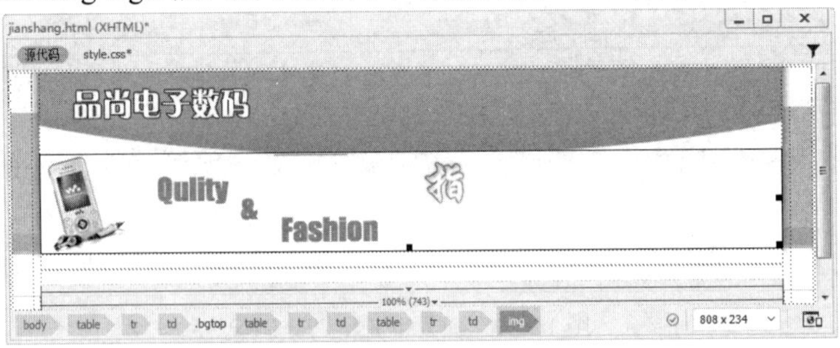

图 14-27　插入 GIF 动画

（10）将光标移至嵌套表格的第 3 行单元格，执行“插入”|“表格”命令，插入一个 1 行 6 列、宽 100%、“间距”和“填充”均为 0 的表格。选中所有单元格，在属性面板上设置单元格内容水平“居中对齐”，垂直“居中”对齐。

（11）将光标定位在第 1 列单元格中，执行“插入”|“图像”命令，在单元格中插入图像 images/jianshang/zhubao_11.jpg，效果如图 14-28 所示。

图 14-28 插入图像

（12）使用同样的方法，在其他单元格中插入导航图像，效果如图 14-29 所示。

图 14-29 页面效果

（13）将光标移至最后一行单元格，在属性面板上设置背景颜色为#b0b0b0、高为 6px。然后切换到“代码”视图，选中单元格中的空格符 ，如图 14-30 所示，按 Delete 键删除。

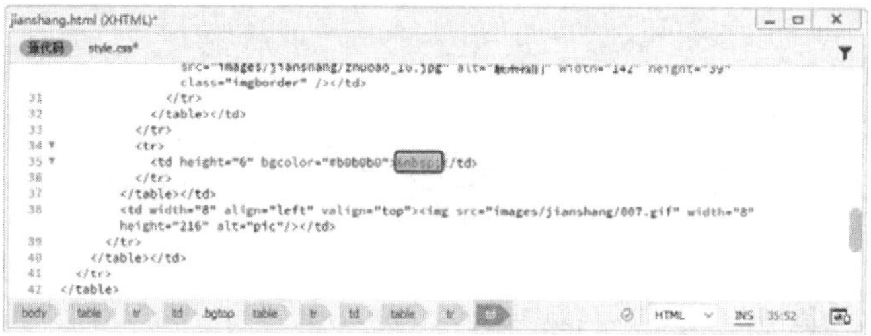

图 14-30 删除空格符

（14）在属性面板上单击“刷新”按钮，然后切换到“设计”视图，此时的页面效果如图 14-31 所示。

图 14-31 页面效果

（15）将光标移至表格 t_head 右侧，执行“插入”|“表格”命令，在页面中插入一个 1 行 2 列、宽为 744 的表格。选中该表格，在属性面板中设置对齐方式为“居中对齐”，ID 为 t_content。

（16）将光标定位在表格 t_content 的第 1 列单元格中，在属性面板上设置单元格宽为 193，高为 490，“水平”对齐方式为“左对齐”，“垂直”对齐方式为“顶端”。执行“插入”|“表格”命令，在单元格中插入一个 3 行 1 列、宽为 100%的表格，在属性面板上设置 ID 为 t_nav。效果如图 14-32 所示。

图 14-32　插入表格

（17）选中表格 t_nav 的所有单元格，在属性面板上设置单元格的背景颜色为 #FFCE3F。

（18）将光标定位在表格 t_nav 的第 1 行单元格中，设置单元格内容水平“左对齐”，垂直“顶端”对齐。执行“插入”|“图像”命令，插入图像 images/jianshang/01.jpg，效果如图 14-33 所示。

图 14-33　插入图像

（19）将光标定位在图像右侧，按 Shift+Enter 键插入一个软回车，然后执行“插入”|“表格”命令，插入一个 1 行 1 列、宽为 178 像素的表格，在属性面板上设置表格的背景颜色为白色。

（20）将光标定位在嵌套表格的单元格中，设置单元格内容水平“左对齐”，垂直“顶端”对齐。执行“插入”|“表格”命令，插入一个 8 行 2 列、宽为 82%的表格。选中嵌套表格第 1 列的所有单元格，在属性面板上设置高为 25，宽为 10%。效果如图 14-34 所示。

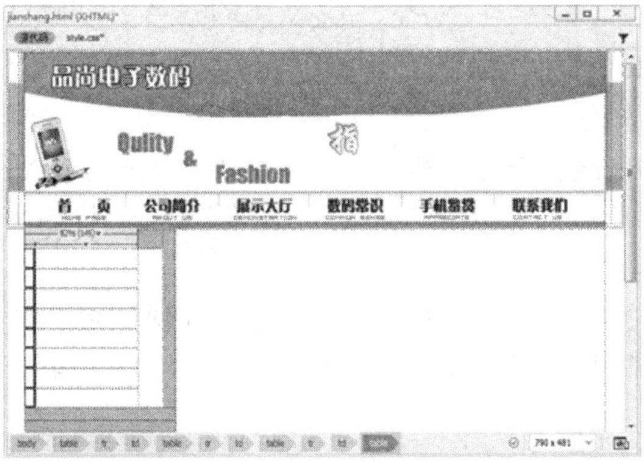

图 14-34　嵌套表格

（21）选中嵌套表格第 2 列的所有单元格，设置单元格内容水平“左对齐”，垂直“居中”对齐。然后在单元格中输入导航文字，并添加超链接，效果如图 14-35 所示。

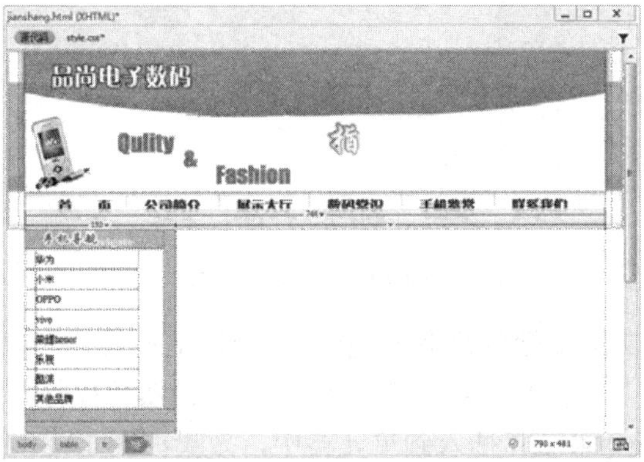

图 14-35　页面效果

（22）将光标定位在表格 t_nav 的第 2 行单元格中，在属性面板上设置单元格内容“水平”对齐方式为“左对齐”，“垂直”对齐方式为“居中”。然后执行“插入”|“图像”命令，将图像 images/jianshang/02.jpg 插入到单元格中，效果如图 14-36 所示。

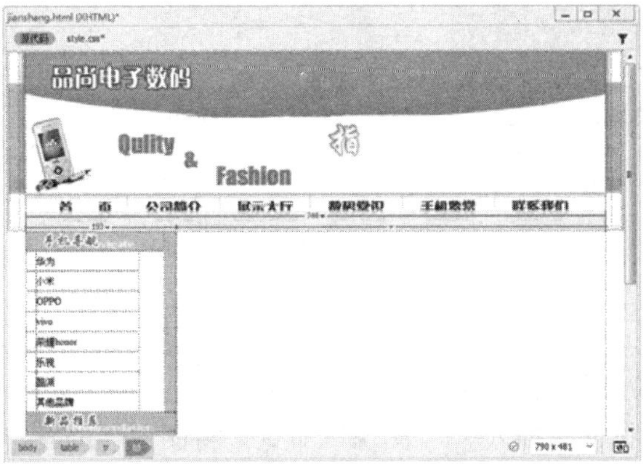

图 14-36　插入图像

（23）按 Shift+Enter 键将光标移至图像下方，执行“插入”|“表格”命令，插入一个 3 行 1 列、宽为 178 像素的表格。

（24）将光标定位在嵌套表格的第 1 行单元格中，设置“水平”对齐方式为“居中对齐”，“垂直”对齐方式为“底部”。执行“插入”|“图像”命令，将图像 images/jianshang/03.gif 插入到单元格中。

（25）使用同样的方法，设置嵌套表格第 3 个单元格的水平对齐方式为“居中对齐”，垂直对齐方式为“顶端”，将图像 images/jianshang/04.gif 插入到单元格中，效果如图 14-37。

图 14-37　页面效果

（26）将光标定位在第 2 行单元格中，在属性面板上设置背景颜色为#FFFFFF，“水平”对齐方式为“居中对齐”，“垂直”对齐方式为“居中”。然后执行“插入”|“图像”命令，将图像 images/jianshang/1007.gif 插入到单元格中，效果如图 14-38 所示。

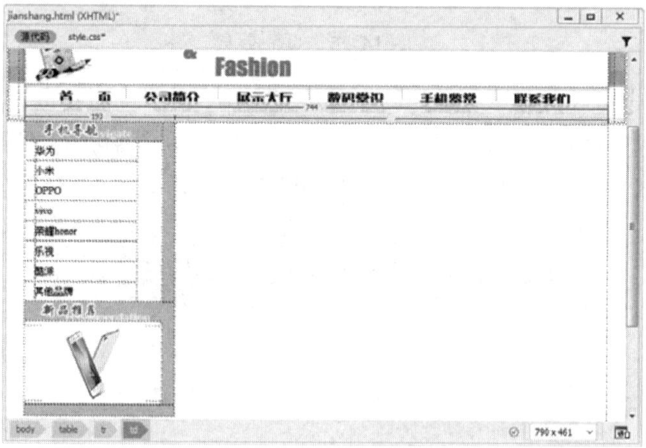

图 14-38　插入图像

（27）将光标定位在最后 1 行单元格中，设置水平对齐方式为“右对齐”，垂直对齐方式为“顶端”。然后执行“插入”|“图像”命令，将图像 images/jianshang/911.jpg 插入到该单元格中，效果如图 14-39 所示。

（28）将光标定位在表格 t_content 第 2 列单元格中，在属性面板上设置水平对齐方式

为“居中对齐”，垂直对齐方式为“顶端”。执行“插入”|“表格”命令，插入一个 2 行 1 列、宽为 100%的表格。

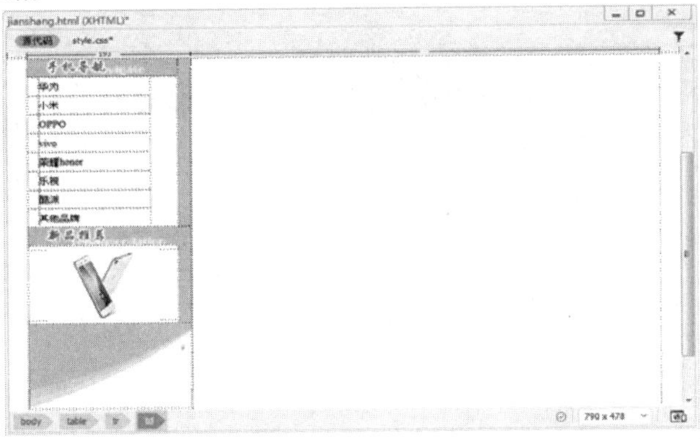

图 14-39　插入图像

（29）将光标移至嵌套表格的第 1 行单元格中，在属性面板上设置单元格内容“水平”对齐方式为“居中对齐”，“垂直”对齐方式为“底部”，高为 42。然后新建一个 CSS 规则.trbg，定义单元格背景图像为 images/jianshang/1718.gif，效果如图 14-40 所示。

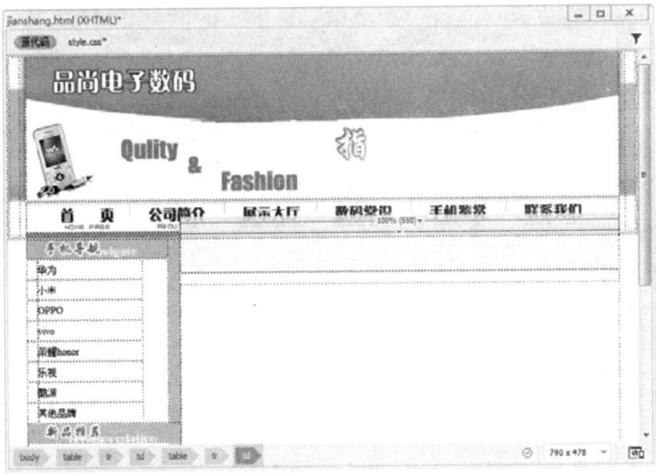

图 14-40　插入背景图像

（30）执行“插入”|“表格”命令，在单元格中插入一个 1 行 1 列、宽为 518 像素的嵌套表格。

（31）将光标放在嵌套表格的单元格中，在属性面板上设置高为 21。然后新建 CSS 规则.tr2bg 定义背景图像为 images/jianshang/1.jpg，文字颜色为#F60。效果如图 14-41 所示。

（32）将光标定位在第 2 行单元格中，设置单元格内容水平“居中对齐”，垂直“顶端”对齐。然后执行“插入”|“表格”命令，插入一个 3 行 3 列、宽为 96%的表格。

（33）选中新插入的表格，在属性面板中设置“间距”为 5。效果如图 14-42 所示。

（34）选中新表格第 1 列的前 2 行单元格，在属性面板上单击“合并所选单元格”按钮 合并单元格。设置合并后的单元格宽为 32%，水平和垂直对齐方式为“居中”。然后执行“插入”|“图像”命令，将图像 images/jianshang/101.jpg 插入到单元格中，效果如图

14-43 所示。

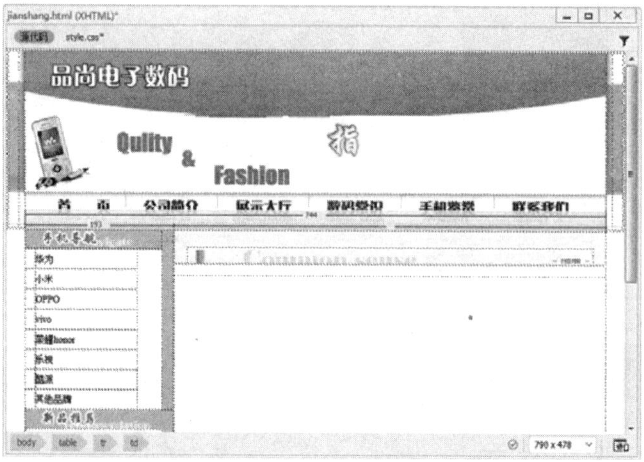

图 14-41　页面效果

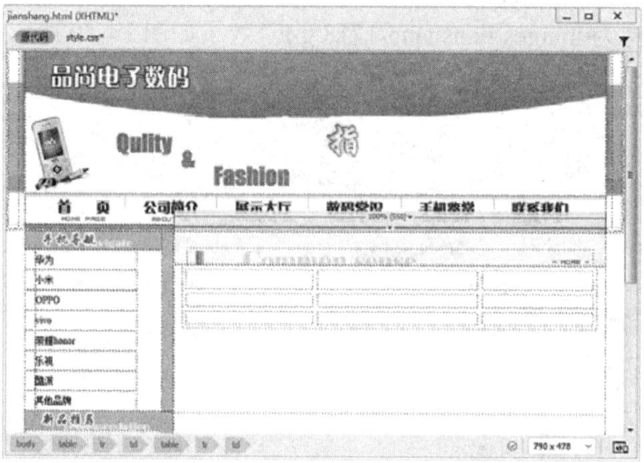

图 14-42　插入表格

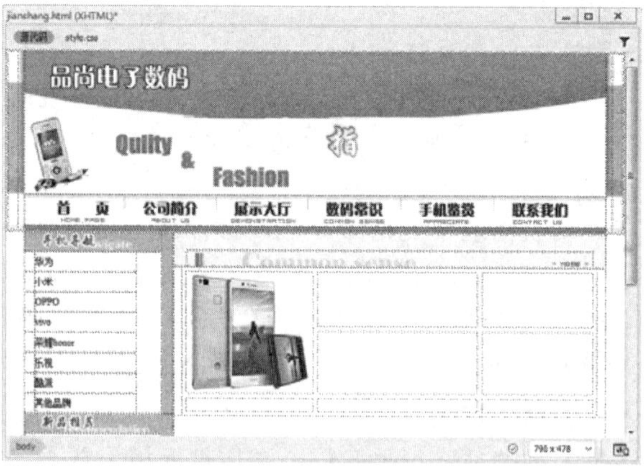

图 14-43　合并单元格

（35）设置第 1 行第 2 列的单元格内容水平对齐方式为“左对齐”，第 3 列单元格内容水平对齐方式为“右对齐”，然后输入相应的文本。

（36）选中第 2 行第 2 列单元格及第 3 列单元格，单击属性面板上的“合并所选单元格”按钮□合并单元格。设置单元格内容水平对齐方式为“左对齐”，垂直对齐方式为“顶端”，然后在合并的单元格中输入手机说明文字，效果如图 14-44 所示。

图 14-44　页面效果

（37）使用同样的方法，合并第 3 行的 3 列单元格，并在合并后的单元格中插入一个 1 行 1 列、宽为 98%的表格。选中表格，在属性面板上设置“对齐”方式为“居中对齐”。

（38）将光标移至新表格的单元格中，在属性面板上设置“高”为 1，并新建 CSS 规则.tr3bg 定义背景图像为 images/jianshang/1005.gif。然后切换到“代码”视图，删除该单元格中的空格符，如图 14-45 所示。单击属性面板上的“刷新”按钮，返回“设计”视图。

图 14-45　删除空格符

（39）选中插入了图片和文本的表格并复制，将光标置于表格右侧，执行“编辑”|“粘贴”命令。重复粘贴命令，此时的页面效果如图 14-46 所示。

（40）修改粘贴所得单元格中的图片和文本。

（41）将光标定位在表格 t_content 右侧，执行“插入”|“表格”命令，在页面底部插入一个 1 行 1 列、宽为 100%的表格。将光标定位在新建表格的单元格中，在属性面板上设置“高”为 34，水平对齐方式为“居中对齐”，然后在属性面板上指定“类”为. footimg，设置表格的背景图像为 images/jianshang/003.gif。

（42）执行“插入”|“表格”命令，将一个 1 行 2 列、宽为 744 像素的表格插入到该单元格中。设置第 1 列单元格的宽为 193，背景颜色为#FFBE00，水平对齐方式为“左对齐”，垂直对齐方式为“底部”，并在单元格中插入图像 images/jianshang/004.gif。

（43）选中第 2 列单元格，在“CSS 设计器”面板中定义规则. footimg2，设置第 2 列单元格的背景图像为 images/jianshang/zhubao_33.jpg，文字颜色为#FFFFFF，文本居中，然后加入版权声明文字。

图 14-46　页面效果

至此页面制作基本完成，此时的页面整体效果如图 14-47 所示。

图 14-47　页面整体效果

接下来为导航图片添加链接。

（44）选中导航图片“首页”，在属性面板上的“类”下拉列表中选择样式 imgborder。按照同样的方法，为其他导航图片选择样式。最后保存文件。

14.5 思考题

1．在图 14-30 和图 14-45 中，如果不删除单元格中的空格符，对页面的布局会有什么影响？

2．重新定义 CSS 样式，更改页面的背景颜色或图像，对页面应用新的配色方案。